21世纪经济管理新形态教材·大数据与信息管理系列

机器学习算法与应用

唐 晨 付树军 徐 岩 ◎ 编 著

清华大学出版社
北京

内 容 简 介

本书主要内容包括机器学习中的相关数学基础（线性代数、概率统计与信息论、最优化方法和张量分析），样本数据的处理，机器学习的各种主流算法，基于 MATLAB 的机器学习算法的实现与机器学习综合应用，机器学习和深度学习的工程应用。本书特色是深入浅出，自成体系，注重基础理论的描述，具有系统性、完整性、可阅读性、应用性和前瞻性。本书可作为高等院校研究生和本科生机器学习相关课程的教材，还可作为与人工智能相关机构研究人员的参考书。

本书封面贴有清华大学出版社防伪标签，无标签者不得销售。

版权所有，侵权必究。举报：010-62782989，beiqinquan@tup.tsinghua.edu.cn。

图书在版编目（CIP）数据

机器学习算法与应用/唐晨，付树军，徐岩编著. —北京：清华大学出版社，2022.5
21 世纪经济管理新形态教材. 大数据与信息管理系列
ISBN 978-7-302-58614-2

Ⅰ . ①机… 　Ⅱ . ①唐…②付…③徐… 　Ⅲ . ①机器学习－算法－高等学校－教材 　Ⅳ . ①TP181

中国版本图书馆 CIP 数据核字（2021）第 131695 号

责任编辑：高晓蔚
封面设计：汉风唐韵
责任校对：宋玉莲
责任印制：杨 艳

出版发行：清华大学出版社
　　　　　网　　　址：http://www.tup.com.cn，http://www.wqbook.com
　　　　　地　　　址：北京清华大学学研大厦 A 座　　邮　　编：100084
　　　　　社 总 机：010-83470000　　　　　　　邮　　购：010-62786544
　　　　　投稿与读者服务：010-62776969，c-service@tup.tsinghua.edu.cn
　　　　　质 量 反 馈：010-62772015，zhiliang@tup.tsinghua.edu.cn
　　　　　课 件 下 载：http://www.tup.com.cn，010-83470332
印 刷 者：北京富博印刷有限公司
装 订 者：北京市密云县京文制本装订厂
经　　销：全国新华书店
开　　本：185mm×260mm　　　印　张：23　　　字　数：514 千字
版　　次：2022 年 7 月第 1 版　　　印　次：2022 年 7 月第 1 次印刷
定　　价：68.00 元

产品编号：084959-01

前　言

机器学习是新思想、新观念、新理论、新技术不断出现并迅速发展的新兴学科，是人工智能的基础。目前几乎所有学科（工科、理科、金融和文法等）的研究方向都与机器学习相关，机器学习已经成为从事不同领域研究的重要手段和工具。本书为研究生和本科生机器学习相关课程的学习而编写。

本书的内容主要包括五部分：第一部分是机器学习中的数学基础，包括线性代数、概率统计与信息论、最优化方法和张量分析；机器学习是基于样本数据的，第二部分内容是样本数据的处理，包括 Kernel 方法、PCA、KPCA、LDA 和 KLDA；第三部分是监督学习，包括多变量线性回归及基于 Kernel 的线性回归、逻辑回归、贝叶斯分类器、决策树、随机森林、SVM、人工神经网络和卷积神经网络；第四部分是无监督学习，包括 k-means、FCM 和改进的 FCM；第五部分是应用，包括机器学习算法的综合应用、机器学习和深度学习的工程应用。

本书的特色如下。

（1）在相关背景知识中介绍了与机器学习相关的线性代数、优化理论等基础知识，自成体系，具有系统性、完整性，适合不同专业的学生学习。

（2）为提高学生的基础理论水平，本书注重基础理论的描述，包括每种机器学习算法的物理意义、如何公式化和如何数值求解的描述。

（3）为加深学生对基础理论的理解，同时提高学生解决工程实际问题的能力，本书包括对每种算法实现的介绍，并给出源码。

（4）编写力求由浅入深，层次分明，逻辑性强，可阅读性强，有利于读者自学。

（5）引入课题组及同行的最新科研成果，具有时代感和先进性。

本书全部书稿几经修改，也参考了很多国内外机器学习方面的著作和网络资源。本书前言、第 1 章、第 9—10 章、第 16—20 章由天津大学电气自动化与信息工程学院唐晨教授编写；第 2—6 章和第 15 章由山东大学数学学院付树军教授编写；第 7—8 章、第 11—14 章由天津大学电气自动化与信息工程学院徐岩副教授编写。由于编著者水平有限、时间紧迫，书中可能尚有不足之处，恳请广大读者批评指正，使本书得以改进和完善。

本书获得 "天津大学研究生创新人才培养项目"（项目编号 YCX19049）资助，以及山东大学教育教学改革研究项目和山东大学研究生国际化课程建设项目的支持；清华大学出版社高晓蔚编辑对本书的出版提供了很大的帮助；唐晨课题组的研究生徐敏、陈明明、刘晨秀、韩睿、陈蕾、赵琦、黄纵横、黄圣鉴、谢慧颖，付树军课题组的研究生王建行、徐奥、于博宇、崔婉婉和廖胜海，徐岩课题组的研究生秦宏、黄佳妮、王彦昀在本书的编写中做了大量的工作，在此一并表示由衷的感谢！

编著者

2022 年 3 月

目　录

第一部分　机器学习中的数学基础

第二部分　样本数据的处理

第三部分　监　督　学　习

第四部分　无监督学习

第五部分　应　　用

第1章
绪论

本章先给出机器学习的定义；然后介绍机器学习的两种主要类型：监督学习和无监督学习；其次给出机器学习在日常生活及不同专业中的应用；最后简单介绍网上公开的部分机器学习数据库。

1.1　机器学习的定义

机器学习（machine learning）研究计算机如何模拟或实现人类的学习行为，以获取新的知识或技能，使之不断改善自身的性能。它是人工智能的核心，是使计算机具有智能的根本途径，其应用遍及人工智能的各个领域。在某种程度上，机器学习的工作方式与人类学习类似。例如，如果向孩子显示带有特定对象的图像（如小汽车、小动物等），孩子可以学习识别和区分它们。机器学习以相同的方式工作：通过数据输入和某些命令，计算机（机器人）被告知特定对象是小汽车而另一个对象不是小汽车，通过反复训练，计算机能够“学习”识别某些对象（如小汽车等）并最终能够清楚地区分“小汽车”和“非小汽车”。

1.2　机器学习的种类

机器学习的种类有多种，主要有监督学习（supervised learning）、无监督学习（unsupervised learning）和强化学习（reinforcement learning）。

1.2.1　监督学习

监督学习有预先标记好的样本数据（通常称为训练样本）。如有 N 个训练样本

$$D: \boldsymbol{X} = \{\boldsymbol{x}_i \in \mathbb{R}^n\}_{i=1}^N, \boldsymbol{Y} = \{y_i \in \mathbb{R}\}_{i=1}^N \tag{1-1}$$

其中 $\boldsymbol{X}$ 代表输入，$\boldsymbol{Y}$ 代表相应的输出或标签。每个输入变量有 n 个特征，那么每个输入变

量是 n 维向量 $\boldsymbol{x}_i = [x_1^{(i)}, x_2^{(i)}, \cdots, x_n^{(i)}]^{\mathrm{T}}$，称为特征向量。

计算机基于这些给定的输入和输出被训练和进行学习，并最终建立起输入和输出之间的关系。监督学习的目的是利用建立的输入和输出的关系，对没在训练样本中的新样本预测出相应的输出或标签 y。如果每一个特征向量对应的标签是连续的实数 $y \in \mathbb{R}$，这种学习称为回归问题。如果每一个特征向量对应的标签是离散的，$y \in \boldsymbol{L}$，$\boldsymbol{L} = \{l_1, l_2, \cdots, l_k\}$，$k$ 是大于 2 的整数，这种学习称为分类问题，即监督学习主要用于解决回归问题和分类问题。

（1）回归问题

例如，我们有 30 个样本数据，输入特征变量 x 是每周学生花在某一课程的小时数，y 是对应的输出变量，是该学生的分数，如表 1-1 所示。

表 1-1　30 个样本的小时数和分数

序号	小时数	分数	序号	小时数	分数	序号	小时数	分数
1	15	68	11	36	93	21	26	74
2	32	88	12	23	79	22	34	87
3	38	92	13	20	75	23	11	55
4	28	82	14	29	80	24	31	85
5	14	58	15	17	59	25	22	74
6	24	72	16	40	96	26	21	73
7	25	74	17	12	57	27	37	94
8	33	85	18	16	69	28	35	88
9	10	52	19	27	76	29	19	70
10	30	82	20	39	95	30	18	71

回归问题就是根据 30 个训练样本数据，建立输出变量学生分数 y 与每周学生花在课程的小时数 x 之间的函数关系，如公式 (1-2) 所示。

$$y = f(x) \tag{1-2}$$

然后利用建立的这个关系，可以预测新的输入对应的分数。

（2）分类问题

分类问题分为二分类问题和多分类问题。

① 二分类问题

在表 1-1 中，学生成绩可以分为两类：及格和不及格，如图 1-1 所示。

二分类问题就是根据 30 个训练样本数据，建立输出 y（y 值只有两个离散值 0 和 1，0 代表不及格；1 代表及格）与每周学生花在课程的小时数 x 之间的关系。根据建立的关系，可以预测相应新的输入（每周学生花在课程上的小时数）对应的学生是否及格。y 值是 0 代表不及格，1 代表及格。

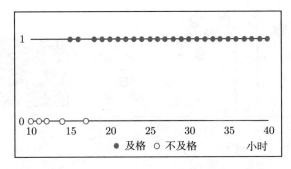

扫码看彩图

图 1-1 二分类示意图

② 多分类问题

在表 1-1 中，学生成绩可以分为 4 类：不及格、中、良好、优秀，如图 1-2 所示。

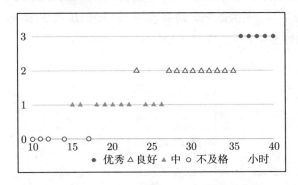

扫码看彩图

图 1-2 多分类示意图

多分类问题就是根据 30 个训练样本数据，建立输出 y（y 值只有 4 个离散值 0、1、2、3；0 代表不及格，1 代表中，2 代表良好，3 代表优秀）与每周学生花在课程上的小时数 x 之间的关系。根据建立的关系，可以预测新的输入（每周学生花在课程的小时数）对应学生分数的等级，如果 y 值是 0 代表不及格；1 代表中；2 代表良好；3 代表优秀。

可见回归预测的输出是连续值，分类的预测输出是离散值（类的标签）。

1.2.2 无监督学习

无监督学习是从没有标签的样本数据中学习模型。有 N 个训练样本的无标签训练集可用符号表示为 $D : \boldsymbol{X} = \{\boldsymbol{x}_i \in \mathbb{R}^n\}_{i=1}^{N}$。

与监督学习相比，无监督学习定义不太明确。无监督学习主要用于聚类处理，即根据样本数据的特征或者属性对输入的数据进行分组。下面给出无监督学习的三个例子。

例子 1：如图 1-3 所示，无监督学习使计算机对不同颜色的气球，根据"颜色"特征，将相同颜色的气球放在一起，即聚为 2 类，聚类结果如图 1-3(b) 所示。

例子 2：一群毕业生，其中包含了本科生、硕士研究生和博士研究生三类。无监督学习使计算机把相同类型的毕业生放在一起，即聚为 3 类。

 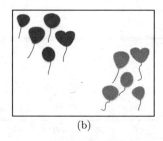

扫码看彩图

(a)　　　　　　　　　(b)

图 1-3　聚类例子

例子 3：报纸中有许多新闻报道，无监督学习使计算机把相同类型的新闻内容放在一起，如按照新闻内容可以分为经济报道、运动报道和娱乐报道 3 类，即聚为 3 类。

图 1-4 显示了监督学习和无监督学习的区别，其中 (a) 和 (b) 显示的是监督学习，即 (a) 显示两种标签数据集，经过监督学习，两类的划分边界可用 (b) 中的虚线表示；(c) 和 (d) 显示的是无监督学习，即 (c) 显示无标签数据集，经过无监督学习，可得到如 (d) 所示的聚类结果。

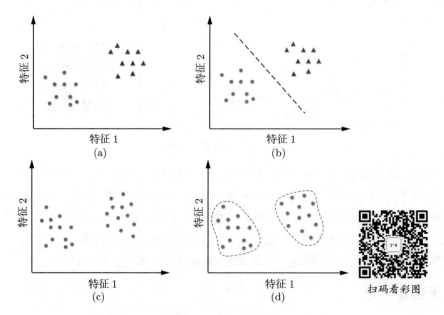

(a)(b) 监督学习，(c)(d) 无监督学习（聚类）

图 1-4　监督学习和无监督学习的区别

1.2.3　强化学习

强化学习用于解决决策问题（通常是一系列决策），例如机器人感知和移动、自动棋手和自动车辆驾驶。强化学习不在本书学习范畴内，读者可以参考文献 [1] 以了解更多相关内容。

除了这三种类型之外，第四种类型的机器学习是半监督学习。半监督学习最近引起了越来越多的关注。它定义在有监督学习和无监督学习之间，包含有标记和无标记的数据，并从中共同学习知识。

本书仅限于研究两种最基本机器学习：监督学习和无监督学习。

1.3　机器学习的应用

毫无疑问，机器学习可以帮助人们更有创造性和更有效地工作，人们可以通过机器学习将相当复杂或单调的工作委派给计算机完成。当前，机器学习已经渗透到人们生活、科学研究和工程实践的各个方面，可以说，当今我们被基于机器学习的技术所包围。

1.3.1　在生活中的应用

机器学习已经广泛应用到我们日常生活的方方面面，给我们的生活带来了极大的便利，让我们的生活变得更加美好。以下是机器学习在我们生活中的应用。

（1）**垃圾邮件过滤**

电子邮件已经是人们信息交流的最主要方式。机器学习算法（通常采用决策树归纳法）通过分析大量垃圾邮件当中的词汇来学会判断一封邮件是否为垃圾邮件，以此来实现对垃圾邮件的筛选，为我们营造一个干净有效的邮箱环境，保护我们免受垃圾邮件的骚扰。

（2）**银行卡在线交易检测**

在互联网时代，网银在线支付因为具有较高的安全性、交易的实时性和交易记录的真实性变得越来越流行。银行为提高银行卡在线交易，采用机器学习算法，通过分析以往的欺诈交易，能够学会判断一笔交易是否有诈骗的可能，从而提醒信用卡用户谨慎操作。

（3）**网络安全检测**

机器学习已经广泛地应用于网络安全检测中。如机器学习算法可以用于恶意域名的检测。人们根据恶意域名与正常域名在字符组成、生成方法、解析过程等方面的差异，设计域名的字符统计特征、相似度特征、解析特征，并结合机器学习算法提出了基于字符及解析特征的恶意域名检测方法。该方法检测准确率高，能够保障网络安全。此外随着网络的普及、网页的数量飞速增长，混杂其中的恶意网页占据的比例也呈上升趋势。恶意网页的检测一直是网络安全领域的研究重点和难点，传统的恶意网页检测模型在新形势下的表现不尽如人意。机器学习算法在恶意网页领域的应用是突破传统恶意网页检测局限的一种途径。

（4）**产品推荐**

网上购物因具有可以在家 "逛商店"，订货不受时间、地点的限制，同时还能获得较大量的商品信息等优点，广受大众百姓的喜爱。比如你在网上买了一个产品，那么你可能已经注意到，购物网站机器学习根据你在网站的行为，如过去购买的商品、收藏或添加到购物车中的商品等，向你推荐了一些与你的偏好相匹配的其他商品。

（5）搜索引擎结果优化

浏览器中的搜索引擎使用机器学习算法使计算机学会根据相关度排列网络信息，从而为用户提供优质的搜索结果。不仅如此，浏览页面中的广告、购物网站的物品推荐也是根据用户点击情况的有意安排。比如你每次执行搜索时，后端的算法都会监视你对结果的响应。如果你打开顶部的链接并在网页上停留很长时间，搜索引擎会假定它显示的结果与查询相符。类似地，如果你到达搜索结果的第二页或第三页，但没有打开任何结果，搜索引擎会估计所提供的结果不符合要求。这样，在后端工作的算法可以改善搜索结果。

（6）视频监控

与文本文档和其他媒体文件（如音频、图像）相比，视频文件包含更多信息。因此，从视频中提取有用的信息，即自动视频监控系统成为一个研究热点。机器学习已经广泛地应用于视频监控，比如视频监控系统通过机器学习能够跟踪和识别人们的异常行为，如长时间不动、绊倒或在长凳上打盹等。因此，该系统可以向人工服务人员发出警报，从而帮助及时发现危险。此外通过机器学习算法训练网络，实现对航拍视频中的烟火自动识别，对预防和扑救森林火灾、减少损失有着重要意义。

（7）通勤时的预测

我们在出行时常常使用导航系统。当我们使用导航系统时，我们当前的位置和速度被保存在一个中央服务器上，然后中央服务器使用这些数据构建当前交通的地图，机器学习根据日常经验估计可能出现拥堵的区域。我们使用在线交通网络预订出租车时，系统会应用机器学习方法预估车价。

（8）其他方面

还有些机器学习应用极大地方便了我们的生活，如文字识别广泛应用于邮政编码、统计报表、财务报表、银行票据等；在智能图书馆系统中，机器学习算法结合用户画像对用户和资源实现聚类，然后在知识组织体系内进行分配，提供动态的、个性化的精准服务；基于语音识别的各类智能家居使我们的生活更加便利；基于机器学习的自然语言处理技术构成了强大的翻译软件，帮助我们突破语言的屏障；等等。

1.3.2 在不同学科中应用

目前几乎所有学科（工科、理科、金融和文法等）的研究方向都与机器学习相关，机器学习已经像高等数学一样成为从事不同学科研究的有力工具。下面简单介绍机器学习在一些学科中的应用。

在信息与通信领域，目前主要包括机器学习对于图像、音频、视频等方面的信息处理以及无线通信方面的应用。基于机器学习的边缘检测算法，在目标轮廓分割、轮廓识别等工作中取得了比传统方法更好的效果。机器学习能更快地进行图像分类、修复、压缩编码等。在音频方面，目前主流的方式便是运用机器学习方法对声音进行分类识别。在视频方面，机器学习算法主要应用在短视频的处理，对视频信息的内容与视频发布初期的信息进行提取，采用分类或者回归的算法进行流行度预测。而越来越多的深度学习神经网络应用到大视频的处理中。机器学习在无线通信中的应用主要体现在调制模式识别、信道编译码、信道估计与信号检测、MIMO（多输入多输出）检测以及图像信号处理等方面。随着近年来人工智能的发展以及 5G 乃至 6G 无线通信的到来，无线通信网络必将智能化，机器学习与人工智能技术在无线通信领域的应用也将更加广泛。

机器学习在电力系统的复杂问题处理中得到了广泛的应用，其主要体现在三个方面，即电力系统的数据预测、电力系统运营管理以及系统的运行安全维护。电力系统的数据预测主要涵盖负荷预测、分布式能源发电预测、系统运行电压预测。在电力系统的运营管理方面，人工神经网络等算法被应用到电压控制当中，形成了较为完整的智能电网控制系统。而机器学习在电力系统运行安全维护方面主要是体现在系统的故障诊断和保护装置的设计与应用之中。此外，机器学习在电气工程领域的应用还有了许多细小分支，包括其在综合能源系统中的应用、在电力系统继电保护中的应用、在发电功率预测中的应用、在电力系统稳定安全评估中的应用等。因此机器学习在电气工程、电力系统中的大大小小各方面都扮演着重要的角色。

在集成电路工程与微电子学领域，神经网络算法在多种微波器件和电路建模中得到应用。神经网络算法提高了模型精度，节省了建模时间。在基于侧信道信息的硬件木马检测方法中，机器学习算法有着非常广泛的应用，例如遗传算法、最邻近算法、支持向量机算法等都发挥了重大作用。随着半导体制造工艺的发展以及电路规模的爆炸式的增长，传统方法不再适用，而机器学习在集成电路优化、故障检测、芯片测试、集成电路设计、热点检测技术等方面提供了很大的帮助。随着集成电路技术的发展，集成电路的复杂程度不断增大，从设计到制造，再到封装测试以及后续的芯片使用过程中，有大量数据需要进行合理分析和有效处理，机器学习可以更加高效、迅速地解决其中一些问题。

机器学习在建筑与土木工程领域内的应用近年来势头迅猛，较为广泛使用的算法包括专家系统、支持向量机、人工神经网络等相关算法，主要用于结构分析、设计选型、建造、结构安全、损伤评估以及工程管理与运营维护等领域。例如，利用机器学习的分类算法实现对施工现场工人的智能识别，识别在特定工况下的工人是否有危险行为；训练图像分类和识别模型，实现实时判断结构类型和检测其主要构件；根据对目标的识别定位以及轨迹追踪捕捉到工人与施工构件之间的空间关系；利用逻辑回归根据位置高度等特征值输出应力应变状态，以判断高耸建筑物等结构设计安全与否。除此之外，机器学习在结构健康监测领域发挥着重要角色，针对结构智能检测与诊断系统，可以借助机器学习算法对大量的监测数据进行处理和分析，如混凝土裂缝的检测识别。机器学习在建筑与土木工程中已发挥着不可替代的作用，从各方面保障了应有的工程效率和安全性能。

在机械工程专业和仪器科学与技术专业，机器学习被应用于精密加工中有限元仿真分析和热误差补偿与处理等方面，通过机器学习技术可以使加工更加高效。在轴承故障诊断中，机器学习算法可以对滚动轴承故障的模式进行分类，并对不同运行时刻的轴承退化程度做评估。在焊接领域，机器学习算法在焊接路径规划、焊缝缺陷识别、焊接性能预测、工艺参数优化等诸多方面有广泛的应用。传感器和机器学习的结合也有诸多应用，例如自动驾驶汽车、利用大数据-人工智能技术提高铁路探伤仪器的伤损检出率、让机器进行学习并使其具备自动检索功能、采用循环神经网络对卫星故障进行检测等。机器学习还应用于仪器故障检测、构造软测量仪表和进行具体测量上。目前，仪器仪表正从自动化向智能化方向发展，今后机器学习的应用将会更加广泛。

在医学方面，机器学习也有着重要的角色。主要应用于在人脑和计算机或者其他机电设备之间建立直接信息交流途径的脑-机接口技术以及基于医学图像的各种疾病的预防、诊断和治疗。在脑-机接口技术中，利用机器学习技术，将脑部传来的并经过预处理的信号模式产生控制信号，实现脑机之间的交互。随着医疗技术手段的提高，各种超声成像、病理切片等成像技术的发展，基于医学图像处理的机器学习方法不断兴起。机器学习可应用到对病理图片的病变区域的分割、提取以及病变类型的诊断分类中。目前在肺结节、脑部、心脏、眼部视网膜、各类癌症等领域有着良好的发展前景。特别是在癌症的预防、诊断和治疗中，机器学习发挥着巨大作用。作为人类死亡的重要原因之一，癌症的高效诊疗具有深远的意义，而深度学习网络作为机器学习学科的分支正在进一步简化诊断步骤和提高诊断准确率。医学图像识别可以提高识别准确率，减轻医生工作量，降低医疗成本，节省医疗资源。

在海洋技术领域，深度学习可以应用于海浪高度的预测，使其识别精度有显著的提升。传统的海洋数据处理分析往往受主管因素影响，而深度学习以数据为驱动，通过多层学习提取数据中有用的信息，能够提高数据处理效率和精度，深度学习逐渐应用于海洋大数据的分类识别、高分辨率重构、现象预测等方面，为海洋大数据的智能分析挖掘带来新的契机。在船舶与海洋工程领域，机器学习多用于航行器控制、船舶图像识别、航线决策等方面。在海洋预报领域，机器学习算法在业务化预报和数据同化中取得了不错的效果。随着水下导航定位技术的不断发展，基于当前水下定位与导航的传统手段和优缺点，引入多种机器学习算法可以优化各种定位与导航技术的结果，消除误差，提高精度。水声信道特性频率依赖有限的带宽，漫长的时变多径传播和严重的多普勒效应，对水下通信构成巨大的挑战，利用机器学习及其分支，可以较好地将各种算法应用到调制及其解调等具体模式中。与传统的方法相比，机器学习算法在可靠性及有效性方面都有显著的提高。机器学习的发展为海洋技术未来的发展开启了新的方向。

在化学化工领域中，机器学习的理论和方法已被广泛应用于解决工程应用和科学领域的复杂问题，例如基于机器学习的中药化学成分作用靶点的识别研究、机器学习算法在药物专利分类中的应用研究、Boosting 算法在化学数据挖掘中的应用等。在传统化学研究的基础上，利用机器学习算法可以帮助我们解决一些难处理的问题，同时也推进了整个化学领域的进步。同时，机器学习广泛应用于药物晶体组成和性能等方面的预测，包括结晶度预测、结晶溶剂选择、多晶形成、共晶形成、理化性质预测等。通过对大量的已知实验数据在相对短的时间内进行数据分析、建模和训练，来预测并辅助研究固态组成和晶体性质。

对于光学而言，机器学习的一个应用方向是在光学陀螺温度误差建模与补偿中的应用。对于中精度陀螺，机理上消除温度影响成本高、难度大，温度误差建模与补偿是解决问题的理想方法，常见的建模方法有多项式模型、马尔科夫链模型、神经网络模型、支持向量机等。光学陀螺温度误差的补偿如果能利用机器学习的算法恰当解决，可以节省大量成本，拥有广阔的应用前景。

在建筑学科，机器学习算法被广泛应用于科学选址以及节能环保设计中。随着城市的快速发展，原有的格局逐渐被打破，不同区域、不同密度的人口对城市的发展带来一定的影响，利用人口密度、风险评估等大数据的优势并借助数据挖掘等机器学习算法，挖掘出未来人口流动的方向，这可用于指导对建筑物的科学选址。此外，通过采用神经网络等机器学习算法，可对室内的灯光、空调和通风系统进行更节能更环保的设计。

在经济学科，机器学习算法被应用于预测金融市场的未来走势以及交易的风险，比如股票、公司的销售额、客户满意度的预测，以及帮助金融公司及时发现在不久的将来是否存在客户迁移的威胁等。常用的机器学习算法包括特征提取、数据降维、判别分析以及人工神经网络模型等。基于机器学习方法的金融公司不仅能够提高客户满意度，还能降低成本，较全面地评估客户的愿望和需求，提高客户忠诚度。因此机器学习算法可谓是未来金融领域的"制胜法宝"，其凭借可靠性与有效性为金融领域未来的发展增添了活力。

1.4　网上公开的部分机器学习数据库

网址 https://guides.library.cmu.edu/machine-learning/datasets 介绍了以下几种常用的部分机器学习数据库。

- **UCI Machine Learning Repository**

机器学习领域用于对机器学习算法进行验证分析的公开数据库。这是网络上最早的数据源之一，并且已被全世界的学生、学者和研究人员广泛用作机器学习数据集的主要来源。如果你想要寻找有趣的数据集，这个站点值得优先访问，尽管这些数据集是用户提供的，具有不同程度的清洁度。你可以直接从该数据库下载数据，无须注册。

- **WordNet**

一个大型的英语词汇数据库。名词（nouns）、动词（verbs）、形容词（adjectives）和副词（adverbs）被分为多组同义词（synsets），每组表达不同的概念。同义词集之间通过概念语义和词汇关系相互关联。该数据库已经成为计算语言学和自然语言处理的有用工具，并且可以免费下载。

- **ImageNet**

用于计算机视觉目标检测研究的大型实例图像数据库。ImageNet 中包含 2 万多个对象类别，例如气球、鸟等。超过 1400 万个的高清图像被手动标注，以指示图片中的物体。在至少一百万个图像中，ImageNet 还标注了图片中主要物体的定位边框。自 2010 年以来，ImageNet

项目每年举办一次计算机视觉比赛，即 ImageNet 大规模视觉识别挑战赛（ILSVRC），软件程序竞相正确分类和检测物体和场景。2012 年卷积神经网络在解决 ImageNet 挑战方面取得了巨大的突破，被广泛认为是深度学习革命的开始。

- **MS COCO**

MS COCO 的全称是 Microsoft Common Objects in Context，其前身是微软于 2014 年出资标注的 Microsoft COCO 数据集。与 ImageNet 竞赛一样，MS COCO 竞赛被视为计算机视觉领域最受关注和最权威的比赛之一。COCO 数据集是一个大型的、丰富的物体检测、分割和字幕数据集，包括 91 个类别，超过 30 万张图像和超过 200 万个标注。

- **MNIST**

MNIST（Mixed National Institute of Standards and Technology database），是一个非常简单的机器学习视觉数据集，由几万张 28×28 像素的手写数字图片集组成，只包含图片的灰度值信息，用于图像分类。

- **Kaggle**

这是一个主要为开发商和数据科学家提供举办机器学习竞赛、托管数据库、编写和分享代码的平台，内有各种有趣的数据集。

- **StateOfTheArt.ai**

一个完全由社区驱动的网站，提供任务、数据集、指标和结果。

- **Papers With Code**

这是一个免费开放的提供机器学习论文及其公开代码的资源网站。

- **NLP-Progress**

这是一个用于跟踪自然语言处理（Natural Language Processing, NLP）发展进度的数据库，包括了数据集和 NLP 任务的最新技术。

- **Berkeley DeepDrive BDD100k**

这是目前最大的自动驾驶 AI 数据集。该数据集有超过 10 万个在一天中不同时段以及在不同天气条件下拍摄的共 1100 多个小时的驾驶体验的视频。这些带注释的图像来自美国纽约和旧金山地区。

参 考 文 献

Kaelbling L P, Littman M L, Moore A W. Reinforcement Learning: A Survey[J]. J Artificial Intelligence Research, 1996, 4(1): 237-285.

习 题

在 "1.3 机器学习的应用" 中，请找出：哪些是分类问题？哪些是回归问题？哪些是聚类问题？

第一部分
机器学习中的数学基础

第 2 章
线性代数

线性代数作为数学的一个分支，广泛应用于科学和工程中。特别是其中矩阵内容是描述和求解线性方程组等问题的最基本和有用的数学工具。掌握好线性代数对于理解和从事机器学习算法相关工作是很重要的。因此在开始学习机器学习的内容之前，我们先集中讨论一些有关线性代数的内容。

本章为线性代数内容的基本介绍。若详细了解此部分内容可详细参考关于线性代数[1]的书籍。若学习过此部分内容，可直接跳过本章节或者结合其与机器学习[2] 有关书籍进行学习。

2.1   标量、向量、矩阵和张量

标量（scalar）是一个单独的数，一般采用小写的斜体字母表示，例如标量 a。

向量（vector）是有序排列的一列数，通常采用粗斜体的小写字母表示，如向量 x。向量中的元素通过带下角标的斜体字母表示。例如，向量 x 的第一个元素是 x_1，第二个元素是 x_2，等等。我们通常利用方括号将向量中的元素包围成一个纵列，具体表示为

$$x = \begin{bmatrix} x_1 \\ x_2 \\ \vdots \\ x_n \end{bmatrix} \tag{2-1}$$

矩阵（matrix）是以方阵或长方阵形式有序排列的一组数，我们用粗斜体的大写字母表示矩阵，比如矩阵 A。矩阵 A 中第 i 行第 j 列的元素表示为 $A_{i,j}$。$A \in \mathbb{R}^{m \times n}$ 表示矩阵 A 是一个 m 行 n 列的实数矩阵，具体表示为

$$A_{m \times n} = \begin{bmatrix} A_{1,1} & A_{1,2} & \cdots & A_{1,n} \\ A_{2,1} & A_{2,2} & \cdots & A_{2,n} \\ \vdots & \vdots & \ddots & \vdots \\ A_{m,1} & A_{m,2} & \cdots & A_{m,n} \end{bmatrix} \tag{2-2}$$

张量（tensor）是元素分布在若干维规则网格中的数组。这里我们用与矩阵一样的粗斜体大写字母表示张量，如张量 $\boldsymbol{A}$。

2.2 矩阵的运算

2.2.1 基本运算

矩阵乘积（matrix-product）：若 $\boldsymbol{A} \in \mathbb{R}^{m \times n}$，$\boldsymbol{B} \in \mathbb{R}^{n \times p}$，矩阵 $\boldsymbol{A}$ 的列数和矩阵 $\boldsymbol{B}$ 的行数相等。矩阵 $\boldsymbol{C}$ 为矩阵 $\boldsymbol{A}$ 和矩阵 $\boldsymbol{B}$ 的矩阵乘积，那么 $\boldsymbol{C} \in \mathbb{R}^{m \times p}$，矩阵乘法定义如下：

$$C_{i,j} = \sum_k A_{i,k} B_{k,j} \tag{2-3}$$

矩阵乘法表示为

$$\boldsymbol{C} = \boldsymbol{A}\boldsymbol{B} \tag{2-4}$$

Hadamard 积（hadamard-product）：两个形状相同的矩阵对应元素的乘积称为矩阵的 Hadamard 积。如果 $\boldsymbol{A} \in \mathbb{R}^{m \times n}$，$\boldsymbol{B} \in \mathbb{R}^{m \times n}$，矩阵 $\boldsymbol{C}$ 为矩阵 $\boldsymbol{A}$ 和矩阵 $\boldsymbol{B}$ 的 Hadamard 积，则 $\boldsymbol{C} \in \mathbb{R}^{m \times n}$，记为 $\boldsymbol{C} = \boldsymbol{A} \odot \boldsymbol{B}$。

$$C_{i,j} = A_{i,j} B_{i,j} \tag{2-5}$$

Kronecker 积（Kronecker-product）：矩阵的 Kronecker 积分为右 Kronecker 积和左 Kronecker 积。

右 Kronecker 积：若 $\boldsymbol{A} \in \mathbb{R}^{m \times n}$，$\boldsymbol{B} \in \mathbb{R}^{p \times q}$，矩阵 $\boldsymbol{C}$ 表示矩阵 $\boldsymbol{A}$ 和矩阵 $\boldsymbol{B}$ 的右 Kronecker 积，则 $\boldsymbol{C} \in \mathbb{R}^{mp \times nq}$，记为 $\boldsymbol{A} \otimes \boldsymbol{B}$。

具体地，右 Kronecker 积的操作定义为：

$$\boldsymbol{A} \otimes \boldsymbol{B} = [\boldsymbol{A}_1\boldsymbol{B}, \cdots, \boldsymbol{A}_n\boldsymbol{B}] = \begin{bmatrix} A_{1,1}\boldsymbol{B} & A_{1,2}\boldsymbol{B} & \cdots & A_{1,n}\boldsymbol{B} \\ A_{2,1}\boldsymbol{B} & A_{2,2}\boldsymbol{B} & \cdots & A_{2,n}\boldsymbol{B} \\ \vdots & \vdots & \vdots & \vdots \\ A_{m,1}\boldsymbol{B} & A_{m,2}\boldsymbol{B} & \cdots & A_{m,n}\boldsymbol{B} \end{bmatrix} \tag{2-6}$$

同样方法可以定义左 Kronecker 积。如果用右 Kronecker 积的形式书写，左 Kronecker 积可写为

$$[\boldsymbol{A} \otimes \boldsymbol{B}]_{\text{left}} = \boldsymbol{B} \otimes \boldsymbol{A}$$

通常情况下采用右 Kronecker 积。

逆矩阵（inverse matrix）：方阵 $\boldsymbol{A}$ 的逆矩阵记作 $\boldsymbol{A}^{-1}$，其定义为：

$$\boldsymbol{A}^{-1}\boldsymbol{A} = \boldsymbol{I}_n \tag{2-7}$$

2.2.2　矩阵的微分（matrix differential）

矩阵微分[3] 是计算标量、向量或者矩阵函数关于其向量或矩阵变元的偏导的有效工具。在机器学习算法学习过程中，理论推导通常涉及矩阵的求导。但矩阵的求导本质上是多元变量的微积分问题。设 $\boldsymbol{y} \in \mathbb{R}^{m \times 1}$，$\boldsymbol{x} \in \mathbb{R}^{n \times 1}$，因此 $\boldsymbol{y}$ 关于 $\boldsymbol{x}$ 的导数 $\dfrac{\mathrm{d}\boldsymbol{y}}{\mathrm{d}\boldsymbol{x}}$ 是一个 $m \times n$ 的矩阵。可以表示为

$$\begin{bmatrix} \dfrac{\mathrm{d}y_1}{\mathrm{d}x_1} & \dfrac{\mathrm{d}y_1}{\mathrm{d}x_2} & \cdots & \dfrac{\mathrm{d}y_1}{\mathrm{d}x_n} \\ \dfrac{\mathrm{d}y_2}{\mathrm{d}x_1} & \dfrac{\mathrm{d}y_2}{\mathrm{d}x_2} & \cdots & \dfrac{\mathrm{d}y_2}{\mathrm{d}x_n} \\ \vdots & \vdots & \vdots & \vdots \\ \dfrac{\mathrm{d}y_m}{\mathrm{d}x_1} & \dfrac{\mathrm{d}y_m}{\mathrm{d}x_2} & \cdots & \dfrac{\mathrm{d}y_m}{\mathrm{d}x_n} \end{bmatrix} \tag{2-8}$$

该矩阵称为 Jacobian 矩阵，并且将一阶矩阵微分简记为 $\mathrm{d}\boldsymbol{X}$。

在机器学习算法中，矩阵的求导原则遵循以下几种情况：

- 若 y 是一个标量，则 Jacobian 矩阵为 $1 \times n$ 的矩阵。
- 若 x 是一个标量，则 Jacobian 矩阵为 $m \times 1$ 的矩阵。
- 若 y 为标量，$\boldsymbol{X}$ 为 $m \times n$ 矩阵，则 $\dfrac{\mathrm{d}y}{\mathrm{d}\boldsymbol{X}}$ 是 $m \times n$ 的一个矩阵。相当于 y 对 $\boldsymbol{X}$ 中的每一个元素进行求导。
- 若 x 为标量，$\boldsymbol{Y}$ 为 $m \times n$ 矩阵，则 $\dfrac{\mathrm{d}\boldsymbol{Y}}{\mathrm{d}x}$ 是 $n \times m$ 的一个矩阵。相当于 $\boldsymbol{Y}$ 对 x 中的每一个元素进行求导，然后再转置。

一阶实矩阵微分的性质：

（1）常数矩阵的微分矩阵为零矩阵，即 $\mathrm{d}\boldsymbol{X} = \boldsymbol{0}$。

（2）矩阵转置的微分等于矩阵微分的转置，即 $\mathrm{d}\boldsymbol{X}^{\mathrm{T}} = (\mathrm{d}\boldsymbol{X})^{\mathrm{T}}$。

（3）线性性质，即 $\mathrm{d}(\alpha\boldsymbol{X} + \beta\boldsymbol{Y}) = \alpha\mathrm{d}\boldsymbol{X} + \beta\mathrm{d}\boldsymbol{Y}$。

（4）两个矩阵函数的和（差）的微分矩阵为 $\mathrm{d}(\boldsymbol{X} \pm \boldsymbol{Y}) = \mathrm{d}\boldsymbol{X} \pm \mathrm{d}\boldsymbol{Y}$。

（5）常数矩阵与矩阵乘积的微分矩阵为 $\mathrm{d}(\boldsymbol{A}\boldsymbol{X}\boldsymbol{B}) = \boldsymbol{A}(\mathrm{d}\boldsymbol{X})\boldsymbol{B}$。

（6）矩阵函数 $\boldsymbol{U} = \boldsymbol{F}(\boldsymbol{X})$，$\boldsymbol{V} = \boldsymbol{G}(\boldsymbol{X})$，$\boldsymbol{W} = \boldsymbol{H}(\boldsymbol{X})$ 乘积的微分

$$\mathrm{d}(\boldsymbol{U}\boldsymbol{V}) = (\mathrm{d}\boldsymbol{U})\boldsymbol{V} + \boldsymbol{U}(\mathrm{d}\boldsymbol{V})$$

$$\mathrm{d}(\boldsymbol{U}\boldsymbol{V}\boldsymbol{W}) = (\mathrm{d}\boldsymbol{U})\boldsymbol{V}\boldsymbol{W} + \boldsymbol{U}(\mathrm{d}\boldsymbol{V})\boldsymbol{W} + \boldsymbol{U}\boldsymbol{V}(\mathrm{d}\boldsymbol{W})$$

（7）逆矩阵的微分矩阵为 $\mathrm{d}(\boldsymbol{X}^{-1}) = -\boldsymbol{X}^{-1}(\mathrm{d}\boldsymbol{X}) - \boldsymbol{X}^{-1}$。

2.3 特 殊 矩 阵

在实际应用中，经常会遇到元素之间存在某种特殊结构关系的矩阵，统称为特殊矩阵。了解这些矩阵的内部特殊结构，有助于灵活地使用这些矩阵，简化很多问题的表示和求解。

对角矩阵（diagonal matrix）：除对角线外其余元素都为 0 的矩阵。主对角线元素可以为 0 或其他值。

对称矩阵（symmetric matrix）：转置等于本身的矩阵。

$$\boldsymbol{A} = \boldsymbol{A}^{\mathrm{T}} \tag{2-9}$$

例如，如果 $\boldsymbol{A}$ 是一个距离度量矩阵，$\boldsymbol{A}_{i,j}$ 表示点 i 到点 j 的距离，$\boldsymbol{A}_{j,i}$ 表示点 j 到点 i 的距离，则 $\boldsymbol{A}_{i,j} = \boldsymbol{A}_{j,i}$。

正交矩阵（orthogonal matrix）：是指矩阵的逆等于其转置的矩阵，即

$$\boldsymbol{A}^{\mathrm{T}}\boldsymbol{A} = \boldsymbol{A}\boldsymbol{A}^{\mathrm{T}} = \boldsymbol{I} \tag{2-10}$$

上三角矩阵（upper triangular matrix）：主对角线以下元素全为 0 的矩阵。当 $i > j$ 时，$A_{ij} = 0$。其一般形式表示为

$$\begin{bmatrix} A_{1,1} & A_{1,2} & \cdots & A_{1,n} \\ 0 & A_{2,2} & \cdots & A_{2,n} \\ \vdots & \vdots & \vdots & \vdots \\ 0 & 0 & \cdots & A_{n,n} \end{bmatrix} \tag{2-11}$$

2.4 线性空间、线性相关和线性变换

数域：设 $\mathbb{S}$ 是复数集 $\mathbb{C}$ 的一个非空子集，$\mathbb{S}$ 中含有非零的数。若对于 $\mathbb{S}$ 中任意两个数 a 和 b，都有 $a+b \in \mathbb{S}$，$a-b \in \mathbb{S}$，$ab \in \mathbb{S}$，并且若 $b \neq 0$，有 $\dfrac{a}{b} \in \mathbb{S}$，则称 $\mathbb{S}$ 为一个数域。有理数集 $\mathbb{Q}$、实数集 $\mathbb{R}$ 和复数集 $\mathbb{C}$ 都是数域。

向量空间：设 $\mathbb{V}$ 是一个非空向量集合，$\mathbb{S}$ 是一个数域。如果下列公理被满足，则称集合 $\mathbb{V}$ 是数域 $\mathbb{S}$ 上的一个向量空间。向量空间又称线性空间。

（1）**闭合性**（closure properties）**的公理**

- 若 $\boldsymbol{x} \in \mathbb{V}$ 和 $\boldsymbol{y} \in \mathbb{V}$，则 $\boldsymbol{x} + \boldsymbol{y} \in \mathbb{V}$，即 $\mathbb{V}$ 在加法下是闭合的，简称加法的闭合性。
- 若 $a \in \mathbb{S}$，$\boldsymbol{y} \in \mathbb{V}$，则 $a\boldsymbol{y} \in \mathbb{V}$，即 $\mathbb{V}$ 在标量乘法下是闭合的，简称标量乘法的闭合性。

（2）**加法的公理**

- $x + y = y + x$, $\forall x, y \in \mathbb{V}$, 称为加法交换律。
- $x + (y + w) = (x + y) + w$, $\forall x, y, w \in \mathbb{V}$, 称为加法结合律。
- 在 $\mathbb{V}$ 中存在一个零向量, 使得 $\forall y \in \mathbb{V}$, 恒有 $y + 0 = y$。称为零向量的存在性。
- 给定一个向量 $y \in \mathbb{V}$, 存在另一个向量 $y' \in \mathbb{V}$ 使得 $y + y' = 0$, 称为负向量的存在性。

（3）标量乘法的公理

- $a(by) = (ab)y$, 对 $\forall y \in \mathbb{V}$ 和 $\forall a, b \in \mathbb{S}$ 成立, 称为标量乘法结合律。
- $a(x + y) = ax + ay$, 对 $\forall x, y \in \mathbb{V}$ 和 $\forall a \in \mathbb{S}$ 成立, 称为标量乘法分配律。
- $(a + b)y = ay + by$, 对 $\forall y \in \mathbb{V}$ 和 $\forall a, b \in \mathbb{S}$ 成立, 称为标量乘法的分配律。
- $1y = y$, 对 $\forall y \in \mathbb{V}$ 成立, 称为标量乘法单位律。

假设 $a_1, a_2, \cdots, a_m$ 是向量空间 $\mathbb{V}$ 中的一组向量, 如果存在数域 $\mathbb{S}$ 中不全为零的数 $k_1, k_2, \cdots, k_m$ 使得

$$k_1 a_1 + k_2 a_2 + \cdots + k_m a_m = 0 \tag{2-12}$$

则称向量组 $a_1, a_2, \cdots, a_m$ 是**线性相关**的。若 $k_1, k_2, \cdots, k_m$ 全为 0, 则称为**线性无关**。

令 $\mathbb{V}$ 和 $\mathbb{W}$ 为数域 $\mathbb{S}$ 上的向量空间, 并且 $T : \mathbb{V} \to \mathbb{W}$ 是一个映射, 若对 $\forall v, w \in \mathbb{W}$ 和 $\forall c \in \mathbb{S}$, 映射 T 满足叠加性

$$T(v + w) = T(v) + T(w) \tag{2-13}$$

和齐次性

$$T(cv) = cT(v) \tag{2-14}$$

则称 T 为**线性映射**或**线性变换**。

2.5　内积与范数

向量和矩阵的内积在计算范数时是非常有用的。而范数在机器学习中经常被用来衡量向量的大小。

2.5.1　向量和矩阵的内积

n 维向量 $x = [x_1, x_2, \cdots, x_n]$ 和向量 $y = [y_1, y_2, \cdots, y_n]$ 之间的内积（inner-product）表示为

$$\langle x, y \rangle = x^{\mathrm{T}} y = \sum_{i=1}^{n} x_i y_i \tag{2-15}$$

该内积通常情况下称为典范内积。

将向量的内积加以推广, 即可得到矩阵的内积。

形状为 $m \times n$ 的矩阵 $\boldsymbol{A}$ 和矩阵 $\boldsymbol{B}$，将这两个矩阵分别"拉长"为 $mn \times 1$ 的向量。

$$\boldsymbol{a} = \mathrm{vec}(\boldsymbol{A}) = \begin{bmatrix} a_1 \\ \vdots \\ a_{mn} \end{bmatrix}, \quad \boldsymbol{b} = \mathrm{vec}(\boldsymbol{B}) = \begin{bmatrix} b_1 \\ \vdots \\ b_{mn} \end{bmatrix}$$

$\mathrm{vec}(\boldsymbol{A})$ 称为矩阵 $\boldsymbol{A}$ 的向量化。

矩阵的内积记为 $\langle \boldsymbol{A}, \boldsymbol{B} \rangle$，定义为两个"拉长向量"$\boldsymbol{a}$ 和 $\boldsymbol{b}$ 之间的内积。

$$\langle \boldsymbol{A}, \boldsymbol{B} \rangle = \langle \mathrm{vec}(\boldsymbol{A}), \mathrm{vec}(\boldsymbol{B}) \rangle = \sum_{i=1}^{mn} a_i b_i \tag{2-16}$$

2.5.2　向量和矩阵的范数

范数是将向量映射到非负值的函数。直观上来说，向量 $\boldsymbol{x}$ 的范数衡量从原点到点 $\boldsymbol{x}$ 的距离。范数作为特殊的函数，满足以下三条性质。

- $f(\boldsymbol{x}) = 0 \Rightarrow \boldsymbol{x} = \boldsymbol{0}$
- $f(\boldsymbol{x} + \boldsymbol{y}) \leqslant f(\boldsymbol{x}) + f(\boldsymbol{y})$
- $\forall \alpha \in \mathbb{R}, f(\alpha \boldsymbol{x}) = |\alpha| f(\boldsymbol{x})$

在机器学习中，我们经常使用范数（norm）衡量向量大小。向量的 L^p 范数定义如下：

$$\|\boldsymbol{x}\|_p = \left(\sum_i |x_i|^p \right)^{\frac{1}{p}} \tag{2-17}$$

其中 $p \in \mathbb{R}, p \geqslant 1$。

将 $m \times n$ 的矩阵排列成一个 $mn \times 1$ 的向量，采用向量的范数的定义即可得到矩阵的范数。由于这类范数是使用矩阵的元素表示的，故称"元素范数"（"entrywise"-norm）。因此矩阵 $\boldsymbol{A}$ 的 p 范数表示为

$$\|\boldsymbol{A}\|_p = \left(\sum_{i=1}^{m} \sum_{j=1}^{n} |A_{ij}|^p \right)^{1/p} \tag{2-18}$$

以下是三种典型的元素形式 p 范数：

（1）L_1 范数 $(p=1)$

$$\|\boldsymbol{A}\|_1 = \left(\sum_{i=1}^{m} \sum_{j=1}^{n} |A_{ij}| \right) \tag{2-19}$$

（2）Frobenius 范数 $(p=2)$

$$\|\boldsymbol{A}\|_F = \left(\sum_{i=1}^{m} \sum_{j=1}^{n} |A_{ij}|^2 \right)^{1/2} \tag{2-20}$$

（3）最大范数max-norm$(p = \infty)$

$$\|\boldsymbol{A}\|_\infty = \max_{i=1,\cdots,m;j=1,\cdots,n}\{|A_{ij}|\} \tag{2-21}$$

令 $\boldsymbol{\sigma} = [\sigma_1,\cdots,\sigma_k]^{\mathrm{T}}, k = \min\{m,n\}$ 表示矩阵 $\boldsymbol{A}$ 的全部奇异值组成的向量，则称

$$\|\boldsymbol{A}\|_p = \|\boldsymbol{\sigma}\|_p = \left(\sum_{i=1}^{\min\{m,n\}} \sigma_i^p\right)^{1/p} \tag{2-22}$$

是矩阵 $\boldsymbol{A}$ 的 Schatten p 范数。

最常用的 Schatten 范数是以下三种情况：

（1）核范数 $(p = 1)$

$$\|\boldsymbol{A}\|_1 = \|\boldsymbol{\sigma}\|_* = \left(\sum_{i=1}^{\min\{m,n\}} \sigma_i\right) \tag{2-23}$$

（2）Schatten 范数与 Frobenius 范数 $(p = 2)$

$$\|\boldsymbol{\sigma}\|_2 = \|\boldsymbol{\sigma}\|_F = \left(\sum_{i=1}^{m}\sum_{j=1}^{n} |A_{ij}|^2\right)^{1/2} \tag{2-24}$$

（3）Schatten 范数与谱范数相同 $(p = \infty)$

$$\|\boldsymbol{\sigma}\|_\infty = \sigma_{\max}(\boldsymbol{A}) \tag{2-25}$$

2.6　矩 阵 分 解

矩阵分解是矩阵理论中非常重要的内容。矩阵分解方法繁多，本节不能详尽描述，只对机器学习中常用的两种矩阵分解方法简要介绍。

2.6.1　特征分解

对于一个整数，我们通常可以将其分解为质因数的乘积。例如 $12 = 2 \times 2 \times 3$。从该等式中我们可以发现，12 的倍数可以被 3 整除。本节我们将整数的分解推广至矩阵的分解。

矩阵的特征分解（eigendecomposition）就是将矩阵分解为一组特征向量和特征值。方阵 $\boldsymbol{A}$ 的特征向量（eigenvector）是指与矩阵 $\boldsymbol{A}$ 相乘后相当于对该向量进行缩放的非零向量 $\boldsymbol{v}$：

$$\boldsymbol{A}\boldsymbol{v} = \lambda\boldsymbol{v} \tag{2-26}$$

λ 被称为这个特征向量对应的特征值（eigenvalue）。

假设矩阵 A 有 n 个线性无关的特征向量 $\{v^{(1)}, \cdots, v^{(n)}\}$，对应的特征值为 $\{\lambda_1, \cdots, \lambda_n\}$。我们令每一个特征向量为一列，将这 n 个特征向量拼成一个矩阵：$V = [v^{(1)}, \cdots, v^{(n)}]$。我们将 n 个特征值连接成一个向量 $\boldsymbol{\lambda} = [\lambda_1, \cdots, \lambda_n]^{\mathrm{T}}$。因此矩阵 A 的特征分解可以表示为

$$A = V \mathrm{diag}(\boldsymbol{\lambda}) V^{-1} \tag{2-27}$$

并不是每一个矩阵都可以进行特征分解，因此本书中考虑实对称矩阵。实对称矩阵的特征分解可以表示为

$$A = Q \Lambda Q^{\mathrm{T}} \tag{2-28}$$

其中 Q 是 A 的特征向量组成的正交矩阵，Λ 是对角矩阵。

2.6.2 奇异值分解

除了特征分解外，还有一种分解矩阵的方法，被称为奇异值分解（singular value decomposition，SVD），将矩阵分解为**奇异向量**（singular vector）和**奇异值**（singular value）。每个实数矩阵都可以进行奇异值分解，但不一定可以特征分解。

方阵 A 的特征分解可以表示为

$$A = V \mathrm{diag}(\boldsymbol{\lambda}) V^{-1} \tag{2-29}$$

其中，V 表示 A 的特征向量构成的矩阵，$\boldsymbol{\lambda}$ 表示 A 的特征值构成的向量。

奇异值分解是类似的，将矩阵 A 分解成三个矩阵的乘积：

$$A = U D V^{\mathrm{T}} \tag{2-30}$$

若 A 的形状为 $m \times n$，那么 U，D，V 的形状分别是 $m \times m$，$m \times n$，$n \times n$。其中矩阵 U 和 V 都为正交矩阵，而矩阵 D 为对角矩阵。注意，矩阵 D 不一定是方阵。

对角矩阵 D 对角线上的元素被称为矩阵 A 的奇异值。矩阵 U 的列向量被称为左奇异向量（left singular vector），矩阵 V 的列向量被称右奇异值向量（right singular vector）。

2.7　Moore-Penrose 伪逆

Moore-Penrose 伪逆（Moore-Penrose pseudoinverse）是方阵的逆定义在非方阵中的推广。对于下面的线性方程组，我们希望通过矩阵 A 的左逆矩阵 B 来求解

$$Ax = y \tag{2-31}$$

等式两边左乘矩阵 B 后，有

$$x = By \tag{2-32}$$

取决于实际问题的形式，矩阵 A 到 B 的映射可能并不唯一。

设 $A \in \mathbb{R}^{m \times n}$，若 $m > n$，则上述方程组可能没有解。若 $m < n$，则矩阵 A 到 B 的可能有多种映射。

Moore-Penrose 伪逆[4] 使我们在这类问题上取得了一定的进展。矩阵 A 的伪逆定义为：

$$A^\dagger = \lim_{\alpha \to 0} (A^{\mathrm{T}} A + \alpha I)^{-1} A^{\mathrm{T}} \tag{2-33}$$

Moore-Penrose 伪逆的实际计算使用的是下面的公式：

$$A^\dagger = V D^+ U^{\mathrm{T}} \tag{2-34}$$

其中，矩阵 U，D 和 V 是矩阵 A 奇异值分解后得到的矩阵。D^+ 是对角矩阵 D 中非零元素取倒数之后再转置得到的。

2.8　MATLAB 函数和示例

2.8.1　矩阵求逆

设矩阵 A，其逆为 $Y = \mathrm{inv}(A)$。例如：矩阵 A 表示为

$$\begin{bmatrix} 1 & 0 & 2 \\ -1 & 5 & 0 \\ 0 & 3 & -9 \end{bmatrix} \tag{2-35}$$

则矩阵 Y 可计算为

$$\begin{bmatrix} 0.8824 & -0.1176 & 0.1961 \\ 0.1765 & 0.1765 & 0.0392 \\ 0.0588 & 0.0588 & -0.0980 \end{bmatrix} \tag{2-36}$$

并且满足 $X * Y = I$。

2.8.2　矩阵的范数

设矩阵 A，则 $\mathrm{norm}(A, 2)$ 表示矩阵 A 的 2 范数；$\mathrm{norm}(A, \mathrm{INF})$ 表示矩阵 A 的无穷范数。例如，矩阵 A 表示为

$$\begin{bmatrix} 2 & 0 & 1 \\ -1 & 1 & 0 \\ -3 & 3 & 0 \end{bmatrix} \tag{2-37}$$

则 $\mathrm{norm}(X, 2) = 4.7234$。

2.8.3　矩阵求特征值

设矩阵 A，则 $\mathrm{eig}(A)$ 返回值为一个列向量，表示矩阵 A 的全部特征值。$[V, D] = \mathrm{eig}(A)$

返回值 D 为一个对角矩阵，为矩阵 A 的全部特征值，矩阵 D 表示返回矩阵 A 特征值对应的特征向量。

例如：矩阵 A 表示为 $\begin{bmatrix} 1 & 2 & 3 \\ 4 & 5 & 6 \\ 7 & 8 & 10 \end{bmatrix}$，则其特征向量、特征值分别为

$$V = \begin{bmatrix} -0.2235 & -0.8658 & 0.2783 \\ -0.5039 & 0.0857 & -0.8318 \\ -0.8343 & 0.4929 & 0.4802 \end{bmatrix}$$

$$D = \begin{bmatrix} 16.7075 & 0 & 0 \\ 0 & -0.9057 & 0 \\ 0 & 0 & 0.1982 \end{bmatrix}$$

2.8.4 矩阵的奇异值（SVD）分解

设矩阵 X，则奇异值分解为：$[U, S, V] = \mathrm{svd}(A)$，满足 $A = U * S * V'$，例如矩阵 A 表示为

$$\begin{bmatrix} 1 & 2 \\ 3 & 4 \\ 5 & 6 \\ 7 & 8 \end{bmatrix} \tag{2-38}$$

则其 SVD 分解为

$$U = \begin{bmatrix} -0.1525 & -0.8226 \\ -0.3499 & -0.4214 \\ -0.5474 & -0.0201 \\ -0.7448 & 0.3812 \end{bmatrix} \tag{2-39}$$

$$S = \begin{bmatrix} 14.2691 & 0 \\ 0 & 0.6268 \end{bmatrix} \tag{2-40}$$

$$V = \begin{bmatrix} -0.6414 & -0.7672 \\ 0.7672 & -0.6414 \end{bmatrix} \tag{2-41}$$

参 考 文 献

[1]　Golub G H, Van Loan C F. Matrix computations[M]. JHU Press, 2013.

[2]　Goodfellow I, Bengio Y, Courville A. Deep Learning[M]. The MIT Press, 2016.

[3]　张贤达. 矩阵分析与应用 [M]. 北京：清华大学出版社, 2013.

[4]　吕红力. 基于稀疏和低秩表示的 OCT 图像去噪算法研究 [D]. 山东大学,2018.

习　题

1. 令矩阵 A 是一个 3×4 的矩阵，证明其为列线性相关。

2. 根据右 Kronecker 积得到左 Kronecker 积的计算式。

3. 设 A 为一对称矩阵，并且矩阵 M 是 A 的 Moore-Penrose 逆矩阵。证明：矩阵 M^2 是 A^2 的 Moore-Penrose 逆矩阵。

4. 证明 Kronecker 积的 Moore-Penrose 逆矩阵的关系为 $(A \otimes B)^+ = A^+ \otimes B^+$。

第 3 章
概率统计与信息论

概率论是研究随机现象数量规律的数学分支，是在千变万化的随机性中，把握确定性的一种工具或思维方法。我们可以用某一件事已经发生的频率，去预测它未来发生的概率，也就有了通过历史预测未来的可能。如果线性代数可以看成是数量和结构的组合，那么概率统计就可以看成是模型和数据的组合。在机器学习中，概率论主要有两种用途。首先，概率统计的一个作用是利用数据训练模型，其中训练的任务就是用数据学习这些模型，进而确定模型的参数，最终得到一个确定的模型。其次，概率统计的另一个作用是利用模型推断数据，当给定一个模型，我们把输入的向量代入模型当中，就可以求出一个结果，当然也可能是多个结果。

概率论是用来描述不确定性的数学工具，很多机器学习算法都是通过描述样本的概率相关信息来推断或构建模型。信息论最初是研究如何量化一个信号中包含信息的多少，在机器学习中通常利用信息论的一些概念和结论描述不同概率分布之间的关系。

3.1 随机事件及其概率

3.1.1 随机现象

在一定条件下，在个别试验或观察中呈现不确定性，出现的可能结果不止一个，事前无法确切知道哪一个结果一定会出现。但在大量重复试验或观察中其结果又具有一定规律性的现象，称为随机现象。

随机现象的产生原因是其中蕴含的随机因素。随机现象的特点有两个，其一，随机现象的结果至少有 2 个；其二，至于哪一个出现，事先并不知道。随机现象的案例很多，例如抛一枚硬币，可能出现正面，可能出现反面；投一个骰子，可能出现 1 点到 6 点之间的某一个，至于哪个先出现，事先不知道。

3.1.2　随机事件

在相同条件下可以重复进行；每次试验的可能结果不止有一个，但是我们能够事先明确试验的所有可能结果；在进行每一次试验之前，我们并不能确定哪一个结果会出现。我们把满足以上条件的试验称为随机试验。简称为试验，用记号 E 表示。

把随机试验中的所有基本事件组成的集合称为样本空间，常用 Ω 来记。其中基本事件也称为样本点。

随机试验中的每一个可能结果称为随机事件（简称为事件），常用大写字母 A, B, C 等表示。

3.1.3　概率

频率：在相同条件下，总共进行 n 次试验，我们称事件 A 发生的次数 n_A 为事件 A 发生的频数，比值 $\frac{n_A}{n}$ 成为事件 A 发生的频率，记为 $f_n(A)$。

概率的统计定义：在随机试验中，随着试验次数 n 的增大，频率值 $f_n(A)$ 稳定在某个数 p 附近，那么我们称数 p 为事件 A 的概率，并记为 $P(A) = p$。当 n 很大时，$f_n(A) \approx p$，此时，我们将 $f_n(A)$ 作为 $P(A)$ 的近似值，即 $P(A) \approx f_n(A)$。

概率的公理化定义：设 E 是随机试验，Ω 是其样本空间，对 E 的每一个事件 A，都赋予一个实数 $P(A)$，称为事件 A 的概率，如果集合函数 $P(\cdot)$ 满足下列三条公理：

(1) 非负性：$P(A) \geqslant 0$；

(2) 规范性：$P(\Omega) = 1$；

(3) 可列可加性：若事件 $A_1, A_2, ..., A_n, ...$ 两两互斥，即 $A_i A_j = \varnothing (i \neq j; i, j = 1, 2, ...)$，有 $P\left(\bigcup\limits_{i=1}^{\infty} A_i\right) = \sum\limits_{i=1}^{\infty} P(A_i)$。

3.2　随机变量及其概率分布

3.2.1　随机变量

随机变量是指在随机试验中测定或观察的量，它可以随机取不同值的变量，在机器学习算法中，每个样本的特征取值、标签值都可以看作是一个随机变量。

按照随机变量可能取得的值，可以把它们分为两种基本类型：离散的或者连续的。若某随机变量的所有可能的取值只有有限个或可列个，则称这种随机变量为离散型随机变量。在实际中，有很多随机现象所出现的试验结果是不可列的。例如，某种电子元件的使用寿命，它是在某个区间上连续取值的，因而称之为连续型随机变量。

3.2.2 概率分布

概率分布主要用以表述随机变量取值的概率规律。为了使用的方便，根据随机变量是离散的还是连续的，概率分布取不同的表现形式。

1. 离散型变量和概率质量函数

概率质量函数 (probability mass function，PMF) 是离散型变量在各特定取值上的概率。

定义 3.1 设离散型随机变量 X 的所有可能取值为 $x_n(n=1,2,\cdots)$，p_n 为 X 取值 x_n 时的概率，即

$$P\{X=x_n\}=p_n, n=1,2,3,\cdots \tag{3-1}$$

称上式为随机变量 X 的概率函数或分布列。分布列也可用表格的形式来表示：

X	x_1	x_2	x_3	$\cdots$	x_n	$\cdots$
P	p_1	p_2	p_3	$\cdots$	p_n	$\cdots$

由定义 3.1 知，分布列应满足以下性质：

(1) $0 \leqslant p_n \leqslant 1, n=1,2,\cdots$；

(2) $\sum\limits_{n=1}^{\infty} p_n = 1$。

2. 连续型变量和概率密度函数

当我们研究的对象是连续型随机变量时，它的概率分布不能像离散型随机变量那样用分布列描述，必须采用适合于连续型随机变量的描述方法。人们在大量的社会实践中发现，连续型随机变量落在任一区间 $[a,b]$ 上的概率，可用某一函数 $p(x)$ 在 $[a,b]$ 上的定积分来表示，于是有如下的定义：

定义 3.2 对于随机变量 X，如果存在非负可积函数 $p(x)$，使得对任意 $a,b\,(a<b)$ 都有

$$P\{a \leqslant X \leqslant b\} = \int_a^b f(x)\mathrm{d}x \tag{3-2}$$

则称 X 为连续型随机变量，并称 $p(x)$ 为连续型随机变量 X 的概率密度函数（probablity density funcyion，PDF），简称概率密度或密度函数。

由此定义知，概率密度函数 $p(x)$ 具有下列性质：

(1) $p(x) \geqslant 0$；

(2) $\displaystyle\int_{-\infty}^{+\infty} p(x)\mathrm{d}x = 1$；

(3) 对于连续型随机变量 X 和任意一个给定的实数 a，有

$$P\{X=a\} = 0$$

(4) 对连续型随机变量 X 和任意实数 $a, b(a < b)$，有

$$P\{a < X < b\} = P\{a \leqslant X < b\} = P\{a < X \leqslant b\}$$

$$= P\{a \leqslant X \leqslant b\} = \int_a^b f(x)\mathrm{d}x$$

3.3　边缘概率与条件概率

3.3.1　边缘概率

二维随机变量 (X, Y) 作为一个整体，具有联合分布，而 X, Y 各自都是随机变量，它们也有自己的分布，相对于 (X, Y) 的联合分布，称 X, Y 的分布为边缘分布。比如，X, Y 各自的分布函数 $F_X(x), F_Y(y)$ 分别称为 X, Y 的边缘分布函数；相应地，离散型随机变量 X, Y 的各自的分布律称为边缘分布律；连续型随机变量 X, Y 的各自的概率密度 $f_X(x), f_Y(y)$ 称为边缘密度。二维随机变量 (X, Y) 的联合分布，完全决定 X 和 Y 的边缘分布。

设二维随机变量 (X, Y) 的联合分布函数为 $F(x, y)$，而 $F_X(x)$ 和 $F_Y(y)$ 分别为 X 和 Y 的边缘分布函数，则 X 的边缘分布函数为

$$F_x(x) = P\{X \leqslant x\} = P\{X \leqslant x, Y < +\infty\} = \lim_{y \to +\infty} P\{X \leqslant x, Y \leqslant y\}$$

$$= \lim_{y \to +\infty} F(x, y) = F(x, +\infty) \tag{3-3}$$

即

$$F_x(x) = F(x, +\infty) \tag{3-4}$$

同理，Y 的边缘分布函数为

$$F_Y(y) = \lim_{x \to +\infty} F(x, y) = F(+\infty, y) \tag{3-5}$$

3.3.2　条件概率

当事件 A 的发生影响到事件 B 发生的可能性时，我们引入了条件概率的概念。在 A 事件发生的条件下，B 事件发生的概率，这种概率就叫做条件概率。

定义 3.3　设二维离散型随机变量 (X, Y) 的联合分布律为 $P(X = x_i, Y = y_j) = p_{ij}, i, j = 1, 2, \cdots$，对于固定的 j，若 $P(Y = y_j) > 0$，则称

$$p_{i|j} = P(X = x_i \mid Y = y_j) = \frac{P(X = x_i, Y = y_j)}{P(Y = y_j)} = \frac{p_{ij}}{p_{\cdot j}}, i = 1, 2, \cdots \tag{3-6}$$

为在给定条件 $Y = y_j$ 下随机变量 X 的条件分布律。

对于固定的 i, 若 $P(X = x_i) > 0$, 则称

$$p_{j|i} = P(Y = y_j \mid X = x_i) = \frac{P(X = x_i, Y = y_j)}{P(X = x_i)} = \frac{p_{ij}}{p_{i\cdot}}, j = 1, 2, \cdots \tag{3-7}$$

为在给定条件 $X = x_i$ 下随机变量 Y 的条件分布律。

3.4 独立性、全概率公式和贝叶斯公式

3.4.1 独立性

两个事件可以是相互独立的, 直观地讲, 如果事件 A 发生与否不会影响事件 B 的概率, 那么 A 与 B 独立。

设 (X, Y) 的联合密度为 $f(x, y)$, 若 $f_{Y|X}(y \mid x) = f_Y(y)$ 并且 $f_{X|Y}(x \mid y) = f_X(x)$, 这表示给定 X(或 Y) 的取值并不能提供关于 Y(或 X) 取值的任何信息, 此时, 我们称 X 与 Y 相互独立。与随机事件的独立性一样, 独立性的定义往往采用对称的形式。

定义 3.4 设 X, Y 是两个随机变量, 若对任意的实数 x, y, 都有

$$P(X \leqslant x, Y \leqslant y) = P(X \leqslant x)P(Y \leqslant y) \tag{3-8}$$

则称 X, Y 相互独立 (independent)。

令 $f_{YZ|X}(y, z \mid x)$ 为给定 $X = x$ 时 (Y, Z) 的条件密度, 若

$$f_{YZ|X}(y, z \mid x) = f_{Y|X}(y \mid x) f_{Z|X}(z \mid x) \tag{3-9}$$

则称给定 X 后, Y 与 Z 是条件独立的。

3.4.2 全概率公式和贝叶斯公式

1. 完备事件组

设 E 是随机试验, Ω 是相应的样本空间, $A_1, A_2, ..., A_n$ 为 Ω 的一个事件组, 若
(1) $A_i \bigcap A_j = \varnothing (i \neq j)$;
(2) $A_1 \bigcup A_2 \bigcup ... \bigcup A_n = \Omega$。
称 $A_1, A_2, ..., A_n$ 为样本空间的一个完备事件组, 完备事件组完成了对样本空间的一个分割。

2. 全概率公式

若事件 $A_1, A_2, ..., A_n$ 构成一个完备事件组且都有正概率, 则对任意一个事件 B, 有如下公式成立:

$P(B) = P(BA_1) + P(BA_2 + ... + P(BA_n)) = P(B|A_1)P(A_1) + P(B|A_2)P(A_2) + ... + P(B|A_n)P(A_n)$

即 $P(B) = \sum_{i=1}^{n} P(A_i)P(B|A_i)$，此公式为全概率公式。

特别地，对于任意两个随机事件 A 和 B，有如下等式成立：

$$P(B) = P(B|A)P(A) + P(B|\bar{A})P(\bar{A})$$

其中 A 和 $\bar{A}$ 为对立事件。

全概率公式的思想就是，通过已知每种"原因"发生的概率，求"结果"发生的概率，"原因"发生的概率称为"先验概率"，即"已知原因，分析结果"。

3. 贝叶斯公式

与全概率公式解决的问题相反，贝叶斯公式是建立在条件概率的基础上寻找事件发生的原因（即大事件 A 已经发生的条件下，分割中的小事件 B_i 的概率）。设 $B_1, B_2, ..., B_n$ 是样本空间 Ω 的一个划分，则对任一事件 A（$P(A) > 0$），有

$$P(B_i|A) = \frac{P(B_i)P(A|B_i)}{\sum_{j=1}^{n} P(B_j)P(A|B_i)}$$

此公式即为贝叶斯公式。

贝叶斯公式的思想是，从已知"结果"发生的条件下分析各个"原因"引起的条件概率，这个条件概率称为"后验概率"，即"已知结果，分析原因"。

3.5　随机变量的数字特征

数学期望是度量随机变量取值的平均水平的数字特征。若 X 为离散型随机变量，其分布律为

$$P\{X = x_i\} = p_i, \quad i = 1, 2, 3, \cdots \tag{3-10}$$

若级数 $\sum_{i=1}^{\infty} x_i p_i$ 绝对收敛，则称级数 $\sum_{i=1}^{\infty} x_i p_i$ 为随机变量 X 的数学期望，简称期望或均值，记作 $E(X)$（或 EX），即

$$E(X) = \sum_{i=1}^{\infty} x_i p_i \tag{3-11}$$

若 X 为连续型随机变量，它的概率密度为 $f(x)$，若积分 $\int_{-\infty}^{+\infty} x f(x) \mathrm{d}x$ 绝对收敛，则称积分 $\int_{-\infty}^{+\infty} x f(x) \mathrm{d}x$ 的值为随机变量 X 的数学期望，记作 $E(X)$（或 EX），即

$$E(x) = \int_{-\infty}^{+\infty} x f(x) \mathrm{d}x \tag{3-12}$$

随机变量 X 的数学期望 $E(X)$ 可以理解为该随机变量的取值以概率为权的加权平均值。它表示 X 的所有取值的分布"中心"。在实际问题中，有时只知道 $E(X)$ 是不够的。比如，有一批灯泡，仅仅知道它们的平均寿命 $E(X) = 1000\,h$ 还不能判定这批灯泡质量的好坏。为了评定这批灯泡质量的好坏，还需进一步考察灯泡寿命 X 与平均值 $E(X)$ 的平均偏离程度。容易看到 $E(X - E(X))$ 能度量随机变量 X 与其均值 $E(X)$ 的偏离程度。但由于上式带有绝对值，计算不方便，为了计算上的方便，通常用量 $E\left((X - E(X))^2\right)$ 来度量随机变量 X 与其均值 $E(X)$ 的偏离程度。

设随机变量 X 的数学期望为 $E(X)$，若 $E\left((X - E(X))^2\right)$ 存在，则称 $E\left((X - E(X))^2\right)$ 为随机变量 X 的方差，记作 $D(X)$（或 DX），即

$$D(X) = E\left((X - E(X))^2\right) \tag{3-13}$$

$\sqrt{D(X)}$ 称为 X 的标准差（或均方差）。

从方差的性质 $D(X + Y) = D(X) + D(Y)$ 的证明中可以看到，如果两个随机变量 X 和 Y 相互独立，则

$$E((X - E(X))(Y - E(Y))) = 0 \tag{3-14}$$

若 $E((X - E(X))(Y - E(Y))) \neq 0$，则意味着 X 与 Y 不相互独立，而是存在一定的联系，所以 $E((X - E(X))(Y - E(Y)))$ 数值的大小描述了 X、Y 之间联系的紧密程度。

设 X、Y 是两个随机变量，若数学期望 $E((X - E(X))(Y - E(Y)))$ 存在，则称此数学期望为 X 与 Y 的协方差，记作 $\text{cov}(X, Y)$，即

$$\text{cov}(X, Y) = E((X - E(X))(Y - E(Y))) \tag{3-15}$$

同时，我们称 $\rho_{XY} = \dfrac{\text{cov}(X, Y)}{\sqrt{DX}\sqrt{DY}}$ 为随机变量 X 和 Y 的相关系数。相关系数 ρ_{XY} 描述随机变量 X 和 Y 之间的线性相关性，$|\rho_{XY}|$ 的大小是刻画随机变量 X 和 Y 之间的线性相关程度的一种度量。$\rho_{XY} = 0$ 表示 X 和 Y 之间不存在线性关系，故称 X 和 Y 不线性相关，但这并不意味着 X 和 Y 之间不存在相互关系，它们之间还可能存在某种非线性关系。

3.6　常用概率分布

在机器学习中有许多重要的概率分布，掌握这些概率分布有助于建模并求解问题。

3.6.1　Bernoulli 分布

Bernoulli 分布是单个二值随机变量的分布。一个简单的实验只有两个可能的结果，例如抛硬币的正面和反面、做一件事成功或失败，将这两种情况记作 0 和 1，即随机变量只能取

值为 0 和 1，并由单个参数 ϕ 给出随机变量等于 1 的概率。下面讨论 Bernoulli 分布具有的一些性质。

$$P(X = 1) = \phi$$
$$P(X = 0) = 1 - \phi \tag{3-16}$$

概率质量函数为

$$P(X = x) = \phi^x(1 - \phi)^{1-x} \tag{3-17}$$

对于 $p(x) = x$，期望和方差为

$$E_x[p(x)] = 1 \cdot \phi + 0 \cdot (1 - \phi) = \phi$$
$$\mathrm{var}_x[p(x)] = E\left[(p(x) - E[p(x)])^2\right] = \phi(1 - \phi) \tag{3-18}$$

3.6.2 Multinoulli 分布

Multinoulli 分布也叫范畴分布 (categorical distribution)，是 Bernoulli 分布的泛化，如果说 Bernoulli 分布代表着一个只有两种结果的简单实验，那 Multinoulli 分布就是可能有 k 个结果的实验。Multinoulli 分布是指在具有 k 个不同状态的单个离散型随机变量上的分布，其中 k 是有限值。随机向量 $\boldsymbol{X}$ 定义为

$$\boldsymbol{X} = [X_1, X_2, \cdots, X_k] \tag{3-19}$$

当得到第 i 个结果时，随机向量 $\boldsymbol{X}$ 的第 i 个值即 X_i 为 1，其他为 0。K 个可能的结果的概率则用 $p_1, p_2, \cdots, p_K$ 来表示。$\boldsymbol{X}$ 是 $K \times 1$ 的离散随机向量，$R_{\boldsymbol{X}}$ 为 $\boldsymbol{X}$ 的支持区域，其中一个量为 1，其他量均为 0。

$$R_{\boldsymbol{X}} = \left\{ x \in \{0,1\}^K : \sum_{j=1}^{K} x_j = 1 \right\} \tag{3-20}$$

$p_1, p_2, \cdots, p_K$ 为 K 个非负数，并且满足

$$\sum_{j=1}^{K} p_j = 1 \tag{3-21}$$

这时，如果有如下联合概率质量函数，我们就说 $\boldsymbol{X}$ 有一个 Multinoulli 分布并且概率为 $p_1, p_2, \cdots, p_K$。

$$p_{\boldsymbol{X}}(x_1, x_2, \cdots, x_K) = \begin{cases} \prod_{j=1}^{K} p_j^{x_j}, & (x_1, x_2, \cdots, x_K) \in R_{\boldsymbol{X}} \\ 0, & \text{其他} \end{cases} \tag{3-22}$$

Multinoulli 分布经常用来表示对象分类的分布,因此,我们通常不需要去计算 Multinoulli 分布随机变量的期望和方差。

3.6.3 高斯分布

实数上最常用的分布就是正态分布,也称高斯分布。若随机变量 X 服从一个数学期望为 μ、方差为 σ^2 的正态分布,则记为 $X \sim N\left(\mu, \sigma^2\right)$。概率密度函数为

$$N\left(x: \mu, \sigma^2\right) = \sqrt{\frac{1}{2\pi\sigma^2}} \exp\left(-\frac{1}{2\sigma^2}(x-\mu)^2\right) \tag{3-23}$$

其概率密度函数为正态分布的期望值 μ 决定了其位置,其标准差 σ 决定了分布的幅度。当 $\mu = 0, \sigma = 1$ 时的正态分布是标准正态分布。

3.6.4 贝塔分布与二项分布

贝塔分布是关于连续变量 $\mu \in [0,1]$ 的概率分布,它由两个参数 $a > 0$ 和 $b > 0$ 确定,其概率密度函数为

$$p(\mu \mid a, b) = \text{Beta}(\mu \mid a, b) = \frac{\Gamma(a+b)}{\Gamma(a)\Gamma(b)}\mu^{a-1}(1-\mu)^{b-1} = \frac{1}{B(a,b)}\mu^{a-1}(1-\mu)^{b-1} \tag{3-24}$$

其中 $\Gamma(a) = \displaystyle\int_0^{+\infty} t^{a-1}\mathrm{e}^{-t}\mathrm{d}t$ 为 Gamma 函数,$B(a,b) = \dfrac{\Gamma(a)\Gamma(b)}{\Gamma(a+b)}$ 为 Beta 函数;当 $a = b = 1$ 时,贝塔分布退化为均匀分布。

Beta 分布是二项分布的共轭先验分布。但除此之外,我们观察 Beta 分布的概率密度函数,会发现与二项分布的概率质量函数十分相似:

$$P\{X = k\} = \binom{n}{k} p^k (1-p)^{n-k} \tag{3-25}$$

在二项分布中,概率 p 作为参数,随机变量为 X。但在 Beta 分布中,概率作为随机变量,而不是参数。

也就是说,Beta 分布是概率的概率分布。其前面的常数项 $\dfrac{1}{B(a,b)}$,其作用便是为了让整个概率密度函数的积分等于 1,满足概率密度函数的积分约束。

3.6.5 狄利克雷分布

狄利克雷分布是关于一组 d 个连续变量 $\mu_i \in [0,1]$ 的概率分布,$\displaystyle\sum_{i=1}^{a} \mu_i = 1$。令 $\boldsymbol{\mu} =$

$(\mu_1, \mu_2, \ldots, \mu_d)$，参数 $\boldsymbol{\alpha} = (\alpha_i, \alpha_2, \ldots, \alpha_d)$，$\alpha_i > 0$，$\hat{\alpha} = \sum_{i=1}^{d} \alpha_i$。当 d = 2 时，狄利克雷分布退化为贝塔分布。狄利克雷的概率分布为

$$p(\boldsymbol{\mu} \mid \boldsymbol{\alpha}) = \text{Dir}(\boldsymbol{\mu} \mid \boldsymbol{\alpha}) = \frac{\Gamma(\hat{\alpha})}{\Gamma(\alpha_1) \ldots \Gamma(\alpha_i)} \prod_{i=1}^{d} \mu_i^{\alpha_i - 1} \tag{3-26}$$

3.6.6　指数分布

指数分布是描述泊松过程中的事件之间的间隔时间的概率分布，即事件以恒定平均速率连续且独立地发生的过程。这是伽马分布的一个特殊情况。它是几何分布的连续模拟，它具有无记忆的关键性质。除了用于分析泊松过程外，还可以在其他各种环境中找到。

指数函数的一个重要特征是无记忆性。在机器学习中，我们经常会需要一个在 $x = 0$ 点处取得边界点的分布。为了实现这一目的，我们可以使用指数分布：

$$p(x|\lambda) = \begin{cases} \lambda \mathrm{e}^{-\lambda x}, & x > 0 \\ 0, & x \leqslant 0 \end{cases} \tag{3-27}$$

3.7　数理统计基础

数理统计与概率论是两个有密切联系的科学，它们都以随机现象的统计规律为研究对象。但在研究问题的方法上有很大的区别：

概率论 —— 已知随机变量服从某分布，寻找分布的性质和数字特征。

数理统计 —— 通过对实验数据的统计分析，寻找所服从的分布和数字特征，从而推断整体的规律性。数理统计的核心问题是由样本推断总体。

数理统计是研究统计工作的一般原理和方法的科学，它主要阐述搜集、整理、分析统计数据，并据以对研究对象进行统计推断的理论和方法，是统计学的核心和基础。数理统计就是在概率论的基础上研究怎样以有效的方式收集、整理和分析获得的数据资料，对所考察问题的统计性规律尽可能地做出精确而可靠的推断或预测，为采取一定的决策和行动提供依据和建议。

本节介绍数理统计的基本概念：总体与样本、统计量、抽样分布。

3.7.1　总体与样本

具有一定的共同属性的研究对象全体成为总体。总体中每个对象或成员成为个体。如研究某批灯泡的质量，该批灯泡寿命的全体就是总体；考察国产手机的质量，所有国产手机每小时耗电量的全体就是总体。

从总体 X 中随机地抽取 n 个个体 $X_1, X_2, ..., X_n$，称为总体 X 的一个样本容量为 n 的样本。如果个体 $X_1, X_2, ..., X_n$ 相互独立且与总体 X 有相同分布，则称 $X_1, X_2, ..., X_n$ 为取自总体 X 的简单随机样本。$X_1, X_2, ..., X_n$ 的观测值 $x_1, x_2, ..., x_n$ 为总体 X 的 n 个独立观测值。

3.7.2　统计量

设 $X_1, X_2, ..., X_n$ 是取自总体 X 的一个样本，$g(X_1, X_2, ..., X_n)$ 是样本的函数，且其中不含任何未知参数，则称 $g(X_1, X_2, ..., X_n)$ 为统计量。

常用统计量：设 $X_1, X_2, ..., X_n$ 是取自总体 X 的样本，常用统计量如下。

(1) 样本均值

称样本的算数平均值为样本均值，记为 $\bar{X}$，即

$$\bar{X} = \frac{1}{n}(X_1 + X_2 + \cdots + X_n) = \frac{1}{n}\sum_{i=1}^{n} X_i \tag{3-28}$$

(2) 样本方差

样本方差是用来描述样本中各分量与样本均值的均方差异的，即

$$S^2 = \frac{1}{n-1}\sum_{i=1}^{n}(X_i - \bar{X})^2 = \frac{1}{n-1}\left[\sum_{i=1}^{n} X_i^2 - n\bar{X}^2\right] \tag{3-29}$$

(3) 样本标准差

样本标准差定义为样本方差的算术平方根，即

$$S = \sqrt{\frac{1}{n-1}\sum_{i=1}^{n}(X_i - \bar{X})^2} \tag{3-30}$$

(4) 样本（k 阶）原点距

记

$$A_k = \frac{1}{n}\sum_{i=1}^{n} X_i^k, k = 1, 2, ... \tag{3-31}$$

称 A_k 为样本的 k 阶原点矩。一阶原点矩即为样本均值。

(5) 样本（k 阶）中心距

记

$$B_k = \frac{1}{n}\sum_{i=1}^{n}(X_i - \bar{X}), k = 1, 2, ... \tag{3-32}$$

称 B_k 为样本的 k 阶中心矩。二阶中心距即为样本方差。

上述 5 种统计量可统称为样本的距统计量，简称为样本距。它们都可表示为样本的显示函数。

3.7.3　抽样分布

统计的目的就是借助从总体 X 中随机抽取的样本 $(X_1,...,X_n)$，构造相应的统计量，通过研究它们的分布来对未知的总体进行推断。常用抽样分布如下。

χ^2 分布：$X_1, X_2, ..., X_n \sim N(0,1)$，则 $X_1^2 + X_2^2 + ... + X_n^2 \sim \chi^2(n)$；

t 分布：$X \sim N(0,1)$，$Y \sim \chi^2(n)$，X, Y 独立，则 $t = \dfrac{X}{\sqrt{Y/n}} \sim t(n)$；

F 分布：$X \sim \chi^2(n_1)$，$Y \sim \chi^2(n_2)$，X, Y 独立，则 $F = \dfrac{X/n_1}{Y/n_2} \sim F(n_1, n_2)$。

3.8　统 计 推 断

借助于总体 X 的一个样本 $(X_1,...,X_n)$，对总体的未知分布进行推断，我们把这类问题统称为统计推断问题。为了利用样本对未知的总体分布进行推断，我们需要借助样本构造适当的函数，利用这些函数所反映的总体分布的信息来对总体分布所属的类型，或总体分布中所含的未知参数做出统计推断。

3.8.1　参数估计

参数估计就是用样本统计量去估计总体的参数的真值，它的方法有点估计和区间估计两种。

点估计就是以样本统计量直接作为相应总体参数的估计值。点估计的缺陷是没办法给出估计的可靠性，也没法说出点估计值与总体参数真实值接近的程度。

区间估计是在点估计的基础上给出总体参数估计的一个估计区间，该区间是由样本统计量加减允许误差得到的。在区间估计中，由样本统计量构造出来的总体参数在一定置信水平下的估计区间称为置信区间。

3.8.2　假设检验

假设检验是根据样本统计量来检验对总体参数的先验假设是否成立，是推断统计的另一项重要内容，它与参数估计类似，但角度不同，参数估计是利用样本信息推断未知的总体参数，而假设检验则是先对总体参数提出一个假设值，然后利用样本信息判断这一假设是否成立。

假设检验的基本思想：先提出假设，然后根据资料的特点，计算相应的统计量，来判断假设是否成立，如果成立的可能性是一个小概率的话，就拒绝该假设，因此称小概率的反证法。最重要的是看能否通过得到的概率去推翻原定的假设，而不是去证实它。

3.8.3　回归分析

回归分析是研究变量间相关关系的一门学科。它通过对客观事物中变量的大量观察或试验获得的数据，去寻找隐藏在数据背后的相关关系，给出它们的表达形式——回归函数的估计。主要内容是通过试验或观测数据，寻找相关变量之间的统计规律性，再利用自变量的值有效预测因变量的可能取值。

回归分析是对具有相关关系的两个变量进行统计分析的一种常用方法。其操作的步骤如下。

(1) 设定回归方程；

(2) 根据误差分析，考虑搜集数据对回归方程参数的影响，有目的地搜集数据；

(3) 确定回归系数；

(4) 进行相关性检验；

(5) 预测。

线性回归相关公式如下。

回归直线方程：
$$\hat{y} = \hat{b}x + \hat{a} \tag{3-33}$$

回归系数：
$$\hat{b} = \frac{\sum_{i=1}^{n}(x_i - \bar{x})(y_i - \bar{y})}{\sum_{i=1}^{n}(x_i - \bar{x})^2}; \quad \hat{a} = \bar{y} - \hat{b}\bar{x} \tag{3-34}$$

相关系数：
$$r = \frac{\sum_{i=1}^{n}(x_i - \bar{x})(y_i - \bar{y})}{\sqrt{\sum_{i=1}^{n}(x_i - \bar{x})^2 \sum_{i=1}^{n}(y_i - \bar{y})^2}} \tag{3-35}$$

3.8.4　方差分析

一个复杂的事物，其中往往有许多因素互相制约又互相依存。方差分析的目的是通过数据分析找出对该事物有显著影响的因素，各因素之间的交互作用，以及显著影响因素的最佳水平等。

方差分析是一种比较因素效应的统计分析方法。方差分析（ANOVA）又称"变异数分析"或"F 检验"，是由罗纳德·费雪爵士发明的，用于两个及两个以上样本均数差别的显著性检验。

方差分析的基本原理是认为不同处理组的均数间的差别基本来源有两个：

(1) 实验条件，即不同的处理造成的差异，称为组间差异。用变量在各组的均值与总均值之偏差平方和的总和表示，记作 SSb，组间自由度 dfb。

(2) 随机误差，如测量误差造成的差异或个体间的差异，称为组内差异，用变量在各组的均值与该组内变量值之偏差平方和的总和表示，记作 SSw，组内自由度 dfw。总偏差平方和 SSt = SSb + SSw。

方差分析的基本思想是：通过分析研究不同来源的变异对总变异的贡献大小，从而确定可控因素对研究结果影响力的大小。

方差分析方法：根据数据设计类型的不同，有以下两种方差分析的方法。

(1) 对成组设计的多个样本均值比较，应采用完全随机设计的方差分析，即单因素方差分析。

(2) 对随机区组设计的多个样本均值比较，应采用配伍组设计的方差分析，即两因素方差分析。

3.9　信　息　论

信息论 (information theory) 是将信息的传递作为一种统计现象来研究，如通过某种编码方式要传递某种信息所需要的信道带宽或比特数。我们想要定量的描述随机事件的信息量需要满足如下性质：

(1) 发生概率大的事件含有较低的信息量，极端情况下，如果一个事件 100% 确定发生，那么它所包含的信息量为零。

(2) 发生概率小的事件含有较高的信息量。

(3) 独立事件的信息量可叠加。

据此，香农定义了 $X = x$ 时的自信息 (self information)：

$$I(x) = -\log P(x) \tag{3-36}$$

而对于整个概率分布所含的信息量用香农熵 (Shannon entropy) 来描述：

$$H(X) = E_{X \sim P}[I(x)] = -E_{X \sim P}[\log P(x)] \tag{3-37}$$

也记作 $H(P)$ 。香农熵越大，则描述该系统所需的比特数越大，而对于确定性的非随机的系统，其香农熵很小。

如果我们对于同一个随机变量 X 有两个单独的概率分布 $P(X)$ 和 $Q(X)$，我们可以使用 KL 散度 (Kullback-Leibler (KL) divergence) 来衡量这两个分布的差异：

$$D_{\mathrm{KL}}(P\|Q) = E_{X \sim P}\left[\log \frac{P(x)}{Q(x)}\right] = E_{X \sim P}[\log P(x) - \log Q(x)] \tag{3-38}$$

它表示了假如我们采取某种编码方式使编码 Q 分布所需的比特数最少，那么编码 P 分布所需的额外的比特数。假如 P 和 Q 分布完全相同，则其 KL 散度为零。

一个和 KL 散度密切联系的量是交叉熵 (cross entropy) $H(P, Q) = H(P) + D_{\mathrm{KL}}(P\|Q)$，它和 KL 散度很像，但是缺少左边一项：

$$H(P, Q) = -E_{X \sim P} \log Q(x) \tag{3-39}$$

针对 Q 最小化交叉熵等价于最小化 KL 散度，因为 Q 并不参与被省略的那一项。

3.10　MATLAB 函数和示例

3.10.1　mean: 求数组的平均数或者均值

使用方法:

M = mean(A)

返回沿数组中不同维的元素的平均值。

如果 *A* 是一个向量,mean(A) 返回 *A* 中元素的平均值;如果 *A* 是一个矩阵,mean(A) 将其中的各列视为向量,把矩阵中的每列看成一个向量,返回一个包含每一列所有元素的平均值的行向量;如果 *A* 是一个多元数组,mean(A) 将数组中第一个非单一维的值看成一个向量,返回每个向量的平均值。

M = mean(A,dim)

返回 *A* 中沿着标量 dim 指定的维数上的元素的平均值。对于矩阵,mean(A,2) 就是包含每一行的平均值的列向量。

示例:

```
>> A = [1 2 3; 3 3 6; 4 6 8; 4 7 7];
>> mean(A)
ans =
3.0000 4.5000 6.0000
>> mean(A,2)
ans =
2.0000
4.0000
6.0000
6.0000
```

3.10.2　median: 求矩阵的中间值

使用方法:

M = median(A)

每一列返回一个值, 为 M 该列的从大到小排列的中间值。

M = median(A,dim)

dim 为 1, 2。其中 1 表示按每列返回一个值, 为该列从大到小排列的中间值; 2 表示按每行返回一个值, 为该行从大到小排列的中间值。

注意: 如果行或列的个数为偶数, 返回中间两个值的平均值。

示例：

```
>> A=[1 4 5;2 8 3;9 7 6];
>> median(A)
ans =
2 7 5
>> median(A,1)
ans =
2 7 5
>> median(A,2)
ans =
4 3 7
```

3.10.3　std: 求标准差的函数

使用方法：

M=std (A, flag,dim)

若 *A* 是向量，则 M 是计算 *A* 的标准差；若 *A* 是矩阵，则 M 是个向量，存放的是每一列/行的标准差。

flag 表示标准差是要除以 n 还是 $n-1$。flag==0 是除以 $n-1$；flag==1 是除以 n。

dim 表示维数。dim==1 是按照列分；dim==2 是按照行分；若是三维的矩阵，dim==3 就按照第三维来分数据。

示例：

```
>> A=[1 2 3 4 5 6 7 8 9];
>> std(A)
ans =
2.7386
>> std(X,1,2)
ans =
2.5820
```

3.10.4　normcdf: 计算正态分布的累积分布函数

使用方法：

P = normcdf(X,mu,sigma)

使用相应的平均值 mu 和标准差 sigma 计算 X 中每个值的正态分布函数。

X、mu 和 sigma 可以是向量、矩阵或多维数组。

注意： sigma 必须为正数。

示例：

标准正态分布的观测值落在区间 [-11] 上的概率是多少？

```
>> p = normcdf([-1 1]);
>> p(2)-p(1)
ans =
0.6827
```

3.10.5 expcdf：计算指数分布的累积分布函数

使用方法：

P = expcdf(X,mu)

使用相应的平均值 mu 计算 X 中每个值的指数分布函数。

X、mu 和 sigma 可以是向量、矩阵或多维数组。

示例：

指数随机变量小于或等于平均值的概率是多少？

```
>> mu = 1:6;
>> x = mu;
>> p = expcdf(x,mu)
>> p =
0.6321   0.6321   0.6321   0.6321   0.6321   0.6321
```

参 考 文 献

[1] 伊恩·古德费洛. 深度学习 [M]. 赵申剑，黎彧君，符天凡，李凯，译. 北京：人民邮电出版社，2017.

[2] Ramsey F P. The Foundations of Mathematics[J]. Proceedings of the London Mathematical Society, 1926, s2-25(1): 338-384.

[3] 盛骤，谢式千，潘承毅. 概率论与数理统计 [M]. 第 4 版. 北京：高等教育出版社，2008.

[4] 陈希孺. 数理统计学简史 [M]. 长沙：湖南教育出版社，2002.

习　　题

1. 为什么说概率统计在机器学习中提供了问题的假设？

2. 怎么看待机器学习和概率统计与信息论的核心都是探讨如何从数据中提取人们需要的信息或规律？

3. 机器学习怎么借鉴信息理论创造和改进学习算法？

4. 机器学习本身也是对样本信息的学习吗？

第4章
最优化方法

对于几乎所有机器学习算法,无论是监督学习、无监督学习,还是强化学习,最后一般都归结为求解最优化问题。优化指的是改变 x 以最小化或最大化某个函数 $f(x)$ 的任务。我们通常以最小化 $f(x)$ 指代大多数最优化问题,最大化可经由最小化 $-f(x)$ 来实现;通常使用一个上标 $*$ 表示最小化或最大化函数的 x 值,如记 $x^* = \arg\min\limits_{x} f(x)$。

数学优化问题的定义为:给定一个目标函数 $f : \mathbb{A} \to \mathbb{R}$,寻找一个变量 $x^* \in \mathbb{D}$,使得对于所有 $\mathbb{D}$ 中的 x,当 $f(x^*) \leqslant f(x)$ 时实现最小化;当 $f(x^*) \geqslant f(x)$ 时实现最大化;其中 $\mathbb{D}$ 为变量 x 的约束集,也叫可行域;$\mathbb{D}$ 中的变量被称为是可行解[1]。

对于形式和特点各异的机器学习算法优化目标函数,本章介绍适合它们的基础优化算法。除了极少数问题可以用暴力搜索来得到最优解之外,将机器学习中使用的优化算法分成两种类型:公式解和数值优化。前者给出一个最优化问题精确的公式解,也称为解析解,一般是理论结果;后者是在要给出极值点的精确计算公式非常困难的情况下,用数值计算方法近似求解得到最优点,即通过给定一个恰当的起始点 x_0,然后朝着每一步确定的搜索方向迭代产生新的估计点 $x_1, x_2, \cdots, x_t$,最终得到满足收敛条件的最优解 x^*。好的数值优化算法将问题化复杂为简单,不断地朝正确的方向逼近,且通常受起始点的影响较小,通过迭代能稳定地找到最优解 x^* 的邻域,然后迅速收敛于 x^*。

本章第一节介绍公式解算法,其余节介绍经典的数值优化算法。

4.1 拉格朗日乘子法与 KKT 条件

4.1.1 简介

对于一个可导函数,寻找其极值的统一做法是寻找导数为 0 的点,即**费马引理**。微积分中的这一定理指出,对于可导函数,在极值点处导数必定为 0:$f'(x) = 0$;对于多元函数,则是梯度为 0:$\nabla f(x) = 0$。无约束优化问题,定义为 $\min\limits_{x} f(x)$,对于凸函数而言,直接利用费马定理,$f'(x) = 0$,获得最优解。

作为一种优化算法，**拉格朗日乘子法**（Lagrange multiplier）主要用于解决**约束优化问题**，它的基本思想就是通过引入拉格朗日乘子来将含有 n 个变量和 k 个约束条件的约束优化问题转化为含有 $(n+k)$ 个变量的无约束优化问题。

如何将一个含有 n 个变量和 k 个约束条件的约束优化问题转化为含有 $(n+k)$ 个变量的无约束优化问题？拉格朗日乘子法从数学意义入手，通过引入拉格朗日乘子建立极值条件，对 n 个变量分别求偏导对应了 n 个方程，然后加上 k 个约束条件（对应 k 个拉格朗日乘子）一起构成包含了 $(n+k)$ 变量的 $(n+k)$ 个方程的方程组问题，这样就能根据求方程组的方法对其进行求解。这种方法的最典型应用是在支持向量机当中。

考虑具有 m 个等式约束和 n 个不等式约束，且可行域 $\mathbb{D} \subset \mathbb{R}^d$ 非空的优化问题：

$$
\begin{aligned}
\min_{\boldsymbol{x} \in \mathbb{R}^d} \quad & f(\boldsymbol{x}) \\
\text{s.t.} \quad & h_i(\boldsymbol{x}) = 0, \quad i = 1, \cdots, m \\
& g_j(\boldsymbol{x}) \leqslant 0, \quad j = 1, \cdots, n
\end{aligned}
$$

称此约束最优化问题为原始问题，其中只涉及 h_i 的等式称为**等式约束**（equality Constraint），涉及 g_j 的不等式称为**不等式约束**（inequality Constraint）。

4.1.2 等式约束优化

对于只涉及等式约束的优化问题，若 $f, h_i \in \mathbb{C}^1$，$i = 1, \cdots, m$，且 $\nabla h_1(\boldsymbol{x}^*), \cdots, \nabla h_m(\boldsymbol{x}^*)$ 线性无关，则 $\boldsymbol{x}^*$ 是最优解的必要条件为[2]：存在相应的拉格朗日乘子 $\boldsymbol{\mu}^* = (\mu_1^*, \cdots, \mu_m^*)^{\mathrm{T}}$ 使得

$$
\nabla_x L(\boldsymbol{x}^*, \boldsymbol{\mu}^*) = \nabla f(\boldsymbol{x}^*) - \sum_{i=1}^m \mu_i^* \nabla h_i(\boldsymbol{x}^*) = 0
$$

因此，构建拉格朗日乘子函数：

$$
L(\boldsymbol{x}, \boldsymbol{\mu}) = f(\boldsymbol{x}) + \sum_{i=1}^m \mu_i h_i(\boldsymbol{x})
$$

在最优点处对 $\boldsymbol{x}$ 和乘子变量 μ_i 的偏导数都必须为 0：

$$
\nabla_x f + \sum_{i=1}^m \mu_i \nabla_x h_i = 0
$$

$$
h_i(\boldsymbol{x}) = 0
$$

上面方程组的解即为原始问题的可能解。在实际应用中，由于拉格朗日乘子法所得的平稳点会包含原问题的所有极值点，但并不能保证每个平稳点都是原问题的极值点，因此需根据问题实际情况来验证是否为极值点。

4.1.3 KKT 条件

上述讨论的问题为等式约束优化问题，但等式约束并不足以描述人们面临的问题，不等式约束比等式约束更为常见。**KKT**（Karush-Kuhn-Tucker）**条件**是拉格朗日乘子法的推广，用于求解既带有等式约束，又带有不等式约束的函数极值。

将约束等式 $h_i(\boldsymbol{x}) = 0$ 推广为单个不等式 $g(\boldsymbol{x}) \leqslant 0$，考虑

$$\min_{\boldsymbol{x} \in \mathbb{R}^d} \quad f(\boldsymbol{x})$$
$$\text{s.t.} \quad g(\boldsymbol{x}) \leqslant 0$$

约束不等式 $g(\boldsymbol{x}) \leqslant 0$ 称为原始可行性（primal feasibility）。据此定义可行域 $\mathbb{D} = \{\boldsymbol{x} \in \mathbb{R}^d | g(\boldsymbol{x}) \leqslant 0\}$，假设 $\boldsymbol{x}^*$ 为满足约束条件的最优解，分开两种情况讨论：

（1）$g(\boldsymbol{x}^*) < 0$，最优解位于 $\mathbb{D}$ 的内部，称为内部解（interior solution），这时约束条件是无效的（inactive）；

（2）$g(\boldsymbol{x}^*) = 0$，最优解落在 $\mathbb{D}$ 的边界，称为边界解（boundary solution），此时约束条件是有效的（active）。

这两种情况的最优解具有不同的必要条件。

（1）内部解：在约束条件无效的情形下，$g(\boldsymbol{x})$ 不起作用，约束优化问题退化为无约束优化问题，因此 $\boldsymbol{x}^*$ 满足 $\nabla_x f = 0$ 且 $\mu = 0$。

（2）边界解：在约束条件有效的情形下，约束不等式变成等式 $g(\boldsymbol{x}) = 0$。这与前述等式约束的情况相同。可以证明存在 μ 使得 $\nabla_x f = -\mu \nabla g$，我们希望最小化 f，梯度 $\nabla_x f$（函数 f 在点 $\boldsymbol{x}$ 的最陡上升方向）应该指向可行域 $\mathbb{D}$ 的内部（因为最小值是在边界取得的），但 ∇g 指向 $\mathbb{D}$ 的外部（即 $g(\boldsymbol{x}) > 0$ 的区域，因为约束是小于等于 0），因此 $\mu \geqslant 0$，称为对偶可行性（dual feasibility）。

由以上不论是内部解还是边界解，$\mu g(\boldsymbol{x}) = 0$ 恒成立，称为互补松弛性（complementary slackness）。整合上述两种情况，最优解的必要条件包括拉格朗日函数 $L(\boldsymbol{x}, \mu)$ 的方程式、原始可行性、对偶可行性，以及互补松弛性：

$$\nabla_x L = \nabla f + \mu \nabla g = 0$$
$$g(\boldsymbol{x}) \leqslant 0$$
$$\mu \geqslant 0$$
$$\mu g(\boldsymbol{x}) = 0$$

这些条件合称为 Karush-Kuhn-Tucker （KKT）条件。如果要最大化 $f(\boldsymbol{x})$ 且受限于 $g(\boldsymbol{x}) \leqslant 0$，那么对偶可行性要改成 $\mu \leqslant 0$。

上面结果可推广至多个约束等式与约束不等式的情况。对于原始问题，引入拉格朗日乘子 $\boldsymbol{\lambda}$ 和 $\boldsymbol{\mu}$，定义广义拉格朗日函数：

$$L(\boldsymbol{x}, \boldsymbol{\mu}, \boldsymbol{\lambda}) = f(\boldsymbol{x}) + \sum_{i=1}^{m} \mu_i h_i(\boldsymbol{x}) + \sum_{j=1}^{n} \lambda_j g_j(\boldsymbol{x})$$

则 KKT 条件包括:

$$\nabla_x L = 0$$
$$h_i(\boldsymbol{x}) = 0, \quad i = 1, \cdots, m$$
$$g_j(\boldsymbol{x}) \leqslant 0$$
$$\lambda_j \geqslant 0$$
$$\lambda_j g_j(\boldsymbol{x}) = 0, \quad j = 1, \cdots, n$$

4.1.4 拉格朗日对偶性

一个优化问题可以从两个角度来考察, 即原始问题和对偶问题。对于原始问题, 基于上一小节定义的广义拉格朗日函数可定义其拉格朗日对偶函数:

$$\Gamma(\boldsymbol{\mu}, \boldsymbol{\lambda}) = \min_{\boldsymbol{x} \in \mathbb{D}} L(\boldsymbol{x}, \boldsymbol{\mu}, \boldsymbol{\lambda})$$
$$= \min_{\boldsymbol{x} \in \mathbb{D}} \left(f(\boldsymbol{x}) + \sum_{i=1}^{m} \mu_i h_i(\boldsymbol{x}) + \sum_{j=1}^{n} \lambda_j g_j(\boldsymbol{x}) \right)$$

则原始问题的对偶问题可表示为如下的约束优化问题:

$$\max_{\boldsymbol{\mu}, \boldsymbol{\lambda}} \Gamma(\boldsymbol{\mu}, \boldsymbol{\lambda}) = \max_{\boldsymbol{\mu}, \boldsymbol{\lambda}} \min_{\boldsymbol{x}} L(\boldsymbol{x}, \boldsymbol{\mu}, \boldsymbol{\lambda})$$
$$\text{s.t.} \quad \lambda_j \geqslant 0, j = 1, \cdots, n$$

定义对偶问题的最优值

$$d^* = \max_{\boldsymbol{\mu}, \boldsymbol{\lambda}: \lambda_j \geqslant 0} \Gamma(\boldsymbol{\mu}, \boldsymbol{\lambda})$$

假设原始问题的最优值为 p^*, 在某些条件下, 原始问题和对偶问题的最优值相等 $p^* = d^*$, 此时可以用求解对偶问题来代替求解原始问题。首先定义仿射函数: 设 $f(\boldsymbol{x})$ 是一个矢值函数, 如果它满足 $f(\boldsymbol{x}) = \boldsymbol{a}\boldsymbol{x} + b, \boldsymbol{a} \in \mathbb{R}^n, b \in \mathbb{R}, \boldsymbol{x} \in \mathbb{R}^n$, 则称 $f(\boldsymbol{x})$ 是仿射函数。当仿射函数的常数项为 0 时, 称为线性函数。下面以定理的形式叙述有关的重要结论而不予证明。

定理 4.1[3] 假设 $f(\boldsymbol{x})$ 和 $g_j(\boldsymbol{x})$ 均为凸函数, $h_i(\boldsymbol{x})$ 为仿射函数, 并且假设不等式约束 $g_j(\boldsymbol{x})$ 是严格可行的, 即至少存在一点 $\boldsymbol{x}$, 对所有 i 都有 $g_j(\boldsymbol{x}) < 0$, 那么就会存在 $\boldsymbol{x}^*, \boldsymbol{\lambda}^*, \boldsymbol{\mu}^*$, 使 $\boldsymbol{x}^*$ 是原始问题的解, $\boldsymbol{\lambda}^*$ 和 $\boldsymbol{\mu}^*$ 是对偶问题的解, 并且

$$p^* = d^* = L(\boldsymbol{x}^*, \boldsymbol{\mu}^*, \boldsymbol{\lambda}^*)$$

也就是说, 此时可以用求解对偶问题来代替求解原始问题, $\boldsymbol{x}^*, \boldsymbol{\lambda}^*$ 和 $\boldsymbol{\mu}^*$ 满足 KKT 条件。

机器学习中利用拉格朗日乘子法进行优化求解的算法包括主成分分析、线性判别分析、流形学习中的拉普拉斯特征映射、隐马尔可夫模型等。

4.2　梯度下降法和共轭梯度法

对于无法通过公式解方法直接求解的优化问题，一般通过选定合适的数值优化算法求解其近似解，且通常都利用了目标函数的导数信息。如果采用目标函数的一阶导数，则称为一阶优化算法。如果使用了目标函数的二阶导数，则称为二阶优化算法。本小节主要介绍一阶优化算法：**梯度下降法**（gradient descent method）和**共轭梯度法**（conjugate gradient method）。

4.2.1　梯度下降法

梯度下降法，用于求解无约束优化问题，是一种最基本的数值优化算法。对于函数 $f(x)$，如果 $f(x)$ 在点 x_t 附近是连续可微的，那么 $f(x)$ 用在 x_t 负梯度方向作为搜索方向，该方向为当前位置的最快下降方向，梯度下降法的搜索迭代过程如图 4-1 所示。

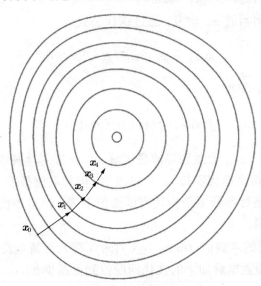

图 4-1　梯度下降法的搜索迭代示意图

那么何为梯度的负方向呢？本节以一个经典的例子进行说明。如图 4-2，假设我们位于泰山的山腰处，山势连绵不绝，不知道怎么下山。于是决定走一步算一步，也就是每次沿着当前位置最陡峭最易下山的方向前进一小步，然后继续沿下一个位置最陡方向前进一小步。这样一步一步走下去，一直走到觉得我们已经到了山脚。这里的下山最陡的方向就是梯度的负方向。

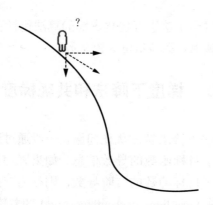

图 4-2　负梯度方向选择图

根据泰勒一阶展开公式

$$f(\boldsymbol{x}_{t+1}) = f(\boldsymbol{x}_t + \Delta \boldsymbol{x}) \approx f(\boldsymbol{x}_t) + \Delta \boldsymbol{x}^{\mathrm{T}} \nabla f(\boldsymbol{x}_t)$$

要使得 $f(\boldsymbol{x}_{t+1}) < f(\boldsymbol{x}_t)$，就得使 $\Delta \boldsymbol{x}^{\mathrm{T}} \nabla f(\boldsymbol{x}_t) < 0$。取 $\Delta \boldsymbol{x} = -\alpha \nabla f(\boldsymbol{x}_t)$，如果 $\alpha > 0$ 为一个足够小数值，则 $f(\boldsymbol{x}_{t+1}) < f(\boldsymbol{x}_t)$ 成立。

这样就可以从一个初始值 $\boldsymbol{x}_0$ 出发，通过迭代公式

$$\boldsymbol{x}_{t+1} = \boldsymbol{x}_t - \alpha_t \nabla f(\boldsymbol{x}_t), t \geqslant 0$$

生成序列 $\boldsymbol{x}_0, \boldsymbol{x}_1, \boldsymbol{x}_2, \cdots$，使得

$$f(\boldsymbol{x}_0) \geqslant f(\boldsymbol{x}_1) \geqslant f(\boldsymbol{x}_2) \geqslant \cdots$$

如果顺利的话，序列 $\{\boldsymbol{x}_n\}$ 收敛到局部最优解 $\boldsymbol{x}^*$。但是基本梯度下降算法的一个缺陷在于更新步长 α_t 的选择，每次迭代步长 α_t 可以改变，但其取值必须合适，在一定的范围内沿着更新的负梯度的方向进行参数更新会使得函数值下降，但是当优化的步长太大时便有可能跳出函数值下降的范围。

为此，可以将更新后的函数值 $f(\boldsymbol{x}_t - \alpha_t \nabla f(\boldsymbol{x}_t))$ 视为更新步长 α_{t+1} 的一元函数，通过在这个函数上利用一维搜索求解如下的优化问题得到更新步长 α_{t+1}：

$$\alpha_{t+1} = \arg \min_{\alpha_t \in \mathbb{R}} f(\boldsymbol{x}_t - \alpha_t \nabla f(\boldsymbol{x}_t)), \alpha_t \geqslant 0$$

这样便能够在确定迭代方向的前提下，确定在该方向上使得目标函数值最小的迭代步长。通过一维搜索确定更新步长的梯度下降法又称为最速下降法（steepest descendmethod）。

在机器学习中，基于基本的梯度下降法发展了多种梯度下降方法，如**随机梯度下降法**和**批量梯度下降法**。对于随机梯度下降，最小化每条样本的损失函数（即目标函数），虽然不是每次迭代得到的损失函数都向着全局最优方向，但是大的整体的方向是向全局最优解的，

最终的结果往往是在全局最优解附近，适用于大规模训练样本情况；对于批量梯度下降，最小化所有训练样本的损失函数，使得最终求解的是全局的最优解，即求解的参数是使得风险函数最小，但是对于大规模样本问题效率低下。

梯度下降法原理简单易懂，是当今神经网络训练中最常使用的一类优化算法，但是诸多缺点限制了其应用：

（1）当靠近极小值时，函数的梯度会变得特别小，这会使得在靠近极小值时参数的更新速度减慢；

（2）该方法只是对目标函数的局部线性近似进行优化，于是更新的方向可能不是当前目标函数的最优更新方向，可能会出现"之字形"的更新过程。

为解决上述问题，接下来介绍另一种一阶优化方法：共轭梯度法。

4.2.2　共轭梯度法

共轭梯度法最初是由 Hesteness 和 Stiefel 于 1952 年为求解线性方程组而提出的。后来，人们把这种方法用于求解无约束最优化问题，使之成为一种重要的最优化方法。对于无约束二次规划问题：

$$\min_{\boldsymbol{x}} f(\boldsymbol{x}) = \frac{1}{2}\boldsymbol{x}^{\mathrm{T}}\boldsymbol{A}\boldsymbol{x} - \boldsymbol{b}^{\mathrm{T}}\boldsymbol{x}, \ \ \boldsymbol{x} \in \mathbb{R}^n$$

其中 $\boldsymbol{x}$ 为待优化的向量，$\boldsymbol{A}$ 为对称正定矩阵，$\boldsymbol{b}$ 为已知向量。公式进行求导并令导数等于零可得求解该问题等价于求解线性方程组：

$$\boldsymbol{A}\boldsymbol{x} = \boldsymbol{b}, \ \ \boldsymbol{x} \in \mathbb{R}^n$$

共轭梯度法的基本思想是把共轭性与最速下降方法相结合，利用已知点处的梯度构造一组共轭方向，并沿这组方向进行搜索，求出目标函数的极小点。那么如何由最速下降法向共轭梯度法演化呢？其本质问题就是如何由最速下降法中的下降向量 $\boldsymbol{r}_t = -\nabla f(\boldsymbol{x}_t)$ 构造出关于系数矩阵 $\boldsymbol{A}$ 共轭的向量 $\boldsymbol{p}_t$。解决了此问题后就可以计算 γ_t，相当于最速下降法中的步长 α_t，从而构造出共轭梯度法的迭代格式，进行求解。

此处涉及向量组的共轭化，向量组的共轭化是对给定向量组或正定矩阵，通过线性变换获得共轭或共轭度更高的向量组，它根据是否给定正定矩阵 $\boldsymbol{A}$ 的信息，有不同的共轭化方法。

已知在最速下降法中得到的残差向量组 $\{\boldsymbol{r}_t\}$ 相邻向量是两两正交的，对正定矩阵 $\boldsymbol{A}$，求关于 $\boldsymbol{A}$ 的 n 个共轭向量，其中 n 是 $\boldsymbol{A}$ 的阶数。此处用类似高等数学中 Gram-Schmit 正交化过程的方法，可求得关于 $\boldsymbol{A}$ 共轭的向量组 $\{\boldsymbol{p}_j\}$ 为[4]

$$\boldsymbol{p}_1 = \boldsymbol{r}_1$$

$$\boldsymbol{p}_j = \boldsymbol{r}_j - \sum_{i=1}^{j-1} \frac{\boldsymbol{r}_j^{\mathrm{T}}\boldsymbol{A}\boldsymbol{r}_i}{\boldsymbol{p}_i^{\mathrm{T}}\boldsymbol{A}\boldsymbol{p}_i}\boldsymbol{p}_i \,, \ j \leqslant n$$

最后，经过简化和证明（此处从略），可得共轭梯度法的迭代格式：

$$\begin{cases} \boldsymbol{r}_j = \boldsymbol{b} - \boldsymbol{A}\boldsymbol{x}_j \\[2mm] \beta_{j-1} = \dfrac{\|\boldsymbol{r}_j\|_2^2}{\|\boldsymbol{r}_{j-1}\|_2^2} \\[2mm] \boldsymbol{p}_j = \boldsymbol{r}_j + \beta_{j-1}\boldsymbol{p}_{j-1} \\[2mm] \gamma_j = \dfrac{\boldsymbol{r}_j^{\mathrm{T}}\boldsymbol{r}_j}{\boldsymbol{p}_j^{\mathrm{T}}\boldsymbol{A}\boldsymbol{p}_j} \\[2mm] \boldsymbol{x}_{j+1} = \boldsymbol{x}_j + \gamma_j\boldsymbol{p}_j \ , \ j = 1,2,\cdots \end{cases}$$

共轭梯度法是介于最速下降法与接下来要讨论的牛顿法之间的一个方法，它仅需利用一阶导数信息，但克服了最速下降法收敛慢的缺点，又避免了牛顿法需要存储和计算 Hessian 矩阵并求逆的缺点。共轭梯度法不仅是解决大型线性方程组最有用的方法之一，也是解大型非线性最优化最有效的算法之一。

4.3　牛顿法和拟牛顿法

4.3.1　牛顿法

牛顿法（Newton's method）是函数逼近法中的一种，它的基本思想是，在迭代点附近用二阶泰勒多项式近似目标函数 $f(\boldsymbol{x})$，进而求得极小点的估计值。

首先，介绍一下局部极小点的一阶必要条件：设函数 $f(\boldsymbol{x})(\boldsymbol{x} \in \mathbb{R}^n)$ 在点 $\boldsymbol{x}_t$ 处可微，且 $\boldsymbol{x}_t$ 为局部极小点，则必有梯度 $\nabla f(\boldsymbol{x}_t) = 0$。在一元函数中，已知满足一阶必要条件的点未必是局部极小点，对于多元函数也是如此，因此也可仿一元函数的情形，利用泰勒展式来导出局部极小点的充分条件，此处从略。利用局部极小点的一阶必要条件，求函数极值的问题往往化成求解

$$\nabla f(\boldsymbol{x}) = 0$$

设 $\boldsymbol{x}_t$ 为 $f(\boldsymbol{x})$ 的一个近似极小点，将 $f(\boldsymbol{x})$ 在 $\boldsymbol{x}_t$ 点进行泰勒展开，并略去高于二次的项，则得

$$f(\boldsymbol{x}) \approx \varphi(\boldsymbol{x}) = f(\boldsymbol{x}_t) + (\nabla f(\boldsymbol{x}_t))^{\mathrm{T}}\Delta\boldsymbol{x} + \frac{1}{2}(\Delta\boldsymbol{x})^{\mathrm{T}}\nabla^2 f(\boldsymbol{x}_t)\Delta\boldsymbol{x}$$

令 $\nabla\varphi(\boldsymbol{x}) = 0$，得 $\varphi(\boldsymbol{x})$ 的极小点为

$$\tilde{\boldsymbol{x}} = \boldsymbol{x}_t - (\nabla^2 f(\boldsymbol{x}_t))^{-1}\nabla f(\boldsymbol{x}_t)$$

取 $\tilde{\boldsymbol{x}}$ 作为 $f(\boldsymbol{x})$ 的近似极小点，得到牛顿法的迭代公式

$$\boldsymbol{x}_{t+1} = \boldsymbol{x}_t - (\nabla^2 f(\boldsymbol{x}_t))^{-1}\nabla f(\boldsymbol{x}_t), t \geqslant 0$$

运用牛顿法时，初始点的选择十分重要。如果初始点 x_0 靠近极小点，则收敛可能很快；如果初始点远离极小点，则迭代产生的点列还有可能不收敛于极小点。在实际运用牛顿法时，如何合适选取初始点是一个难以解决的问题，于是想把牛顿法修改为具有整体收敛性（即不依赖于初始点的选取）的下降算法。注意到当 $\nabla f(x) \neq 0$ 且 $\nabla^2 f(x)$ 正定时，牛顿方向 $-(\nabla^2 f(x))^{-1} \nabla f(x)$ 是一个下降方向。

事实上，由 $\nabla^2 f(x)$ 的正定性有

$$\nabla f(x)^{\mathrm{T}} (-\nabla^2 f(x)) \nabla f(x) < 0$$

于是把牛顿迭代公式中原指定后继修改为沿搜索方向 $-(\nabla^2 f(x_t))^{-1} \nabla f(x_t) = d_t$，做线搜索得后继点，即

$$x_{t+1} = x_t + \lambda_t d_t$$

其中 $\lambda_t = \arg\min_{\lambda} f(x_t + \lambda d_t)$，使 $f(x)$ 沿搜索方向下降的最多，即一维搜索。

关于牛顿法和梯度下降法的效率对比：从本质上看，牛顿法是二阶收敛，梯度下降是一阶收敛，所以牛顿法更快。更通俗地说，比如你想找一条最短的路径走到一个盆地的最底部，梯度下降法每次只从你当前所处位置选一个坡度最大的方向走一步，牛顿法在选择方向时，不仅考虑坡度是否够大，还会考虑你走了一步之后，坡度是否会变得更大。可以说牛顿法比梯度下降法看得更远一点，能更快地走到最底部；相对而言，梯度下降法只考虑了局部的最优，没有全局思想。从几何上说，牛顿法就是用一个二次曲面拟合当前所处位置的局部曲面，而梯度下降法是用一个平面拟合当前的局部曲面，通常情况下，二次曲面的拟合会比平面更好（如图 4-3 所示），所以牛顿法选择的下降路径更符合真实的最优下降路径。

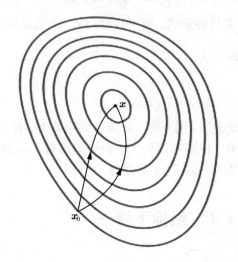

扫码看彩图

图 4-3　牛顿法与梯度下降法迭代路径比较

注：左边箭线为牛顿法的迭代路径，右边箭线为梯度下降法的迭代路径

牛顿法的优点是二阶收敛，收敛速度快，缺点是在用牛顿法进行最优化求解时需要求解 Hessian 矩阵的逆矩阵，计算比较复杂。在机器学习中牛顿法主要应用于 logistic 回归、AdaBoost 算法等。

4.3.2　拟牛顿法

牛顿法是典型的二阶方法，其迭代轮数远小于梯度下降法。但牛顿法使用了二阶导数 $\nabla^2 f(\boldsymbol{x})$，其每轮迭代中涉及 Hessian 矩阵的求逆，计算复杂度相当高，尤其在高维问题中几乎不可行。**拟牛顿法**（quasi-Newton methods）的本质思想是改善牛顿法每次需要求解复杂的 Hessian 矩阵的逆矩阵的缺陷，它使用正定矩阵来近似 Hessian 矩阵的逆，故只要求每一步迭代时知道目标函数的梯度通过测量梯度的变化，构造一个目标函数的模型使之足以产生超线性收敛性。这类方法大大优于最速下降法，尤其对于困难的问题，且由于拟牛顿法不需要二阶导数的信息，所以有时比牛顿法更为实用。

牛顿法的搜索方向是

$$\boldsymbol{d}_t = -\boldsymbol{H}_t^{-1}\boldsymbol{g}_t$$

其中 $\boldsymbol{H}_t = \nabla^2 f(\boldsymbol{x}_t)$，$\boldsymbol{g}_t = \nabla f(\boldsymbol{x}_t)$。

为了不算二阶导及其逆矩阵，设法构造一个矩阵 $\boldsymbol{U}$，用它来逼近 $\boldsymbol{H}^{-1}$。

现在为了方便推导，假设 $f(\boldsymbol{x})$ 是二次函数，于是 Hessian 矩阵 $\boldsymbol{H}$ 是常数阵，任意两点 $\boldsymbol{x}_t$ 和 $\boldsymbol{x}_{t+1}$ 处的梯度之差是

$$\nabla f(\boldsymbol{x}_{t+1}) - \nabla f(\boldsymbol{x}_t) = H(\boldsymbol{x}_{t+1} - \boldsymbol{x}_t)$$

等价于

$$\boldsymbol{x}_{t+1} - \boldsymbol{x}_t = H^{-1}[\nabla f(\boldsymbol{x}_{t+1}) - \nabla f(\boldsymbol{x}_t)]$$

那么对非二次型的情况，也仿照这种形式，要求近似矩阵 $\boldsymbol{U}$ 满足类似的关系：

$$\boldsymbol{x}_{t+1} - \boldsymbol{x}_t = \boldsymbol{U}_{t+1}[\nabla f(\boldsymbol{x}_{t+1}) - \nabla f(\boldsymbol{x}_t)]$$

或者写成

$$\Delta \boldsymbol{x}_t = \boldsymbol{U}_{t+1}\Delta \boldsymbol{g}_t$$

以上称为**拟牛顿条件**。拟牛顿法提出，用不含二阶导数的矩阵 $\boldsymbol{U}_t$ 替代牛顿法中的 $\boldsymbol{H}_t^{-1}$，然后沿搜索方向 $-\boldsymbol{U}_t\boldsymbol{g}_t$ 做一维搜索。根据不同的 $\boldsymbol{U}_t$ 构造方法有不同的拟牛顿法，常见的拟牛顿算法有 DFP 算法、BFGS 算法、L-BFGS 算法等。

4.4　坐标下降法

分治法是一种算法设计思想，它将一个大的问题分解成子问题进行求解。根据子问题解构造出整个问题的解。在最优化方法中，具体做法是每次迭代时只调整优化向量 $\boldsymbol{x}$ 的一部

分分量，其他的分量固定住不动。

坐标下降法（coordinate descent method）是分治法的一种，同时也是非梯度优化算法，基本思想是在每步迭代中沿一个坐标的方向进行搜索，通过循环使用不同的坐标方法来达到目标函数的局部极小值。

其数学依据为：对于一个可微凸函数 $f(\boldsymbol{x})$，其中 $\boldsymbol{x}$ 为 n 维的列向量，如果对于一个解 $\boldsymbol{x} = (x_1, x_2, \cdots, x_n)^{\mathrm{T}}$，使得 $f(\boldsymbol{x})$ 在某个坐标轴上 $x_i(i = 1, 2, \cdots, n)$ 都能达到最小值，则 $\boldsymbol{x} = (x_1, x_2, \cdots, x_n)^{\mathrm{T}}$ 就是 $f(\boldsymbol{x})$ 的全局的最小值点。假设要求解的优化问题为

$$\min_{\boldsymbol{x}} f(\boldsymbol{x}), \quad \boldsymbol{x} = (x_1, x_2, \cdots, x_n)^{\mathrm{T}}$$

求解流程为每次选择一个分量 x_i（选取顺序是任意的）进行优化，将其他分量固定住不动，亦即，如果 $\boldsymbol{x}^k$ 已给定，那么 $\boldsymbol{x}^{k+1}$ 的第 i 个维度为

$$x_i^{k+1} = \arg\min_{y} f(x_1^{k+1}, \cdots, x_{i-1}^{k+1}, y, x_{i+1}^k, \cdots, x_n^k)$$

因而，从一个初始的猜测值 $\boldsymbol{x}_0$ 以求得函数 $f(\boldsymbol{x})$ 的局部最优值，迭代获得最优序列 $\boldsymbol{x}_0, \boldsymbol{x}_1, \boldsymbol{x}_2, \cdots$。通过在每一次迭代中采用一维搜索，可以很自然地获得不等式：

$$f(\boldsymbol{x}_0) \geqslant f(\boldsymbol{x}_1) \geqslant f(\boldsymbol{x}_2) \geqslant \cdots$$

可以知道，这一序列与梯度下降法具有类似的收敛性质。如果在某次迭代中，函数得不到优化，说明一个驻点已经达到。

相比梯度下降法而言，坐标下降法不需要计算目标函数的梯度，在每步迭代中仅需求解一维搜索问题，所以对于某些复杂的问题计算较为简便。但如果目标函数不光滑的话，坐标下降法可能会陷入非驻点。

坐标下降法在机器学习中可以用来训练线性支持向量机，以及非负矩阵分解等。

4.5 启发式智能优化算法

遗传算法（genetic algorithm，GA）和粒子群算法（particle swarm optimization，PSO）属于智能优化算法，都力图在自然特性的基础上模拟个体种群的适应性，它们都采用一定的变换规则通过搜索空间求解。本小节简述它们的基本原理。

4.5.1 遗传算法简介

遗传算法起源于对生物系统所进行的计算机模拟研究，是模仿自然界生物进化机制发展起来的随机全局搜索和优化方法，借鉴了达尔文的进化论和孟德尔的遗传学说，以"适者生存"为原则，以 N 代遗传而产生一个近似最优的方案。其操作简单，经过自然选择、遗传、变异等作用机制进而筛选出具有适应性更高的个体（适者生存），可以在较短的时间内达到

预期的收敛效果[5]。其主要操作过程如下。

选择：选择操作是选择当前种群中具有优良特性的染色体来遗传给下一代。其中最常用的一种选择方法就是"比例选择"。算法通过判定适应度来实现选择，适应度大的有更大的机会遗传给下一代，适应度小的则被淘汰。计算出每一个体被选中的相应概率后，由于染色体的适应度越大其被选中的概率也就越大，所以适应度对选择的概率起到决定作用，选择过程起到保留优秀的淘汰没有优势的作用。

交叉：交叉运算是将互相匹配的染色体以某种方式互换基因序列其中的一部分，且是一种以一定概率的形式来交换部分染色体的运算。遗传算法中产生新的个体主要使用的就是此算法，它对整个遗传算法的全局搜索能力的影响是决定性的。交叉首先对群体内所有染色体进行随机配对，然后对配对成功的染色体在进行交换之前以某一概率选定交换的位置，最后对配对成功的染色体进行基因的交换。交叉使染色体能够交换信息，并结合选择规律，从而保留出色的信息并放弃不良信息。

变异：变异过程是染色体中的某一位基因发生了改变，由于基因决定生物的性状，所以基因的改变造成了表现型的变化，从而产生新的个体，如果新的个体数量到达 M，就形成一个新的群体，则执行算法中计算个体适应度的操作，否则执行遗传操作。直至找到适应值最大的个体为止。变异是基因中某个位置的突变，以实现产生显着差异的新品种。通过这种方法可以避免不断的向好的方向选择而导致陷入局部最优的缺点。

遗传算法模拟生物进化法则，通过选择、交叉、变异三种方法实现优化，能够一定程度上克服局部优化，达到全局优化。同时该算法结构简单，具有很强的可扩展性，容易与其他算法结合。图 4-4 给出了遗传算法流程图，感兴趣的读者可以进一步探究。

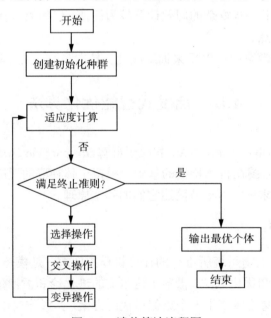

图 4-4　遗传算法流程图

4.5.2　粒子群算法简介

粒子群算法，也称粒子群优化算法或鸟群觅食算法，从随机解出发，通过迭代寻找最优解，也是通过适应度来评价解的品质，但比遗传算法规则更为简单，它没有遗传算法的交叉和变异操作，通过追随当前搜索到的最优值来寻找全局最优[6]。

设想这样一个场景：一群鸟在随机搜寻食物，在这个区域里只有一块食物，所有的鸟都不知道食物在哪里，但是它们知道当前的位置离食物还有多远。怎么寻找到食物呢？最简单有效的策略就是寻找鸟群中离食物最近的个体来进行搜索。

粒子群算法就从这种生物种群行为特性中得到启发并用于求解优化问题，其通过设计一种无质量的粒子来模拟鸟群中的鸟，粒子仅具有两个属性：速度和位置，速度代表移动的快慢，位置代表移动的方向。每个粒子在搜索空间中单独的搜寻最优解，并将其记为当前个体极值，并将个体极值与整个粒子群里的其他粒子共享，找到最优的那个个体极值作为整个粒子群的当前全局最优解，粒子群中的所有粒子根据自己找到的当前个体极值和整个粒子群共享的当前全局最优解来调整自己的速度和位置。

粒子群算法的思想相对比较简单，主要分为：（1）初始化粒子群；（2）评价粒子，即计算适应值；（3）寻找个体极值；（4）寻找全局最优解；（5）修改粒子的速度和位置。图 4-5 是算法的流程图。

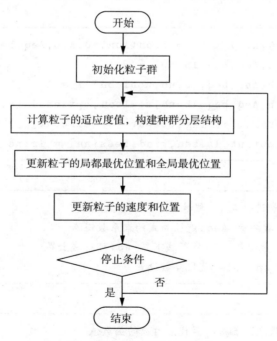

图 4-5　粒子群算法流程图

由以上易知粒子群算法是一种随机搜索算法。粒子的下一个位置受到自身历史经验和全局历史经验的双重影响，全局历史经验时刻左右着粒子的更新，群体中一旦出现新的全局最优，则后面的粒子立马应用这个新的全局最优来更新自己，大大提高了效率，相比与一般的算法（如遗传算法的交叉），这个更新过程具有了潜在的指导，而并非盲目的随机。

自身历史经验和全局历史经验的比例尤其重要，这能左右粒子的下一个位置的大体方向，所以，粒子群算法的改进也多种多样，尤其是针对参数和混合其他算法的改进。

总体来说，粒子群算法是一种较大概率收敛于全局最优解的，适合在动态、多目标优化环境中寻优的一种高效率的群体智能算法。

4.6 基于 MATLAB 的优化求解

本章的最后一节，我们对经典的数学软件 MATLAB 中关于数学优化的函数进行介绍。

4.6.1 MATLAB 约束优化求解函数

fmincon 是 MATLAB 最主要的内置求解约束最优化的函数，使用的约束优化算法都是目前比较适用的有效算法，对于中等的约束优化问题，fmincon 使用序列二次规划（sequential quadratic programming, SQP）算法，对于大规模约束优化问题，fmincon 使用基于牛顿法的信赖域算法（subspace trust region），对于大规模的线性系统，使用共轭梯度法。

函数语法

```
x = fmincon(fun,x0,A,b) x = fmincon(fun,x0,A,b,Aeq,beq) x =
fmincon(fun,x0,A,b,Aeq,beq,lb,ub) x =
fmincon(fun,x0,A,b,Aeq,beq,lb,ub,nonlcon) x =
fmincon(fun,x0,A,b,Aeq,beq,lb,ub,nonlcon,options) [x,fval] =
fmincon(___) [x,fval,exitflag,output] = fmincon(___)
[x,fval,exitflag,output,lambda,grad,hessian] = fmincon(___)
```

输入参数

```
fun:目标函数  x0:初始迭代点  A:线性不等约束系数矩阵
b:线性不等式约束的常数向量  Aeq:线性等式约束系数矩阵
beq:线性等式约束的常数向量  lb:可行域下界  ub:可行域上界
nonlcon:非线性约束  options:优化参数设置
```

函数输出

```
x:最优点(或者结束迭代点)  fval:最优点对应的函数值
exitflag:迭代停止标识  output:算法输出(算法计算信息等)
lambda:拉格朗日乘子  grad:一阶导数向量  hessian:二阶导数矩阵
```

4.6.2　MATLAB 无约束优化求解函数

　　MATLAB 实现梯度下降法和拟牛顿法等算法的函数为 fminunc，其为 MATLAB 求解无约束优化问题的主要函数，其中拟牛顿算法是 fminunc 函数所使用的最主要方法。

函数语法

```
x = fminunc(fun,x0) x = fminunc(fun,x0,options) [x,fval] =
fminunc(___) [x,fval,exitflag,output] = fminunc(___)
[x,fval,exitflag,output,grad,hessian] = fminunc(___)
```

输入参数

```
fun:目标函数，一般用M文件形式给出  x0:优化算法初始迭代点
options:参数设置
```

函数输出

```
x:最优点输出(或最后迭代点)  fval:最优点对应的函数值
exitflag:函数结束信息(具体参见MATLAB Help)
output:函数基本信息，包括迭代次数，目标函数最大计算次数,使用的算法名称，计算规模
grad:最优点的导数 hessian:最优点的二阶导数
```

4.6.3　MATLAB 智能优化求解函数

　　Ga 函数是 MATLAB 中实现遗传算法的函数，其在全局最优化方面一般强于 MATLAB 其他优化命令。

函数语法

```
x = ga(fun,nvars) x = ga(fun,nvars,A,b) x =
ga(fun,nvars,A,b,Aeq,beq) x = ga(fun,nvars,A,b,Aeq,beq,lb,ub) x =
ga(fun,nvars,A,b,Aeq,beq,lb,ub,nonlcon) x =
ga(fun,nvars,A,b,Aeq,beq,lb,ub,nonlcon,options) [x,fval] = ga(___)
[x,fval,exitflag,output] = ga(___)
```

输入参数

```
fun:目标函数 nvars:变量个数  A:线性不等约束系数矩阵
b:线性不等式约束的常数向量 Aeq:线性等式约束系数矩阵
beq:线性等式约束的常数向量 lb:可行域下界 ub:可行域上界
nonlcon:非线性约束 options:优化参数设置
```

函数输出

| x:最优点(或者结束迭代点) fval:最优点对应的函数值 |
| exitflag:迭代停止标识 output:算法输出(算法计算信息等) |

MATLAB 中解优化问题的函数很多,以上只介绍了常用的几个优化函数,关于其进一步的功能和介绍,读者可以结合自身需要,自行探索。

参 考 文 献

[1] 邱锡鹏. 神经网络与深度学习 [M]. 北京: 机械工业出版社, 2020.

[2] 施光燕, 钱伟懿, 庞丽萍. 最优化方法 [M]. 第 2 版. 北京: 高等教育出版社, 2007.

[3] 李航. 统计学习方法 [M]. 北京: 清华大学出版社, 2012.

[4] 万金保, 刘中瑞. 向量组的共轭化方法与最大共轭化常数矩阵 [J]. 南昌大学学报 (工科版), 1996, 18(2): 104-108.

[5] 周明, 孙树栋. 遗传算法原理及应用 [M]. 北京: 国防工业出版社, 1999.

[6] 杨英杰. 粒子群算法及其应用研究 [M]. 北京: 北京理工大学出版社, 2017.

习 题

1. 在机器学习中最常用的优化算法是什么? 为什么?

2. 对比梯度下降法,共轭梯度法有什么优点?

3. 提出拟牛顿法的基本思想是什么?

4. 比较坐标下降法和梯度下降法,简述其不同点。

5. 思考遗传算法和粒子群算法为何能更好地收敛到全局最优解。

第 5 章
张量分析

在许多学科中，需要三维及三维以上的数据描述所研究的问题。这种数据是一种多路数据，就是张量（tensor）。基于张量的数据分析称为张量分析，也就是多重线性数据分析（multilinear data analysis）。例如，人工神经网络的输入、输出和权值都是张量，神经网络中的各种计算和变换都是对张量的运算。作为一种数据结构，张量是神经网络的基石，是深入理解神经网络和人工智能的基础。这里我们简单介绍张量的表示和运算，以及张量分解和分析。

5.1　基本概念与运算

与我们熟悉的向量和矩阵的概念相似，张量实际上就是一个多维数组，可以看作是向量和矩阵概念的高维推广[1]。本书中采用与矩阵相同的符号来表示张量，如一个 N 阶张量可以记为 $\boldsymbol{A} \in \mathbb{R}^{I_1 \times I_2 \times \cdots \times I_N}$，其元素记为 $a_{i_1 i_2 \cdots i_N}$，其中 $1 \leqslant i_n \leqslant I_n$。零阶张量对应标量，1 阶张量对应向量，2 阶张量对应矩阵，3 阶张量可以看作是一个由元素罗列起来的长方体阵列。如图 5-1 所示，为一个大小为 $3 \times 4 \times 5$ 的 3 阶张量，其中每一个小方块即代表一个元素。

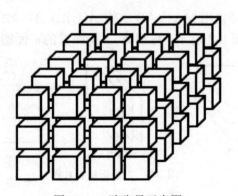

图 5-1　3 阶张量示意图

定义 5.1（张量的内积） 一个 N 阶张量 $\boldsymbol{A} \in \mathbb{R}^{I_1 \times I_2 \times \cdots \times I_N}$ 与另一个大小相同的张量 $\boldsymbol{B} \in \mathbb{R}^{I_1 \times I_2 \times \cdots \times I_N}$ 的内积可以表示为

$$\langle \boldsymbol{A}, \boldsymbol{B} \rangle = \sum_{i_1} \sum_{i_2} \cdots \sum_{i_N} a_{i_1 i_2 \cdots i_N} \cdot b_{i_1 i_2 \cdots i_N} \tag{5-1}$$

定义 5.2（Frobenius 范数） 与矩阵的 Frobenius 范数类似，N 阶张量 $\boldsymbol{A} \in \mathbb{R}^{I_1 \times I_2 \times \cdots \times I_N}$ 的 Frobenius 范数可表示为

$$\|\boldsymbol{A}\|_F = \sqrt{\langle \boldsymbol{A}, \boldsymbol{A} \rangle} = \sqrt{\sum_{i_1, i_2 \cdots i_N} |a_{i_1 i_2 \cdots i_N}|^2} \tag{5-2}$$

定义 5.3（张量的模 n 向量） N 阶张量 $\boldsymbol{A} \in \mathbb{R}^{I_1 \times I_2 \times \cdots \times I_N}$ 的模 n 向量为一个 I_n 维向量，它以 i_n 为元素的下标，而保持其他下标固定而获得。

这类似于矩阵的列向量和行向量的概念，如矩阵的列向量将列下标固定得到，如果将矩阵看成 2 阶张量，列向量对应的就是模 1 向量。在 MATLAB 中可以用 $\boldsymbol{A}(:,i)$ 和 $\boldsymbol{A}(i,:)$ 分别表示矩阵 $\boldsymbol{A}$ 的列向量和行向量。同样地，对于 3 阶张量 $\boldsymbol{A} \in \mathbb{R}^{I_1 \times I_2 \times I_3}$，可以用 $\boldsymbol{A}(:,i,j)$，$\boldsymbol{A}(i,:,j)$，$\boldsymbol{A}(i,j,:)$ 表示模 1 向量、模 2 向量、模 3 向量。3 阶张量的模 n 向量如图 5-2 所示，其中每一个长方块表示一个向量。

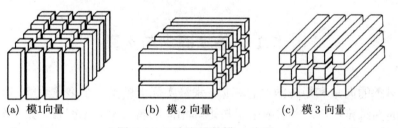

(a) 模1向量   (b) 模 2 向量   (c) 模 3 向量

图 5-2   3 阶张量的模 n 向量

定义 5.4（张量切片） N 阶张量 $\boldsymbol{A} \in \mathbb{R}^{I_1 \times I_2 \times \cdots \times I_N}$ 的切片是改变其中两个下标，保持其他下标不变而得到。

对于一个 3 阶张量，可以用 MATLAB 中的 $\boldsymbol{A}(k,:,:)$，$\boldsymbol{A}(:,k,:)$，$\boldsymbol{A}(:,:,k)$ 表示其第 k 个水平、侧向、正面切片，如图 5-3 所示。特别地，3 阶张量的正面切片可以用 $\boldsymbol{A}^{(k)}$ 表示。

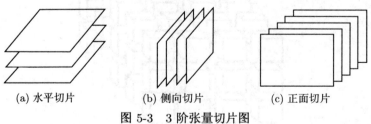

(a) 水平切片   (b) 侧向切片   (c) 正面切片

图 5-3   3 阶张量切片图

定义 5.5（张量的模 n 展开） N 阶张量 $\boldsymbol{A} \in \mathbb{R}^{I_1 \times I_2 \times \cdots \times I_N}$ 的模 n 展开是将张量映射

为一个大小为 $I_n \times (I_1 \times \cdots \times I_{n-1} \times I_{n+1} \times \cdots \times I_N)$ 的矩阵的过程, 将张量的模 n 向量按一定顺序排列为该矩阵的列, 则张量 $\boldsymbol{A}$ 的元素 $a_{i_1 i_2 \cdots i_N}$ 映射为矩阵的元素 $a_{i_n,j}$, 其中

$$
\begin{aligned}
j = {} & (i_{n+1} - 1)I_{n+2}I_{n+3}\cdots I_N I_1 I_2 \cdots I_{n-1} \\
& + (i_{n+2} - 1)I_{n+3}I_{n+4}\cdots I_N I_1 I_2 \cdots I_{n-1} + \cdots \\
& + (i_N - 1)I_1 I_2 \cdots I_{n-1} + (i_1 - 1)I_2 I_3 \cdots I_{n-1} \\
& + (i_2 - 1)I_3 I_4 \cdots I_{n-1} + \cdots + i_{n-1}
\end{aligned}
\tag{5-3}
$$

张量 $\boldsymbol{A}$ 的模 n 展开矩阵可以用 $\boldsymbol{A}_{(n)}$ 表示。

如图 5-4 所示, 为 3 阶张量 $\boldsymbol{A}$ 的模 n 展开示意图 [1,2]。

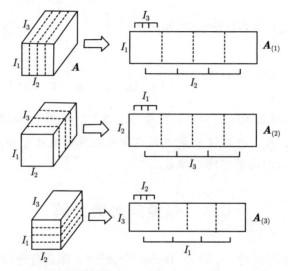

图 5-4　3 阶张量 $\boldsymbol{A} \in \mathbb{R}^{I_1 \times I_2 \times I_3}$ 的模 n 展开

例 5.1　一个张量 $\boldsymbol{A} \in \mathbb{R}^{3 \times 3 \times 2}$ 的正面切片为如下形式:

$$
\boldsymbol{A}^{(1)} = \begin{bmatrix} 1 & 2 & 3 \\ 4 & 5 & 6 \\ 7 & 8 & 9 \end{bmatrix}, \boldsymbol{A}^{(2)} = \begin{bmatrix} 10 & 11 & 12 \\ 13 & 14 & 15 \\ 16 & 17 & 18 \end{bmatrix}
$$

则上述张量的模 n 展开的形式分别为

$$
\boldsymbol{A}_{(1)} = \begin{bmatrix} 1 & 10 & 2 & 11 & 3 & 12 \\ 4 & 13 & 5 & 14 & 6 & 15 \\ 7 & 16 & 8 & 17 & 9 & 18 \end{bmatrix}
$$

$$
\boldsymbol{A}_{(2)} = \begin{bmatrix} 1 & 4 & 7 & 10 & 13 & 16 \\ 2 & 5 & 8 & 11 & 14 & 17 \\ 3 & 6 & 9 & 12 & 15 & 18 \end{bmatrix}
$$

$$\boldsymbol{A}_{(3)} = \begin{bmatrix} 1 & 2 & 3 & 4 & 5 & 6 & 7 & 8 & 9 \\ 10 & 11 & 12 & 13 & 14 & 15 & 16 & 17 & 18 \end{bmatrix}$$

定义 5.6（张量的模 n 乘积）[1] N 阶张量 $\boldsymbol{A} \in \mathbb{R}^{I_1 \times I_2 \times \cdots \times I_N}$ 与矩阵 $\boldsymbol{U} \in \mathbb{R}^{J_n \times I_n}$ 的模 n 乘积表示为 $\boldsymbol{C} = \boldsymbol{A} \times_n \boldsymbol{U} \in \mathbb{R}^{I_1 \times \cdots \times J_n \times \cdots \times I_N}$，其元素表示为

$$c_{i_1 \cdots i_{n-1} j_n i_{n+1} \cdots i_N} = \sum_{i_n} a_{i_1 \cdots i_{n-1} i_n i_{n+1} \cdots i_N} u_{j_n i_n} \tag{5-4}$$

形成的新的张量 $\boldsymbol{C}$ 的模 n 展开矩阵相当于矩阵 $\boldsymbol{U}$ 左乘 $\boldsymbol{A}$ 的模 n 展开矩阵，故张量与矩阵的乘积可以用矩阵的乘积来表示，即

$$\boldsymbol{C} = \boldsymbol{A} \times_n \boldsymbol{U} \Leftrightarrow \boldsymbol{C}_{(n)} = \boldsymbol{U} \boldsymbol{A}_{(n)} \tag{5-5}$$

例 5.2 计算例 4.1 中的张量 $\boldsymbol{A}$ 与矩阵 $\boldsymbol{U} = \begin{bmatrix} 1 & 1 & 0 \\ 0 & -1 & 2 \end{bmatrix}$ 的模 1 乘积 $\boldsymbol{C}$。

$$\boldsymbol{C}_{(1)} = \boldsymbol{U} \boldsymbol{A}_{(1)} = \begin{bmatrix} 5 & 23 & 7 & 25 & 9 & 27 \\ 10 & 19 & 11 & 20 & 12 & 21 \end{bmatrix}$$

定义 5.7（张量的模 n 秩）[1] N 阶张量 $\boldsymbol{A} \in \mathbb{R}^{I_1 \times I_2 \times \cdots \times I_N}$ 的模 n 秩是模 n 展开矩阵 $\boldsymbol{A}_{(n)}$ 的秩，记为 $\mathrm{rank}_n(\boldsymbol{A})$。根据模 n 展开的定义及矩阵的性质可知，张量的模 n 秩也等于张量的模 n 向量所张成的向量空间的维数。

5.2 张量的经典分解

目前经典张量分解有两种，一种是 Tucker 分解[3,4]，即高阶奇异值分解（HOSVD）；另一种是平行因子分解，即 CP 分解[5]。Tucker 分解将张量分解为一个核张量和多个正交矩阵的模 n 乘积的形式，而 CP 分解是将张量分解为多个秩 1 张量累加和的形式，CP 分解可以看作是 Tucker 分解的一种特殊形式，这一点将在后面说明。

5.2.1 高阶奇异值分解

首先介绍高阶奇异值分解，它可以看作是矩阵奇异值分解（SVD）在高维上的推广。在前面的章节中，我们已经介绍了矩阵的全奇异值分解 $\boldsymbol{A} = \boldsymbol{U} \boldsymbol{S} \boldsymbol{V}^{\mathrm{T}}$，如图 5-5 所示。

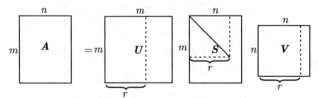

图 5-5 矩阵 SVD 分解的可视化

若 $\operatorname{rank}(\boldsymbol{A}) = r < \min(m,n)$，$\sigma_{r+1} = \cdots = \sigma_{\min(m,n)} = 0$，则奇异值分解式可以简化为

$$\boldsymbol{A} = \boldsymbol{U}_r \boldsymbol{S}_r \boldsymbol{V}_r^{\mathrm{T}} \tag{5-6}$$

式中 $\boldsymbol{U}_r = (u_1, u_2, \cdots, u_r)$，$\boldsymbol{V}_r = (v_1, v_2, \cdots, v_r)$，$\boldsymbol{S}_r = \operatorname{diag}(\sigma_1, \sigma_2, \cdots, \sigma_r)$，上式称为矩阵 $\boldsymbol{A}$ 的截断奇异值分解。

矩阵可以看作是一个 2 阶张量，矩阵列向量相当于模 1 向量，矩阵的行向量相当于模 2 向量，将矩阵 $\boldsymbol{A}$ 的奇异值分解 $\boldsymbol{A} = \boldsymbol{U}\boldsymbol{S}\boldsymbol{V}^{\mathrm{T}}$ 写为张量的模 n 乘积的形式：

$$\boldsymbol{A} = \boldsymbol{S} \times_1 \boldsymbol{U} \times_2 \boldsymbol{V} \tag{5-7}$$

将这个 SVD 分解的模 n 乘积推广到 N 阶张量可以得到高阶奇异值分解。

定理 5.1（高阶奇异值分解） 设 $\boldsymbol{A} \in \mathbb{R}^{I_1 \times I_2 \times \cdots \times I_N}$，则存在 N 个正交矩阵 $\boldsymbol{U}^{(n)} \in \mathbb{R}^{I_n \times I_n}$，$n = 1, 2, 3, \cdots, N$ 使得

$$\boldsymbol{A} = \boldsymbol{G} \times_1 \boldsymbol{U}^{(1)} \times_2 \boldsymbol{U}^{(2)} \times \cdots \times_N \boldsymbol{U}^{(N)} \tag{5-8}$$

$\boldsymbol{G}$ 为核张量，具有如下的形式：

$$\boldsymbol{G} = \boldsymbol{A} \times_1 \boldsymbol{U}^{(1)^{\mathrm{T}}} \times_2 \boldsymbol{U}^{(2)^{\mathrm{T}}} \times \cdots \times_N \boldsymbol{U}^{(N)^{\mathrm{T}}} \tag{5-9}$$

图 5-6 给出了一个 3 阶张量的高阶奇异值分解的示意图。

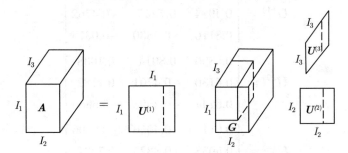

图 5-6　3 阶张量 HOSVD 分解的可视化

与矩阵的 SVD 分解类似，矩阵 $\boldsymbol{U}^{(n)}$ 的任何两个列都是相互正交的，不同的是，核张量 $\boldsymbol{G}$ 不具备对角结构，也就是其非对角元通常不等于 0，此外，高阶奇异值分解可以写成矩阵相乘方式

$$\boldsymbol{A}_{(n)} = \boldsymbol{U}^{(n)} \boldsymbol{G}_{(n)} \boldsymbol{U}_{\Phi(n)}^{\mathrm{T}} \tag{5-10}$$

其中 $\boldsymbol{U}_{\Phi(n)} = \boldsymbol{U}^{(n+1)} \otimes \boldsymbol{U}^{(n+2)} \otimes \cdots \otimes \boldsymbol{U}^{(N)} \otimes \boldsymbol{U}^{(1)} \otimes \boldsymbol{U}^{(2)} \cdots \boldsymbol{U}^{(n-1)}$。$\otimes$ 为矩阵的 Kronecker 积。由 Kronecker 积的性质 $(\boldsymbol{A} \otimes \boldsymbol{C})(\boldsymbol{B} \otimes \boldsymbol{D}) = (\boldsymbol{A}\boldsymbol{B}) \otimes (\boldsymbol{C}\boldsymbol{D})$，以及 $\boldsymbol{U}^{(n)^{\mathrm{T}}}\boldsymbol{U}^{(n)} = \boldsymbol{I}_{I_n}$，易证：$\boldsymbol{U}_{\Phi(n)}\boldsymbol{U}_{\Phi(n)}^{\mathrm{T}} = \boldsymbol{I}_{I_1 \cdots I_{n-1} I_{n+1} \cdots I_N}$。结合式 (5-10) 可以看出，可以通过求 $\boldsymbol{A}_{(n)}$ 的 SVD 分解 $\boldsymbol{A}_{(n)} = \boldsymbol{U}\boldsymbol{S}\boldsymbol{V}^{\mathrm{T}}$，令 $\boldsymbol{U}^{(n)} = \boldsymbol{U}$ 得到高阶奇异值分解的因子矩阵。

对于张量 $A \in \mathbb{R}^{I_1 \times I_2 \times \cdots \times I_N}$，高阶奇异值分解的 $U^{(n)}$ 也可以通过最小化下式获得：

$$\min_{U^{(n)}} = \|A_{(n)} - U^{(n)} G_{(n)} U^{\mathrm{T}}_{\Phi(n)}\|_2^2 \tag{5-11}$$

下面给出 HOSVD 算法的基本过程[6]：

步骤 1：计算 N 阶张量 A 的模 n 矩阵展开 $A_{(n)}, n = 1, 2, \cdots, N$，令 $k = 0$；

步骤 2：令 $k = k + 1$，对每一个 $A_{(n)}$ 求其 SVD 分解 $A_{(n)} = USV^T$；

步骤 3：令 $U^{(n)} = U$；

步骤 4：计算核张量 $G = A \times_1 U^{(1)\mathrm{T}} \times_2 U^{(2)\mathrm{T}} \times \cdots \times_N U^{(N)\mathrm{T}}$；

步骤 5：若满足收敛条件 $\|G^{(k)} - G^{(k-1)}\|_2 < \varepsilon$，则迭代结束，并输出因子矩阵 $U^{(1)}$，$U^{(2)}, \cdots, U^{(N)}$；否则返回步骤 2。

例 5.3 考虑一个大小为 $3 \times 3 \times 3$ 的 3 阶张量 A，其模 1 展开如下：

$$A_{(1)} = \begin{bmatrix} 1 & 2 & 6 & 2 & 1 & 1 & 3 & 3 & 5 \\ 4 & 5 & 2 & 5 & 3 & 4 & 6 & 5 & 7 \\ 7 & 8 & 9 & 8 & 9 & 3 & 9 & 7 & 4 \end{bmatrix}$$

因子矩阵 $U^{(1)}$ 为张量的模 1 展开矩阵 $A_{(1)}$ 的左奇异矩阵，$U^{(2)}, U^{(3)}$ 同样也是经过 SVD 分解得到：

$$U^{(1)} = \begin{bmatrix} 0.3048 & 0.3678 & 0.8785 \\ 0.4984 & 0.7245 & -0.4762 \\ 0.8116 & -0.5830 & -0.0375 \end{bmatrix}$$

$$U^{(2)} = \begin{bmatrix} 0.5890 & 0.8014 & 0.1038 \\ 0.5130 & -0.4701 & 0.7182 \\ 0.6244 & -0.3698 & -0.6880 \end{bmatrix}$$

$$U^{(3)} = \begin{bmatrix} 0.6117 & -0.4050 & -0.6796 \\ 0.5938 & -0.3325 & 0.7327 \\ 0.5226 & 0.8517 & -0.0371 \end{bmatrix}$$

根据公式可以得到核张量 G，其模 1 展开 $G_{(1)}$ 为

$$\begin{bmatrix} 26.7495 & -0.5067 & -0.0779 & 0.1316 & 3.3175 & 1.4663 & 0.1235 & -1.4781 & 0.9806 \\ 0.4068 & 2.8936 & -0.6075 & -1.8136 & -3.1606 & 1.1115 & -2.8714 & -0.9116 & -1.3877 \\ -0.3480 & 2.9580 & 0.2528 & 1.3417 & 3.1523 & -0.0943 & -1.2233 & -0.4682 & -0.2147 \end{bmatrix}$$

观察核张量的模 1 展开矩阵我们发现，这个矩阵行向量之间相互正交的，核张量 G 侧向切片形成的矩阵，即上述矩阵的第 1/2/3，4/5/6，7/8/9 列形成的矩阵是相互正交的，正向切片形成的矩阵即上述矩阵的第 1/4/7，2/5/8，3/6/9 列形成的矩阵也是相互正交的，因此核张量是全正交的。

5.2.2　CP 分解

张量的 CP 分解将张量分解成有限个秩 1 张量的累加和形式。首先给出秩一张量的定义。

定义 5.8（秩 1 张量）　若 N 阶张量 $\boldsymbol{A} \in \mathbb{R}^{I_1 \times I_2 \times \cdots \times I_N}$ 秩为 1，则 $\boldsymbol{A}$ 可以写为 N 个向量 $\boldsymbol{u}^{(1)}, \cdots, \boldsymbol{u}^{(N)}$ 外积的形式，张量 $\boldsymbol{A}$ 的每个元素为如下形式：

$$a_{i_1 i_2 \cdots i_N} = \boldsymbol{u}_{i_1}^{(1)} \boldsymbol{u}_{i_2}^{(2)} \cdots \boldsymbol{u}_{i_N}^{(N)}, 1 \leqslant i_n \leqslant I_n \tag{5-12}$$

一个秩 1 的 3 阶张量可以写为 $\boldsymbol{A} = \boldsymbol{a} \circ \boldsymbol{b} \circ \boldsymbol{c}$ 的形式，其中 $\circ$ 表示向量的外积，如图 5-7 所示。则 N 阶张量 $\boldsymbol{A} \in \mathbb{R}^{I_1 \times I_2 \times \cdots I_N}$ 的 CP 分解可以表示为

$$\boldsymbol{A} = \sum_{i=1}^{R} \lambda_i \boldsymbol{u}_i^{(1)} \circ \boldsymbol{u}_i^{(2)} \circ \cdots \circ \boldsymbol{u}_i^{(N)} \tag{5-13}$$

其中 R 为 CP 分解的成分数。图 5-8 表示 3 阶张量的 CP 分解。

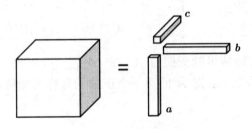

图 5-7　秩一的 3 阶张量

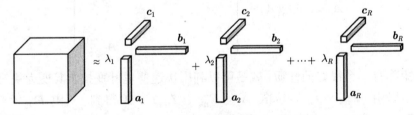

图 5-8　3 阶张量 CP 分解的可视化

定义 5.9（对角张量）　张量 $\boldsymbol{A} \in \mathbb{R}^{I_1 \times I_2 \times \cdots \times I_N}$ 只在 $i_1 = i_2 = \cdots = i_N$ 的位置上有值，其余地方都为 0，则称其为对角张量。

若令 $\boldsymbol{U}^{(n)} = (\boldsymbol{u}_1^{(n)}, \boldsymbol{u}_2^{(n)}, \cdots, \boldsymbol{u}_R^{(n)})$，其中 $n = 1, 2, \cdots, N$，并令 $\boldsymbol{G}$ 为一对角张量，对角线上的取值为 $\lambda_1, \lambda_2, \cdots, \lambda_R$，则 CP 分解可以写为 $\boldsymbol{A} = \boldsymbol{G} \times_1 \boldsymbol{U}^{(1)} \times_2 \boldsymbol{U}^{(2)} \times \cdots \times_N \boldsymbol{U}^{(N)}$。由此可以看出，CP 分解为 Tucker 分解的一种特殊形式，当 Tucker 分解的核张量为对角张量，且每个因子矩阵维度相同时，Tucker 分解就等价于 CP 分解。

5.3　张量奇异值分解

与 CP 分解和高阶奇异值分解不同，张量奇异值分解（T-SVD）[6,7,9] 是建立在新定义的 t-乘积的基础上的新的分解框架。T-SVD 算法先对张量沿着其第三维进行快速傅里叶变换，并对变换后的张量做张量切片的 SVD 分解，然后再通过逆快速傅里叶变换映射回原来的空间，组成新的张量。这种分解主要是针对 3 阶张量，因此下面基本概念也主要围绕 3 阶张量展开。

在 T-SVD 意义下，张量 $\boldsymbol{A}, \boldsymbol{B} \in \mathbb{C}^{n_1 \times n_2 \times n_3}$ 的内积定义为：$\langle \boldsymbol{A}, \boldsymbol{B} \rangle = \sum_{i=1}^{n_3} \langle \boldsymbol{A}^{(i)}, \boldsymbol{B}^{(i)} \rangle$。张量的迹定义为：$\operatorname{tr}(\boldsymbol{A}) = \sum_{i=1}^{n_3} tr(\boldsymbol{A}^{(i)})$。对于 3 阶张量 $\boldsymbol{A} \in \mathbb{R}^{n_1 \times n_2 \times n_3}$，其块循环矩阵由张量的正切片 $\boldsymbol{A}^{(n)}$ 组成，记为

$$\operatorname{bcirc}(\boldsymbol{A}) = \begin{bmatrix} \boldsymbol{A}^{(1)} & \boldsymbol{A}^{(n_3)} & \cdots & \boldsymbol{A}^{(2)} \\ \boldsymbol{A}^{(2)} & \boldsymbol{A}^{(1)} & \cdots & \boldsymbol{A}^{(3)} \\ \vdots & \vdots & \vdots & \vdots \\ \boldsymbol{A}^{(n_3)} & \boldsymbol{A}^{(n_3-1)} & \cdots & \boldsymbol{A}^{(1)} \end{bmatrix}$$

我们记沿着第三维快速傅里叶变换为 $\bar{\boldsymbol{A}} = \operatorname{fft}(\boldsymbol{A}, [\,], 3) \in \mathbb{C}^{n_1 \times n_2 \times n_3}$，记逆快速傅里叶变换为 $\boldsymbol{A} = \operatorname{ifft}(\bar{\boldsymbol{A}}, [\,], 3)$，特别地，将 $\bar{\boldsymbol{A}}$ 的第 i 个正面切片作为矩阵对角线上的第 i 个块就构成了块对角矩阵，记为

$$\bar{\boldsymbol{A}} = \operatorname{bdiag}(\bar{\boldsymbol{A}}) = \begin{bmatrix} \bar{\boldsymbol{A}}^{(1)} & & & \\ & \bar{\boldsymbol{A}}^{(2)} & & \\ & & \ddots & \\ & & & \bar{\boldsymbol{A}}^{(n_3)} \end{bmatrix}$$

块循环矩阵有一个很好的性质，就是可以利用快速傅里叶变换将其变为块对角矩阵。故块对角矩阵可以由 $(\boldsymbol{F}_{n_3} \otimes \boldsymbol{I}_{n_1}) \cdot \operatorname{bcirc}(\boldsymbol{A}) \cdot (\boldsymbol{F}_{n_3}^{-1} \otimes \boldsymbol{I}_{n_2}) = \bar{\boldsymbol{A}}$ 得到，其中 $\boldsymbol{F}_{n_3} \in \mathbb{C}^{n_3 \times n_3}$ 为离散傅里叶矩阵，$\otimes$ 为 Kronecker 积，$\cdot$ 表示标准的矩阵乘积。在 T-SVD 的意义下，块向量化及与之相对应的逆操作算子定义为

$$\operatorname{unfold}(\boldsymbol{A}) = \begin{bmatrix} \boldsymbol{A}^{(1)} \\ \boldsymbol{A}^{(2)} \\ \vdots \\ \boldsymbol{A}^{(n_3)} \end{bmatrix}, \operatorname{fold}(\operatorname{unfold}(\boldsymbol{A})) = \boldsymbol{A}$$

定义 5.10（t-乘积）[8]　对于 3 阶张量 $\boldsymbol{A} \in \mathbb{R}^{n_1 \times n_2 \times n_3}$ 和 $\boldsymbol{B} \in \mathbb{R}^{n_2 \times n_4 \times n_3}$，则 $\boldsymbol{A}$ 与 $\boldsymbol{B}$

的 t-乘积定义为

$$\boldsymbol{A} * \boldsymbol{B} = \mathrm{fold}(\mathrm{bcirc}(\boldsymbol{A}) \cdot \mathrm{unfold}(\boldsymbol{B})) \tag{5-14}$$

得到的新的张量大小为 $n_1 \times n_4 \times n_3$。

定义 5.11（张量转置）[8]　设 $\boldsymbol{A} \in \mathbb{R}^{n_1 \times n_2 \times n_3}$，则它的转置张量 $\boldsymbol{A}^{\mathrm{T}}$ 是一个大小为 $n_2 \times n_1 \times n_3$ 的张量，它的第 1 个正切片是 $\boldsymbol{A}$ 的第一个正切片的转置，第 2 个到第 n_3 正切片是 $\boldsymbol{A}$ 的第 2 个到第 n_3 正切片的转置逆序排列得到。

定义 5.12（单位张量）[8]　单位张量 $\boldsymbol{I} \in \mathbb{R}^{n_1 \times n_2 \times n_3}$ 是第一个正切片是 $n_1 \times n_1$ 的单位矩阵，其他切片为零矩阵的张量。

定义 5.13（f-对角张量）[8]　如果一个张量的每个正切片都是对角矩阵，那么该张量称为 f-对角张量。

定义 5.14（正交张量）[8]　如果一个张量 $\boldsymbol{Q} \in \mathbb{R}^{n_1 \times n_2 \times n_3}$ 满足 $\boldsymbol{Q}^{\mathrm{T}} * \boldsymbol{Q} = \boldsymbol{Q} * \boldsymbol{Q}^{\mathrm{T}} = \boldsymbol{I}$，则称其为正交张量。

定理 5.2（T-SVD 分解）[8]　令 $\boldsymbol{A} \in \mathbb{R}^{n_1 \times n_2 \times n_3}$，则它可以分解为

$$\boldsymbol{A} = \boldsymbol{U} * \boldsymbol{S} * \boldsymbol{V}^{\mathrm{T}} \tag{5-15}$$

其中 $\boldsymbol{U} \in \mathbb{R}^{n_1 \times n_1 \times n_3}, \boldsymbol{V} \in \mathbb{R}^{n_2 \times n_2 \times n_3}$ 是正交张量，$\boldsymbol{S} \in \mathbb{R}^{n_1 \times n_2 \times n_3}$ 为 f-对角张量。3 阶张量 $\boldsymbol{A} \in \mathbb{R}^{n_1 \times n_2 \times n_3}$ 的 T-SVD 分解示意图如图 5-9 所示。

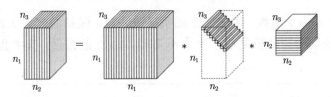

图 5-9　大小为 $n_1 \times n_2 \times n_3$ 张量的 T-SVD 分解

与 CP 分解和 Tucker 分解相比，T-SVD 算法不需要收敛条件，因此不需要过多的迭代次数。下面给出 T-SVD 算法的基本过程：

步骤 1：对于张量 $\boldsymbol{A} \in \mathbb{R}^{n_1 \times n_2 \times n_3}$，沿第三维进行快速傅里叶变换 $\bar{\boldsymbol{A}} = \mathrm{fft}(\boldsymbol{A}, [\,], 3)$。

步骤 2：对 $\bar{\boldsymbol{A}}$ 的每一个正面切片求其 SVD 分解 $\bar{\boldsymbol{A}}^{(i)} = \boldsymbol{u} \boldsymbol{s} \boldsymbol{v}^{\mathrm{T}}$，令 $\hat{\boldsymbol{U}}(:,:,i) = \boldsymbol{u}$，$\hat{\boldsymbol{S}}(:,:,i) = \boldsymbol{s}$，$\hat{\boldsymbol{V}}(:,:,i) = \boldsymbol{v}$。

步骤 3：分别对 $\hat{\boldsymbol{U}}, \hat{\boldsymbol{S}}, \hat{\boldsymbol{V}}$ 进行逆快速傅里叶变换得到 $\boldsymbol{U}, \boldsymbol{S}, \boldsymbol{V}$。

5.4　MATLAB 函数与示例

本节我们介绍 MATLAB 中关于张量分析的工具箱 Tensor Toolbox 及相关的基本操作，这里介绍的张量操作均以 3 阶张量为例。

5.4.1 生成张量

我们可以有多种方式来生成张量。首先，我们介绍如何将多维数组转化为张量。在 MAT-LAB 中将张量切片以矩阵的形式输入，随后利用 tensor 函数生成我们想要的张量，如下所示。

```
A(:,:,1)=[1 2 3;4 5 6;7 8 9]; A(:,:,2)=[2 1 3;5 3 5;8 9 7];
A(:,:,3)=[6 1 5;2 4 7;9 3 4]; X=tensor(A)
```

有时我们希望生成一个随机张量，生成随机张量的方法有很多，这里我们主要介绍三种。

（1）使用 tensor 函数，则与上述利用多维数组生成张量的操作相类似，只是这里的多维数组为随机生成的。例如我们希望随机生成一个大小为 $4 \times 3 \times 2$ 的张量，则

```
A=rand(4,3,2); X=tensor(A,[4 3 2])
```

（2）使用 tenrand 函数，其输入变量为希望得到的张量大小。

```
X=tenrand([4 3 2])
```

（3）使用 sptenrand 函数，生成一个随机稀疏张量，张量的元素大部分为 0，只有小部分不为 0。例如，我们希望随机生成一个大小为 $4 \times 3 \times 2$ 的张量，其中我们规定有 8 个元素不为 0，则

```
X=sptenrand([4 3 2],8)
```

5.4.2 张量展开

在 Tensor Toolbox 中，可以使用 tenmat 函数，例如

```
A1=tenmat(A,1)
```

其中 A 为我们需要展开的张量，而 n 表示张量按第几维展开，比如上述程序表示对张量的模 1 展开，需要注意的是，这里得到的数据格式为 tenmat 格式。如果我们想要对这个模 n 展开矩阵进行一些矩阵运算，可以令

```
X=A1.data
```

再进行矩阵运算。

5.4.3　张量分解

1) Tucker 分解

我们可以使用 tucker_als 来计算一个张量的 Tucker 分解。

```
X=ptenrand([5 4 3], 10); T=tucker_als(X,R)
```

tucker_als 根据向量 $R=[R_1,R_2,\cdots,R_n]$ 中指定的维数计算张量 X 的最佳秩 $[R_1,R_2,\cdots,R_n]$ 近似值。输入 X 可以是张量、sptensor、ktensor 或 ttensor。在 T 中返回的结果是 ttensor。如果我们输入的 R 为标量，则我们得到的是最佳秩 $[R,R,\cdots,R]$ 的近似值。

2) CP 分解

我们可以使用 cp_als 函数来计算一个张量的 Tucker 分解。

```
X=sptenrand([5 4 3], 10); P=parafac_als(X,R)
```

cp_als 使用交替最小二乘算法计算张量 X 的 CP 分解。R 为分解得到的秩一张量的个数，输入 X 可以是张量、sptensor、ktensor 或 ttensor。在 P 中返回的结果是是 ktensor。

3) T-SVD 分解

在 Tensor Toolbox 中，没有直接针对 T-SVD 分解的函数，但前面我们已经给出了 T-SVD 算法流程，故根据前述的算法流程进行编程即可实现 T-SVD 分解。

参 考 文 献

[1] 张贤达. 矩阵分析与应用 [M]. 2 版. 北京: 清华大学出版社，2016.

[2] De Lathauwer L, De Moor B, Vandewalle J. A multilinear singular value decomposition[J]. SIAM Journal on Matrix Analysis and Applications, 2000, 21(4): 1253-1278.

[3] Tucker L R. Implications of factor analysis of three-way matrices for measurement of change[J]. Problems in Measuring Change, 1963, 15(1): 122-137.

[4] Tucker L R. Some mathematical notes on three-mode factor analysis[J]. Psychometrika, 1966, 31: 279-311.

[5] Carroll J D, Chang J J. Analysis of individual di?erences in multidimensional scaling via an N-way generalization of "Eckart-Young" decomposition[J]. Psychometrika, 1970, 35(3): 283-319.

[6] Kolad T G, Bader B W. Tensor decompositions and applications[J]. SIAM review, 2009, 51(3): 455-500.

[7] Kilmer M E, Braman K, Hao N, Hoover R C. Third-order tensors as operators on matrices: A theoretical and computational framework with applications in imaging[J]. SIAM Journal on Matrix Analysis and Applications, 2013, 34(1): 148-172.

[8] Kilmer M E, Martin C D. Factorization strategies for third-order tensors[J]. Linear Algebra and its Applications, 2011, 435(3): 641-658.

[9] 吕红力. 基于稀疏和低秩表示的 OCT 图像去噪算法研究 [D]. 济南: 山东大学博士学位论文, 2018.

习　　题

1. 结合自己的研究领域，思考张量分解有哪些应用。

2. Tucker 分解与 CP 分解的目的是什么？

3. 试分析 Tucker 分解与 CP 分解的区别与联系。

4. 尝试利用 MATLAB 对 T-SVD 分解进行编程，生成一个随机矩阵进行 T-SVD 分解。

第二部分
样本数据的处理

第二部分
样本数据的处理

第6章
核（Kernel）方法

核方法 (kernel method) 是机器学习领域奇妙的方法论之一。通过显式地引入核函数避开内积运算，核方法可以将特征变换的维度提升到无穷大，并将数据空间中的非线性问题转换成特征空间中的线性问题。核方法在很多机器学习算法中有重要应用。

6.1　核函数引入

在引入**核函数**（kernel function）之前，先假设这样一个情形：对于线性可分问题，最完美的情况如二分类问题，输入空间中其样本点如图 6-1 所示，则能够存在一个或多个线性超平面可以将其完美分开，这被称为严格线性可分。然而在机器学习的现实任务中，原始输入空间内或许并不存在能正确划分两类样本的超平面，更多的情形可能出现如图 6-2 所示。

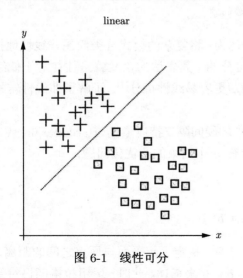

图 6-1　线性可分

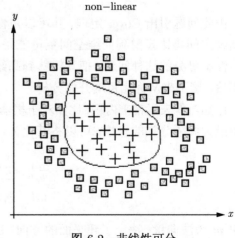

图 6-2　非线性可分

对于这样的非线性分类问题，应该如何处理呢？一种思路是运用**感知机算法**（Perceptron

Learning Algorithm，PLA）。对于隐藏层（hiddenlayer）大于一层的多层感知机，其可以去逼近任意一个连续函数，这在理论上是可以保证的，即非线性分类问题可以由此解决；另一种思路是可将样本从输入空间通过一个非线性转换 ϕ 映射到一个更高维的特征空间，使得样本在这个特征空间内线性可分。本节讨论通过第二种思路解决非线性可分问题，即通过映射

$$\phi : \mathbb{X} \to \mathbb{Z}, \quad \boldsymbol{x} \mapsto \phi(\boldsymbol{x})$$

处理非线性问题，上式中 $\mathbb{X}$ 是输入空间（input space），$\mathbb{Z}$ 是特征空间（feature space），$\boldsymbol{x}$ 是输入空间的样本点，ϕ 是将 $\mathbb{X}$ 映射到 $\mathbb{Z}$ 的非线性转换。

首先，通过一个经典的例子来描述这一过程。对于如图 6-3 所示的异或问题，设输入空间为 $\mathbb{X} \subset \mathbb{R}^2$，$\boldsymbol{x} = (x_1, x_2)^{\mathrm{T}} \in \mathbb{X}$，特征空间 $\mathbb{Z} \subset \mathbb{R}^3$，$\boldsymbol{z} = (z_1, z_2, z_3)^{\mathrm{T}} \in \mathbb{Z}$，定义从输入空间到特征空间的映射

$$\boldsymbol{z} = \phi(\boldsymbol{x}) = (x_1, x_2, \phi(x_1, x_2))^{\mathrm{T}}$$

使得二维空间 $\mathbb{X}$ 变换为三维空间 $\mathbb{Z}$，二维空间的点相应地变换为三维空间的点。在变换后的新空间里，存在一个或多个线性超平面可将变换后的点正确分开。这样，原空间的非线性可分问题就变为了新空间的线性可分问题。

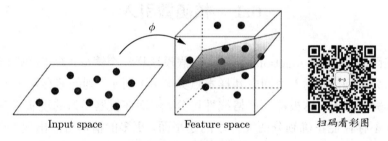

图 6-3 异或问题

由此问题引出 Cover 定理，其可以定性地描述为：将复杂的模式分类问题非线性地投射到高维空间将比投射到低维空间更可能是线性可分的。其表达的含义就是往往对于低维空间线性不可分的这种问题，把其转移到高维空间后更容易线性可分[1]。了解了非线性转换的思想后，接下来从优化角度开始分析。

已知对偶表示带来内积，比如对于机器学习中的硬间隔支持向量机（Hard Margin SVM），采用最大间隔分类的思想，可以将其化为一个带有 n 个约束的凸优化问题：

$$\begin{aligned} \min_{\boldsymbol{w}, \boldsymbol{b}} \quad & \frac{1}{2} \boldsymbol{w}^{\mathrm{T}} \boldsymbol{w} \\ \text{s.t.} \quad & y_i(\boldsymbol{w}^{\mathrm{T}} x_i + \boldsymbol{b}) \geqslant 1 \end{aligned}$$

其中 $\boldsymbol{w}$ 为法向量，决定了超平面的方向；$\boldsymbol{b}$ 为位移项，决定了超平面与原点之间的距离，在输入空间中，划分超平面可通过线性方程 $\boldsymbol{w}^{\mathrm{T}} \boldsymbol{x} + \boldsymbol{b} = 0$ 来描述。此时，运用拉格朗日对偶性可以将原问题转化成对偶问题（Dual Problem）：

$$\min_{\boldsymbol{\lambda}} \quad \frac{1}{2} \sum_{i=1}^{N} \sum_{j=1}^{N} \lambda_i \lambda_j y_i y_j \boldsymbol{x}_i^{\mathrm{T}} \boldsymbol{x}_j - \sum_{i=1}^{N} \lambda_i$$

$$\text{s.t.} \quad \lambda_i \geqslant 0$$

$$\sum_{i=1}^{N} \lambda_i y_i = 0$$

其中 N 为样本点个数。通过观察可以发现，对于线性可分问题，在对偶问题中出现了内积的形式 $\boldsymbol{x}_i^{\mathrm{T}} \boldsymbol{x}_j$；同样地对于非线性可分问题，先利用 $\phi(\boldsymbol{x})$ 进行非线性转换，再写出它的对偶问题：

$$\min_{\boldsymbol{\lambda}} \quad \frac{1}{2} \sum_{i=1}^{N} \sum_{j=1}^{N} \lambda_i \lambda_j y_i y_j \phi(\boldsymbol{x}_i)^{\mathrm{T}} \phi(\boldsymbol{x}_j) - \sum_{i=1}^{N} \lambda_i$$

$$\text{s.t.} \quad \lambda_i \geqslant 0$$

$$\sum_{i=1}^{N} \lambda_i y_i = 0$$

此时对偶问题中出现了 $\phi(\boldsymbol{x})$ 的内积形式 $\phi(\boldsymbol{x}_i)^{\mathrm{T}} \phi(\boldsymbol{x}_j)$。

在现实任务中，$\phi(\boldsymbol{x})$ 的维数可能会非常高，甚至是无限维的，此时 $\phi(\boldsymbol{x})$ 会非常难求，还要每个样本点做内积，计算量太大，那么有没有一个方法可以解决这个问题呢？通过观察发现，需要的不是 $\phi(\boldsymbol{x})$ 而是 $\phi(\boldsymbol{x}_i)^{\mathrm{T}} \phi(\boldsymbol{x}_j)$ 这个内积形式，那么有没有一种方法是可以直接去求内积从而避免去求 $\phi(\boldsymbol{x})$？核函数的引入恰恰就是解决这个问题。

引入如下定义：对 $\forall \boldsymbol{x}, \boldsymbol{x}' \in \mathbb{X}, \exists \phi : \mathbb{X} \rightarrow \mathbb{Z}, \text{s.t.} \ k(\boldsymbol{x}, \boldsymbol{x}') = <\phi(\boldsymbol{x}), \phi(\boldsymbol{x}')> = \phi(\boldsymbol{x})^{\mathrm{T}} \phi(\boldsymbol{x}')$，则称 $k(\boldsymbol{x}, \boldsymbol{x}')$ 是一个核函数。

有了这样的函数，就不必直接去计算高维甚至无穷维特征空间中的内积，此时上述对偶问题可重写为

$$\min_{\boldsymbol{\lambda}} \quad \frac{1}{2} \sum_{i=1}^{N} \sum_{j=1}^{N} \lambda_i \lambda_j y_i y_j k(\boldsymbol{x}_i, \boldsymbol{x}_j) - \sum_{i=1}^{N} \lambda_i$$

$$\text{s.t.} \quad \lambda_i \geqslant 0$$

$$\sum_{i=1}^{N} \lambda_i y_i = 0$$

求解后即可得到

$$f(\boldsymbol{x}) = \boldsymbol{w}^{\mathrm{T}} \phi(\boldsymbol{x}) + \boldsymbol{b}$$

$$= \sum_{i=1}^{N} \lambda_i y_i \phi(\boldsymbol{x}_i)^{\mathrm{T}} \phi(\boldsymbol{x}) + \boldsymbol{b}$$

$$= \sum_{i=1}^{N} \lambda_i y_i k(\boldsymbol{x}, \boldsymbol{x}_i) + \boldsymbol{b}$$

从计算上来讲，以上避免先求非线性转换 $\phi(x)$，再求内积的过程就称为**核技巧**（kernel trick），其一步到位，直接利用核函数把样本内积求出，减少了计算量。换句话说，学习是隐式地在特征空间中进行，不需要显示地定义特征空间和映射函数；从思想上来讲，利用核函数中蕴含的非线性转换以及此非线性转换上的一个内积的这种性质，把低维空间的非线性问题转化到高维空间的一个线性问题来求解的方法就被称为**核方法**（kernel method），其代表着一系列基于核函数的方法。

以上，我们从背景出发，以基本的分类问题为例介绍了为什么会有核函数这个概念的提出，并以此为中心，引出了核技巧和核方法的概念。下一节将详细介绍核函数的规范定义。

6.2　正定核函数

通常情况下常讲的核函数实际上是正定核函数（positive definite kernel function），且只涉及实数域，复数域在本章不加以讨论。在引入正定核函数之前，先对一般核函数的定义进行声明。

定义 6.1（核函数）　对于 $\forall x, z \in \mathbb{X}$，$\exists$ 一个映射 $K : \mathbb{X} \times \mathbb{X} \to \mathbb{R}$，则称函数 $K(x, z)$ 为核函数。

可以认为核函数就是含有两个参数的函数，其参数都来自于输入空间 $\mathbb{X}$，映射到实数空间 $\mathbb{R}$。接下来引入正定核函数的规范定义，其实质就是上一小节核函数的定义。

定义 6.2（正定核函数）　设 $\mathbb{X}$ 是输入空间（欧几里德空间 $\mathbb{R}^n$ 的子集或离散集合），$\mathbb{H}$ 为特征空间（希尔伯特空间），$K : \mathbb{X} \times \mathbb{X} \to \mathbb{R}$，$\forall x, z \in \mathbb{X}$，有 $K(x, z)$，如果存在一个从 $\mathbb{X}$ 到 $\mathbb{H}$ 的映射

$$\phi : \mathbb{X} \to \mathbb{H}, \quad x \mapsto \phi(x)$$

使得函数 $K(x, z)$ 满足条件

$$K(x, z) = < \phi(x), \phi(z) >$$

那么则称 $K(x, z)$ 为正定核函数，$\phi(x) \in \mathbb{H}$ 为映射函数，$< \phi(x), \phi(z) >$ 表示 $\phi(x)$ 与 $\phi(z)$ 做内积。

6.3　正定核函数的等价定义

已知映射函数 ϕ，可以通过 $\phi(x)$ 与 $\phi(z)$ 的内积求得正定核函数 $K(x, z)$。但在现实任务中，通常不知道 ϕ 的具体形式，那么若不知道 $\phi(x)$ 能否直接判断一个给定的核函数 $K(x, z)$ 是不是正定核函数？或者说什么样的核函数才能成为正定核函数，其需要满足哪些条件？本小节叙述正定核的等价定义，为引出此定义，先介绍有关的预备知识[2]。

定义在 $\mathbb{X}\times\mathbb{X}$ 上的对称函数 $K(\boldsymbol{x},\boldsymbol{z})$，对任意的 $\boldsymbol{x}_1,\boldsymbol{x}_2,\cdots,\boldsymbol{x}_N\in\mathbb{X}$，关于 $\boldsymbol{x}_1,\boldsymbol{x}_2,\cdots,\boldsymbol{x}_N$ 的 Gram 矩阵 $K(\boldsymbol{x},\boldsymbol{z})$，是半正定的，可以依据函数 $K(\boldsymbol{x},\boldsymbol{z})$ 构成一个希尔伯特空间，其步骤是：首先定义映射 ϕ 并构成向量空间 $\mathbb{S}$；然后在 $\mathbb{S}$ 上定义内积构成内积空间；最后将 $\mathbb{S}$ 完备化构成希尔伯特空间。

6.3.1　定义映射，构成向量空间

先定义映射

$$\phi:\boldsymbol{x}\to K(\cdot,\boldsymbol{x})$$

由此映射，对任意 $\boldsymbol{x}_i\in\mathbb{X}$，$\alpha_i\in\mathbb{R}$，$i=1,2,\cdots,N$，定义线性组合

$$f(\cdot)=\sum_{i=1}^{N}\alpha_i K(\cdot,\boldsymbol{x}_i)$$

考虑以线性组合为元素的集合 $\mathbb{S}$。由于集合 $\mathbb{S}$ 对加法和数乘运算是封闭的，所以 $\mathbb{S}$ 构成一个向量空间。

6.3.2　在向量空间上定义内积，使其成为内积空间

对任意 $f,g\in\mathbb{S}$，

$$f(\cdot)=\sum_{i=1}^{N}\alpha_i K(\cdot,\boldsymbol{x}_i),\quad g(\cdot)=\sum_{j=1}^{M}\beta_j K(\cdot,\boldsymbol{z}_j)$$

可以证明以下运算为内积运算[2]：

$$f\cdot g=\sum_{i=1}^{N}\sum_{j=1}^{M}\alpha_i\beta_j K(\boldsymbol{x}_i,\boldsymbol{z}_j)$$

6.3.3　将内积空间完备化为希尔伯特空间

现在将内积空间 $\mathbb{S}$ 完备化。由上式定义的内积可以得到范数

$$\|f\|=\sqrt{f\cdot f}$$

因此，$\mathbb{S}$ 是一个赋范向量空间。根据泛函分析理论，对于不完备的赋范向量空间 $\mathbb{S}$，一定可以使之完备化，得到完备的赋范向量空间 $\mathbb{H}$。一个内积空间，当作为一个赋范向量空间是完备的时候，就是希尔伯特空间。这样就得到了希尔伯特空间 $\mathbb{H}$。

空间 $\mathbb{H}$ 称为再生核希尔伯特空间（reproducing kernel Hilbert space, RKHS）。这是由于核 K 具有再生性，即满足

$$K(\cdot, \boldsymbol{x}) \cdot f = f(\boldsymbol{x})$$

$$K(\cdot, \boldsymbol{x}) \cdot K(\cdot, \boldsymbol{z}) = K(\boldsymbol{x}, \boldsymbol{z})$$

称 K 为再生核。

6.3.4　正定核的充要条件

定理 6.1（正定核的充要条件）[3]　设 $K : \mathbb{X} \times \mathbb{X} \to \mathbb{R}$，则 $K(\boldsymbol{x}, \boldsymbol{z})$ 为正定核函数的充要条件是 $K(\boldsymbol{x}, \boldsymbol{z})$ 对称且对任意 $\boldsymbol{x}_i \in \mathbb{X}, i = 1, 2, \cdots, N$，$K(\boldsymbol{x}, \boldsymbol{z})$ 对应的 Gram 矩阵

$$\boldsymbol{K} = [K(\boldsymbol{x}_i, \boldsymbol{x}_j)]_{N \times N} = \begin{bmatrix} K(\boldsymbol{x}_1, \boldsymbol{x}_1) & \cdots & K(\boldsymbol{x}_1, \boldsymbol{x}_j) & \cdots & K(\boldsymbol{x}_1, \boldsymbol{x}_N) \\ \vdots & \vdots & \vdots & \vdots & \vdots \\ K(\boldsymbol{x}_i, \boldsymbol{x}_1) & \cdots & K(\boldsymbol{x}_i, \boldsymbol{x}_j) & \cdots & K(\boldsymbol{x}_i, \boldsymbol{x}_N) \\ \vdots & \vdots & \vdots & \vdots & \vdots \\ K(\boldsymbol{x}_N, \boldsymbol{x}_1) & \cdots & K(\boldsymbol{x}_N, \boldsymbol{x}_j) & \cdots & K(\boldsymbol{x}_N, \boldsymbol{x}_N) \end{bmatrix}$$

为半正定矩阵。

定理 6.1 给出了正定核的充要条件，因此可以作为正定核函数的另一定义。

定义 6.3（正定核的等价定义）　设 $\mathbb{X}$ 是输入空间，$\mathbb{H}$ 为特征空间，$K : \mathbb{X} \times \mathbb{X} \to \mathbb{R}$，$\forall \boldsymbol{x}, \boldsymbol{z} \in \mathbb{X}$，有 $K(\boldsymbol{x}, \boldsymbol{z})$，如果 $K(\boldsymbol{x}, \boldsymbol{z})$ 满足如下两条性质：

（1）对称性：$K(\boldsymbol{x}, \boldsymbol{z}) = K(\boldsymbol{z}, \boldsymbol{x})$；

（2）正定性：任取 N 个元素，$\boldsymbol{x}_1, \boldsymbol{x}_2, \cdots, \boldsymbol{x}_N \in \mathbb{X}$，对应的 Gram 矩阵 $\boldsymbol{K} = [K(\boldsymbol{x}_i, \boldsymbol{x}_j)]_{N \times N}$ 是半正定的，则称 $K(\boldsymbol{x}, \boldsymbol{z})$ 为正定核函数。

这一等价定义在构造正定核函数时非常有用，但对于一个具体函数 $K(\boldsymbol{x}, \boldsymbol{z})$ 来说，检验它是否为正定核函数并不容易，因为要求对任意有限输入集 $\{\boldsymbol{x}_1, \boldsymbol{x}_2, \cdots, \boldsymbol{x}_N\}$ 验证 $\boldsymbol{K}$ 对应的 Gram 矩阵是否为半正定的。在实际问题中往往应用已有的核函数，下面介绍一些常用的核函数。

6.4　常用的核函数及其 MATLAB 实现

本节介绍机器学习中常用的核函数，并对自定义的 MATALAB 函数实现做简单介绍。

6.4.1　线性核（linear kernel）

线性核是最简单的核函数，核函数的数学公式如下：

$$K(\boldsymbol{x}, \boldsymbol{z}) = \boldsymbol{x}^{\mathrm{T}} \boldsymbol{z}$$

调用线性核函数的命令如下。

```
K =   Linear_Kernel(x,z)
```

6.4.2　多项式核（polynomial kernel）

多项式核是一种非标准核函数，它非常适合于正交归一化后的数据，其具体形式如下：

$$K(\boldsymbol{x},\boldsymbol{z}) = (a\boldsymbol{x}^{\mathrm{T}}\boldsymbol{z} + c)^d$$

此处 $d \geqslant 1$ 为多项式的次数，在 MATALB 中调用如下。

```
K = Polynomial_Kernel(x,z,a,c,d)
```

其中默认参数设置为 $a = 1/n\_\text{features}$，n_features 为样本中属性个数的倒数，$c = 0$，$d = 3$；虽然参数较多，但是还算稳定。

6.4.3　高斯核（Gaussian kernel）

高斯核函数是一种经典的鲁棒径向基核，鲁棒径向基核对于数据中的噪音有着较好的抗干扰能力，其参数决定了函数作用范围，超过了这个范围，数据的作用就"基本消失"。高斯核函数是这一族核函数的优秀代表，其数学形式如下：

$$K(\boldsymbol{x},\boldsymbol{z}) = \exp\left(-\frac{\|\boldsymbol{x}-\boldsymbol{z}\|^2}{2\sigma^2}\right)$$

这里 $\sigma > 0$ 为高斯核的带宽，MATLAB 中调用如下。

```
K = Gaussian_Kernel(x,z,sigma)
```

此处 sigma 的默认参数设置为 0.5；虽然被广泛使用，但是这个核函数的性能对参数十分敏感，同样，其也有很多变种。

6.4.4　指数核（exponential kernel）

指数核函数就是高斯核函数的变种，它仅仅是将向量之间的 L2 距离调整为 L1 距离，这样改动会对参数的依赖性降低，但是适用范围相对狭窄。其数学形式如下：

$$K(\boldsymbol{x},\boldsymbol{z}) = \exp\left(-\frac{\|\boldsymbol{x}-\boldsymbol{z}\|}{2\sigma^2}\right)$$

在 MATLAB 中调用如下。

```
K = Exponential_Kernel(x,z,sigma)
```

默认参数设置同 Gaussian_kernel。

6.4.5 拉普拉斯核（Laplacian kernel）

拉普拉斯核完全等价于指数核，唯一的区别在于前者对参数的敏感性降低，也是一种径向基核函数。

$$K(\boldsymbol{x}, \boldsymbol{z}) = \exp\left(-\frac{\|\boldsymbol{x} - \boldsymbol{z}\|}{\sigma}\right)$$

在 MATLAB 中调用如下。

```
K = Laplacian_Kernel(x,z,sigma)
```

此处 sigma 默认设置为 0.2。

6.4.6 Sigmoid 核（Sigmoid kernel）

Sigmoid 核来源于神经网络，现在已经大量应用于深度学习，被用作"激活函数"，数学形式如下：

$$K(\boldsymbol{x}, \boldsymbol{z}) = \tanh(\alpha \boldsymbol{x}^{\mathrm{T}} \boldsymbol{z} + c)$$

tanh 为双曲正切函数，$\alpha > 0$，$c < 0$。在 MATLAB 中调用如下。

```
K = Sigmoid_Kernel(x,z,alpha,c)
```

默认参数设置为 alpha=1，$c = 0$。

参 考 文 献

[1] Kung S Y. Kernel methods and machine learning[M]. Cambridge: Cambridge University Press, 2014.

[2] 李航. 统计学习方法 [M]. 北京: 清华大学出版社, 2012.

[3] 周志华. 机器学习 [M]. 北京: 清华大学出版社, 2016.

习　　题

1. 核技巧、核函数和支持向量机之间存在怎样的联系？
2. 核技巧应用到支持向量机的基本想法是什么？
3. 查找 Mercer 核，并思考其与正定核函数的区别与联系。

第7章
主成分分析（PCA）与核主成分
分析（KPCA）

7.1 算法定义

在许多领域的研究与应用中，往往需要对反映事物的多个变量进行大量的观测，收集大量数据以便进行分析寻找规律。多变量大样本为研究和应用提供了丰富的信息，但也在一定程度上增加了数据采集的工作量，而且在多数情况下，许多变量之间可能存在相关性，从而增加了问题分析的复杂性，同时对分析带来不便。如果分别对每个指标进行分析，分析往往是孤立的，而不是综合的。盲目减少指标会损失很多信息，容易产生错误的结论。

因此需要找到一个合理的方法，在减少需要分析的指标的同时，尽量减轻因为指标减少所造成的信息损失，以达到对所收集数据进行全面分析的目的。由于各指标间存在一定的相关性，因此有可能用较少的综合指标表征存在于各原始指标中的信息。主成分分析（Principal component analysis，PCA）就属于这类降维的方法。而核主成分分析（Kernel principle component analysis，KPCA）是对 PCA 算法的非线性扩展，即 PCA 是线性的，适合处理在原始特征空间线性可分的数据，若数据在原始特征空间线性不可分，则适合使用 KPCA 去挖掘数据中蕴含的非线性信息。

7.2 算法原理

通常需要处理的数据集中很多特征是和类标签有关的，但里面存在噪声或者冗余。剔除和类标签无关的特征的方法是"降维"。降维后可以减少噪声和冗余，减少过度拟合的可能性。

PCA 的思想是将 n 维特征映射到 k 维上 $(k < n)$，降维后的 k 维特征是全新的正交特征，是重新构造出来的 k 维特征，而不是简单地从 n 维特征中去除其余 $n - k$ 维特征后得到的 k 维特征。这 k 维特征称为主成分。

下面解释 PCA 的算法原理。假定我们现在分析的是二维数据，即每个样本只有两个特征，分别由横坐标和纵坐标表示。如果这些数据形成一个椭圆形状的点阵，那么这个椭圆有一个长轴和一个短轴，如图 7-1 所示。椭圆的长短轴相差得越大，说明数据在不同维度上的分布差异越大，降维也就越有道理。在短轴方向上，数据分布差异较小，在极端的情况，短轴如果退化成一点，那么只有在长轴的方向才能够区分出这些点的变化。这样，由二维到一维的降维就自然完成了。

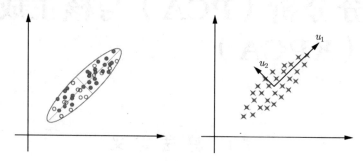

图 7-1 数据分布示意图

图 7-1 中，u_1 就是主成分方向，u_2 是在二维空间中和 u_1 方向正交的方向。可以看出这些数据在 u_1 轴的离散程度最大（方差最大），说明数据在 u_1 上的投影代表了原始数据的绝大部分信息，在对数据进行处理时即使不考虑 u_2，信息损失也不多。而且，u_1, u_2 不相关（相互正交）。只考虑 u_1 时，二维降为一维。

7.2.1 最大方差理论

在信号处理中认为信号具有较大的方差，噪声有较小的方差，信噪比就是信号与噪声的方差比，越大越好。如图 7-1 所示，样本在主成分方向 u_1 上的投影方差较大，在 u_2 上的投影方差较小，那么可认为 u_2 上的投影是由噪声引起的。因此可以认为，最好的 k 维特征是将 n 维样本点转换为 k 维后，每一维上的样本方差都很大。

例如，如图 7-2 所示在二维平面中有 5 个点，现在想把这 5 个点投影到某一维上。假设数据已经中心化，那么这一维应该是一条过原点的直线。

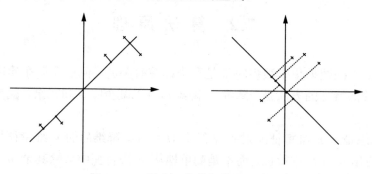

图 7-2 二维中心化数据降维示意图

　　满足这样条件的直线可以有很多，我们选择其中 2 条投影直线作比较，左右两条投影直线中哪个好呢？显然在左边的直线上，投影后的样本点之间方差最大（也可以说是投影的绝对值之和最大）。根据我们之前的方差最大化理论，左边的投影更好。

　　那么如何来计算投影呢？计算投影的方法见图 7-3。在图 7-3 中，u 是投影直线的斜率也是直线的方向向量，而且是单位向量。红色点表示样本点，蓝色点表示样本点在 u 上的投影，离原点的距离是 $\langle x, u \rangle$（即 $x^{\mathrm{T}}u$ 或者 $u^{\mathrm{T}}x$）。

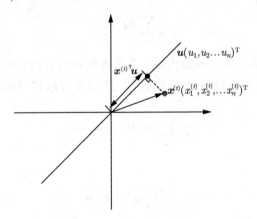

图 7-3　投影计算示意图

7.2.2　最小二乘法

　　前面已经讲解了什么样的方向是主成分的方向、以及如何求任意样本点在主成分上的投影。那么如何得到各个主成分呢？可以使用最小二乘法确定各个主成分的方向。对给定的一组数据（下面的阐述中，向量一般均指列向量）$\{\vec{Z}_1, \vec{Z}_2, \cdots, \vec{Z}_n\}$，其数据中心位于：

$$\vec{\mu} = \frac{1}{n} \sum_{i=1}^{n} \vec{Z}_i \tag{7-1}$$

将数据中心化（即将坐标原点移到样本数据集的中心点）：

$$\{\vec{x}_1, \vec{x}_2, \cdots, \vec{x}_n\} = \left\{ \vec{Z}_1 - \vec{\mu}, \vec{Z}_2 - \vec{\mu}, \cdots, \vec{Z}_n - \vec{\mu} \right\} \tag{7-2}$$

　　假设中心化后的数据在第一主轴 $\vec{u}_1$ 方向上分布的最分散，也就是说在 $\vec{u}_1$ 方向上的投影的绝对值之和最大（也可以说方差最大）。计算投影的方法上面已经阐述，就是将 x 与 $\vec{u}_1$ 内积，由于只需要求 $\vec{u}_1$ 的方向，所以设 $\vec{u}_1$ 也是单位向量。在这里，也就是最大化下式：

$$\frac{1}{n} \sum_{i=1}^{n} |\vec{x}_i \cdot \vec{u}_1| \tag{7-3}$$

　　由矩阵代数相关知识可知，可以对绝对值符号项进行平方处理，比较方便。所以进而就是最大化下式：

$$\frac{1}{n}\sum_{i=1}^{n}|\vec{x}_i \cdot \vec{u}_1|^2 = \frac{1}{n}\sum_{i=1}^{n}(\vec{x}_i \cdot \vec{u}_1)^2 \qquad (7\text{-}4)$$

两个向量做内积，可以转化成矩阵乘法：

$$\vec{x}_i \cdot \vec{u}_1 = \boldsymbol{x}_i^{\mathrm{T}}\boldsymbol{u}_1 \qquad (7\text{-}5)$$

所以目标函数可以表示为

$$\frac{1}{n}\sum_{i=1}^{n}(\boldsymbol{x}_i^{\mathrm{T}}\boldsymbol{u}_1)^2 \qquad (7\text{-}6)$$

括号里面就是矩阵乘法表示向量内积，由于列向量转置以后是行向量，行向量乘以列向量得到一个数值，一个数值的转置还是其本身，所以又可以将目标函数转化为

$$\frac{1}{n}\sum_{i=1}^{n}(\boldsymbol{x}_i^{\mathrm{T}}\boldsymbol{u}_1)^{\mathrm{T}}(\boldsymbol{x}_i^{\mathrm{T}}\boldsymbol{u}_1) \qquad (7\text{-}7)$$

去括号可得

$$\frac{1}{n}\sum_{i=1}^{n}\boldsymbol{u}_1^{\mathrm{T}}\boldsymbol{x}_i\boldsymbol{x}_i^{\mathrm{T}}\boldsymbol{u}_1 \qquad (7\text{-}8)$$

又由于 u_1 和 i 无关，可以拿到求和运算符外面，则 (7-8) 化简为

$$\frac{1}{n}\boldsymbol{u}_1^{\mathrm{T}}\left(\sum_{i=1}^{n}\boldsymbol{x}_i\boldsymbol{x}_i^{\mathrm{T}}\right)\boldsymbol{u}_1 \qquad (7\text{-}9)$$

(7-9) 括号里面求和后的结果，就相当于一个大矩阵乘以自身的转置，其中，这个大矩阵的形式如下：

$$\boldsymbol{X} = [\boldsymbol{x}_1, \boldsymbol{x}_2, \cdots, \boldsymbol{x}_n]$$

$$\boldsymbol{X}^{\mathrm{T}} = \begin{bmatrix} \boldsymbol{x}_1^{\mathrm{T}} \\ \boldsymbol{x}_2^{\mathrm{T}} \\ \vdots \\ \boldsymbol{x}_n^{\mathrm{T}} \end{bmatrix} \qquad (7\text{-}10)$$

$\boldsymbol{X}$ 矩阵的第 i 列就是 $\boldsymbol{x}_i$。
于是有

$$\boldsymbol{X}\boldsymbol{X}^{\mathrm{T}} = \sum_{i=1}^{n}\boldsymbol{x}_i\boldsymbol{x}_i^{\mathrm{T}} \qquad (7\text{-}11)$$

所以目标函数最终可写为

$$\frac{1}{n}\boldsymbol{u}_1^{\mathrm{T}}\boldsymbol{X}\boldsymbol{X}^{\mathrm{T}}\boldsymbol{u}_1 \qquad (7\text{-}12)$$

其中的 $\boldsymbol{u}_1^{\mathrm{T}}\boldsymbol{X}\boldsymbol{X}^{\mathrm{T}}\boldsymbol{u}_1$ 就是一个二次型，假设 $\boldsymbol{X}\boldsymbol{X}^{\mathrm{T}}$ 的某一特征值为 λ，对应的特征向量为 $\boldsymbol{\xi}$，则有

$$(\boldsymbol{X}\boldsymbol{X}^{\mathrm{T}})^{\mathrm{T}} = \boldsymbol{X}\boldsymbol{X}^{\mathrm{T}}$$

$$\boldsymbol{X}\boldsymbol{X}^{\mathrm{T}}\boldsymbol{\xi} = \lambda\boldsymbol{\xi}$$

$$(\boldsymbol{X}\boldsymbol{X}^{\mathrm{T}}\boldsymbol{\xi})^{\mathrm{T}}\boldsymbol{\xi} = (\lambda\boldsymbol{\xi})^{\mathrm{T}}\boldsymbol{\xi}$$

$$\boldsymbol{\xi}^{\mathrm{T}}\boldsymbol{X}\boldsymbol{X}^{\mathrm{T}}\boldsymbol{\xi} = \lambda\boldsymbol{\xi}^{\mathrm{T}}\boldsymbol{\xi}$$

$$\boldsymbol{\xi}^{\mathrm{T}}\boldsymbol{X}\boldsymbol{X}^{\mathrm{T}}\boldsymbol{\xi} = (\boldsymbol{X}^{\mathrm{T}}\boldsymbol{\xi})^{\mathrm{T}}(\boldsymbol{X}^{\mathrm{T}}\boldsymbol{\xi}) = \left\|\boldsymbol{X}^{\mathrm{T}}\boldsymbol{\xi}\right\|^2 = \lambda\boldsymbol{\xi}^{\mathrm{T}}\boldsymbol{\xi} = \lambda\left\|\boldsymbol{\xi}\right\|^2 \geqslant 0 \tag{7-13}$$

所以 $\lambda \geqslant 0$，$\boldsymbol{X}\boldsymbol{X}^{\mathrm{T}}$ 是半正定的对称矩阵，即 $\boldsymbol{u}_1^{\mathrm{T}}\boldsymbol{X}\boldsymbol{X}^{\mathrm{T}}\boldsymbol{u}_1$ 是半正定阵的二次型，由矩阵代数知识得出，目标函数存在最大值。

下面需要解决的是如何求解最大值以及确定取得最大值时 $\boldsymbol{u}_1$ 的方向这两个问题。

先解决第一个问题。向量 $\boldsymbol{x}$ 的二范数平方为

$$\|\boldsymbol{x}\|_2^2 = \langle\boldsymbol{x}, \boldsymbol{x}\rangle = \boldsymbol{x}^{\mathrm{T}}\boldsymbol{x} \tag{7-14}$$

同样，目标函数也可以表示成映射后的向量的二范数平方：

$$\boldsymbol{u}_1^{\mathrm{T}}\boldsymbol{X}\boldsymbol{X}^{\mathrm{T}}\boldsymbol{u}_1 = (\boldsymbol{X}^{\mathrm{T}}\boldsymbol{u}_1)^{\mathrm{T}}(\boldsymbol{X}^{\mathrm{T}}\boldsymbol{u}_1) = \left\langle\boldsymbol{X}^{\mathrm{T}}\boldsymbol{u}_1, \boldsymbol{X}^{\mathrm{T}}\boldsymbol{u}_1\right\rangle = \|X^{\mathrm{T}}\boldsymbol{u}_1\|_2^2 = \left(\frac{\left\|\boldsymbol{X}^{\mathrm{T}}\boldsymbol{u}_1\right\|_2}{\|\boldsymbol{u}_1\|_2}\right)^2 \tag{7-15}$$

把二次型转变成一个范数的形式，由于 $\boldsymbol{u}_1$ 是单位向量，最大化目标函数的基本问题也就转化为：用一个矩阵对一个向量做映射变换，变换前后的向量的模长变化如何才能最大？

由矩阵代数中的定理可知，向量经矩阵映射前后的向量长度之比的最大值就是这个矩阵的最大奇异值，即

$$\frac{\|\boldsymbol{A}\boldsymbol{x}\|}{\|\boldsymbol{x}\|} \leqslant \sigma_1(\boldsymbol{A}) \tag{7-16}$$

式中，σ_1 是矩阵 $\boldsymbol{A}$ 的最大奇异值，也是矩阵 $\boldsymbol{A}$ 的二范数，它等于 $\boldsymbol{A}\boldsymbol{A}^{\mathrm{T}}$ 或 $\boldsymbol{A}^{\mathrm{T}}\boldsymbol{A}$ 的最大特征值开平方。

针对本问题来说，$\boldsymbol{X}\boldsymbol{X}^{\mathrm{T}}$ 是半正定对称阵，也就意味着它的特征值都不会小于 0，且不同特征值对应的特征向量都是互相正交的，这些特征向量共同构成所在空间的一组单位正交基。

再解决第二个问题。对一般情况，设对称阵 $\boldsymbol{A}^{\mathrm{T}}\boldsymbol{A} \in \boldsymbol{C}^{n\times n}$ 的 n 个特征值分别为 $\lambda_1 \geqslant \lambda_2 \geqslant \cdots \geqslant \lambda_n \geqslant 0$，相应的单位特征向量为 $\boldsymbol{\xi}_1, \boldsymbol{\xi}_2, \cdots, \boldsymbol{\xi}_n$。任取一个向量 $\boldsymbol{x}$，可用特征向量构成的空间中的这组正交基表示为

$$x = \sum_{i=1}^{n} \alpha_i \xi_i \tag{7-17}$$

则

$$\|x\|_2^2 = \langle x, x \rangle = \alpha_1^2 + \cdots + \alpha_n^2 \tag{7-18}$$

$$
\begin{aligned}
\|\boldsymbol{Ax}\|_2^2 &= \langle \boldsymbol{Ax}, \boldsymbol{Ax} \rangle = (\boldsymbol{Ax})^{\mathrm{T}} \boldsymbol{Ax} = \boldsymbol{x}^{\mathrm{T}} \boldsymbol{A}^{\mathrm{T}} \boldsymbol{Ax} = \left\langle \boldsymbol{x}, \boldsymbol{A}^{\mathrm{T}} \boldsymbol{Ax} \right\rangle \\
&= \left\langle \alpha_1 \xi_1 + \cdots + \alpha_n \xi_n, \alpha_1 \boldsymbol{A}^{\mathrm{T}} \boldsymbol{A} \xi_1 + \cdots + \alpha_n \boldsymbol{A}^{\mathrm{T}} \boldsymbol{A} \xi_n \right\rangle \\
&= \left\langle \alpha_1 \xi_1 + \cdots + \alpha_n \xi_n, \alpha_1 \lambda_1 \xi_1 + \cdots + \alpha_n \lambda_1 \xi_n \right\rangle \\
&= \lambda_1 \alpha_1^2 + \cdots + \lambda_n \alpha_n^2 \\
&\leqslant \lambda_1 (\alpha_1^2 + \cdots + \alpha_n^2) \\
&= \lambda_1 \|x\|_2^2
\end{aligned} \tag{7-19}
$$

所以

$$\frac{\|\boldsymbol{Ax}\|_2^2}{\|x\|_2^2} \leqslant \sqrt{\lambda_1} = \sigma_1 \tag{7-20}$$

针对第二个问题，当上式中的 x 和 A 分别取 $x = u_1$，$A = X^{\mathrm{T}}$ 目标函数 $u_1^{\mathrm{T}} X X^{\mathrm{T}} u_1$ 将取得最大值，也就是 $\max(u_1^{\mathrm{T}} X X^{\mathrm{T}} u_1) = \max(\|X^{\mathrm{T}} u_1\|_2^2) = X X^{\mathrm{T}}$ 的最大特征值时，对应的特征向量的方向就是第一主成分 u_1 的方向（第二主成分的方向为 $X X^{\mathrm{T}}$ 的第二大特征值对应的特征向量的方向，以此类推）。

主成分所占整个信息的百分比可用式 (7-21) 计算：

$$\sqrt{\left(\sum_{i=1}^{k} \sigma_i^2 \right) \Big/ \sum_{i=1}^{n} \sigma_i^2} \tag{7-21}$$

式中分母为 $X X^{\mathrm{T}}$ 所有奇异值平方和，分子为所选取的前 k 大奇异值平方和。

有研究表明，所选的主成分总长度占所有主成分长度之和的大约 85% 即可。具体选多少个，要看实际情况而定。

7.3　KPCA

KPCA 是用来处理 PCA 所不能处理的在原始特征空间中线性不可分的数据的。因此为了更好地处理非线性数据，需要引入非线性映射函数 $\varPhi$，将原空间中的数据映射到高维空间。如果将样本集合 X 映射到高维空间，得到 $\varPhi(x)$ 后，在这个高维空间中，本来在原空间中线性不可分的样本现在线性可分了，那么接下来就可以使用 PCA 处理了。这里这个映射

函数 $\varPhi$ 是隐性的，我们不知道，也不需要知道它的具体形式是什么。数据在映射后高维空间的运算都可以通过 "核函数" 进行。

KPCA 的公式推导和 PCA 十分相似，它基于一个定理：空间中的任一向量（包括基向量），都可以由该空间中的所有样本线性表示。

假设有 N 个样本，每个样本有 d 个特征，中心化后的样本集合 X 表示成矩阵形式，每个样本用矩阵中的一列表示。

假设 $D(D \gg d)$ 维向量 $\boldsymbol{w}_i(i = 1, \cdots, D)$ 为高维空间中的特征向量，$\lambda_i(i = 1, \cdots, D)$ 为对应的特征值，高维空间中的 PCA 如下：

$$\varPhi(\boldsymbol{X})\varPhi(\boldsymbol{X})^{\mathrm{T}}\boldsymbol{w}_i = \lambda_i \boldsymbol{w}_i \tag{7-22}$$

可以看出上式和 PCA 中对应公式很像。这时，再利用刚才的定理，将特征向量 $\boldsymbol{w}_i(i = 1, \cdots, D)$ 用样本集合 $\varPhi(\boldsymbol{x})$ 线性表示：

$$\boldsymbol{w}_i = \sum_{k=1}^{N} \alpha_i^2 \varPhi(\boldsymbol{x}_i) = \varPhi(\boldsymbol{X})\boldsymbol{\alpha} \tag{7-23}$$

把式 (7-23) 代入式 (7-22)，得到公式 (7-24) 的形式：

$$\varPhi(\boldsymbol{X})\varPhi(\boldsymbol{X})^{\mathrm{T}}\varPhi(\boldsymbol{X})\boldsymbol{\alpha} = \lambda_i \varPhi(\boldsymbol{X})\boldsymbol{\alpha} \tag{7-24}$$

进一步，等式两边同时左乘 $\varPhi(\boldsymbol{x})^{\mathrm{T}}$，得到公式 (7-25)：

$$\varPhi(\boldsymbol{X})^{\mathrm{T}}\varPhi(\boldsymbol{X})\varPhi(\boldsymbol{X})^{\mathrm{T}}\varPhi(\boldsymbol{X})\boldsymbol{\alpha} = \lambda_i \varPhi(\boldsymbol{X})^{\mathrm{T}}\varPhi(\boldsymbol{X})\boldsymbol{\alpha} \tag{7-25}$$

这样做的目的是，构造两个 $\varPhi(\boldsymbol{x})^{\mathrm{T}}\varPhi(\boldsymbol{x})$ 出来，基于核函数的性质，进一步用核矩阵 $\boldsymbol{K}$（为对称矩阵）替代，其中：

$$\boldsymbol{K} = \varPhi(\boldsymbol{x})^{\mathrm{T}}\varPhi(\boldsymbol{x}) \tag{7-26}$$

核函数比较多，常见的有如下几种：

线性核函数（可视为特例）

$$K(\boldsymbol{x}, \boldsymbol{x}_i) = \boldsymbol{x} \cdot \boldsymbol{x}_i \tag{7-27}$$

P 阶多项式核函数

$$K(\boldsymbol{x}, \boldsymbol{x}_i) = [\boldsymbol{x} \cdot \boldsymbol{x}_i + 1]^P \tag{7-28}$$

高斯径向基函数（RBF）核函数

$$K(\boldsymbol{x}, \boldsymbol{x}_i) = \exp\left(-\frac{\|\boldsymbol{x} - \boldsymbol{x}_i\|}{\sigma^2}\right) \tag{7-29}$$

多层感知器（MLP）核函数

$$K\left(\boldsymbol{x}, \boldsymbol{x}_i\right) = \tanh\left[v\left(\boldsymbol{x}, \boldsymbol{x}_i\right) + c\right] \tag{7-30}$$

于是，公式 (7-25) 进一步变为如下形式：

$$K^2 \boldsymbol{\alpha} = \lambda_i K \boldsymbol{\alpha} \tag{7-31}$$

两边同时去除 K，得到了与 PCA 相似度极高的求解公式：

$$K \boldsymbol{\alpha} = \lambda_i \boldsymbol{\alpha} \tag{7-32}$$

求解公式的含义就是求 $\boldsymbol{K}$ 最大的几个特征值所对应的特征向量，由于 $\boldsymbol{K}$ 为对称矩阵，所得的解向量彼此之间肯定是正交的。

但是，请注意，这里的 $\boldsymbol{\alpha}$ 只是 $\boldsymbol{K}$ 的特征向量，但不是高维空间中的特征向量，高维空间中的特征向量 $\boldsymbol{w}$ 应该由 $\boldsymbol{\alpha}$ 进一步求出。

这个时候，如果给定一个测试样本 $\boldsymbol{x}_{\text{new}}$，应该如何降维，如何测试？既然我们可以得到高维空间的一组基 $\boldsymbol{w}_i(i = 1, \cdots, D)$，这组基可以构成高维空间的一个子空间，我们的目的就是得到测试样本 $\boldsymbol{x}_{\text{new}}$ 在这个子空间中的线性表示 $\hat{\boldsymbol{x}}_{\text{new}}$。具体如下：

$$
\begin{aligned}
\hat{\boldsymbol{x}}_{\text{new}} &= \boldsymbol{w}_i^{\text{T}} \boldsymbol{x}_{\text{new}} \\
&= \left(\sum_{i=1}^{N} \Phi(x_i) \alpha_i\right)^{\text{T}} \Phi(\boldsymbol{x}_{\text{new}}) \\
&= (\Phi(\boldsymbol{X}) \alpha)^{\text{T}} \Phi(\boldsymbol{x}_{\text{new}}) \\
&= \boldsymbol{\alpha}^{\text{T}} \Phi(\boldsymbol{X})^{\text{T}} \Phi(\boldsymbol{x}_{\text{new}}) \\
&= [\alpha_1, \cdots, \alpha_N] \left[k(\boldsymbol{x}_1, \boldsymbol{x}_{\text{new}}), \cdots, k(\boldsymbol{x}_N, \boldsymbol{x}_{\text{new}})\right]^{\text{T}}
\end{aligned} \tag{7-33}
$$

可以看出新的测试样本可以用核函数和核矩阵的特征向量表示，具体的映射形式 Φ 其实并不参与运算。

7.4 举 例

7.4.1 PCA 与 KPCA 对比

下面做了一些仿真实验，分别比较 PCA 与 KPCA 之间效果的不同、KPCA 基于不同核函数的效果、二者对于原始数据的要求，以及效果随着参数变化的规律。

首先对于无高斯扰动的非线性可分数据，PCA 和 KPCA 的效果都很好，如图 7-4 所示。

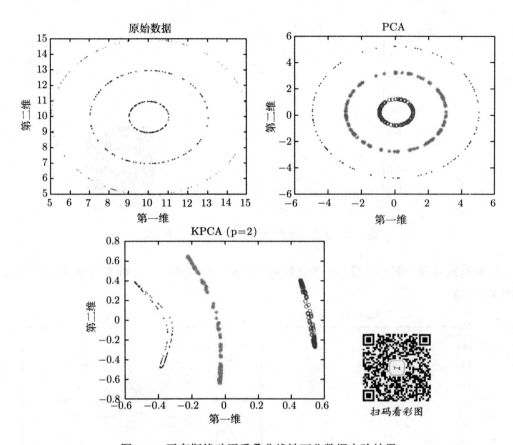

图 7-4　无高斯扰动无重叠非线性可分数据实验结果

再来看如果数据是有高斯扰动、但"无重叠的"非线性可分数据，分别用 PCA 和基于高斯核的 KPCA 处理后的区别，如图 7-5 所示。这里原始数据是二维数据，投影之后也是二维数据。

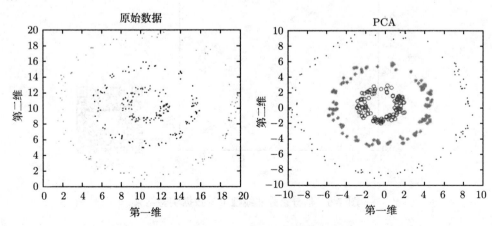

图 7-5　无重叠非线性可分数据实验结果

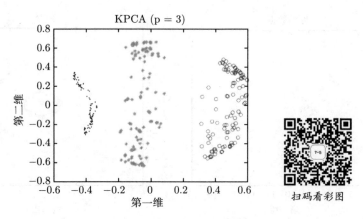

图 7-5 无重叠非线性可分数据实验结果（续）

如果数据是有 "部分重叠的" 非线性可分数据，分别用 PCA 和 KPCA 处理后的结果，如图 7-6 所示。

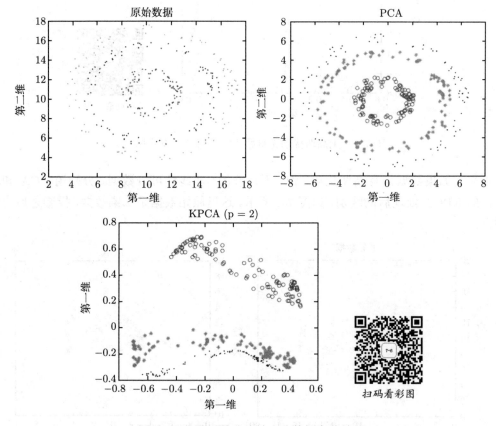

图 7-6 部分重叠非线性可分数据实验结果

对于上述三类数据，用不同参数的多项式核函数处理后的结果如图 7-7 所示。

从上面实验结果图中可以看出 PCA 与 KPCA 对于非线性数据的处理能力。仔细观察可以发现，PCA 其实只对原始数据进行了旋转操作，这是由于其寻找的是数据的"主要分布方向"。而 KPCA 则可以将原始数据投影至线性可分情况。

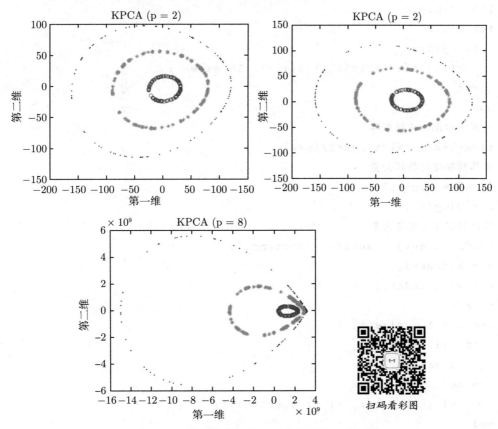

图 7-7 上述三类数据的多项式核函数处理结果

此外，从图 7-6 中可以看出，对于部分重叠的数据，用 KPCA 处理后，不同类别数据仍旧存在重叠现象，即 KPCA 不能将数据投影至完全线性可分的程度。这说明 KPCA 只是个无监督的降维算法，它不管样本的类别属性，只是降维而已。

这里提供了高斯核与多项式核的效果。很容易发现，二者的效果有很大不同，这直观地说明不同核函数具有不同的特质。

上述过程实现代码如下。

KPCA 部分代码：KPCA.m

```
function [eigenvalue, eigenvectors, project_invectors]=kpca(x, sigma,
    cls, target_dim)
    % kpca进行数据提取的函数
    psize=size(x);
```

```matlab
    m=psize(1);        % 样本数
    n=psize(2);        % 样本维数
% 计算核矩阵k
    l=ones(m,m);
    for i=1:m
      for j=1:m
        k(i,j)=kernel(x(i,:),x(j,:),cls,sigma);
      end
    end
% 计算中心化后的核矩阵
    kl=k-l*k/m-k*l/m+l*k*l/(m*m);
% 计算特征值与特征向量
    [v,e] = eig(kl);
    e = diag(e);
% 筛选特征值与特征向量
    [dump, index] = sort(e, 'descend');
    e = e(index);
    v = v(:, index);
    rank = 0;
    for i = 1 : size(v, 2)
      if e(i) < 1e-6
        break;
      else
        v(:, i) = v(:, i) ./ sqrt(e(i));
      end
        rank = rank + 1;
    end
    eigenvectors = v(:, 1 : target_dim);
    eigenvalue = e(1 : target_dim);
% 投影
    project_invectors = kl*eigenvectors;    %计算在特征空间向量上的投影
end
```

主函数：main.m

```matlab
clear all;
close all;
clc;
```

```
%生成非线性可分的三类数据
r1=1;
r2=3;
r3=5;
X1=zeros(100,1);
Y1=zeros(100,1);
X2=zeros(100,1);
Y2=zeros(100,1);
X3=zeros(100,1);
Y3=zeros(100,1);
%%含有高斯扰动
% for i=1:100
%     the_angle=2*pi*rand(100,1);
%     X1(1,i)=r1*cos(the_angle(i,1))+10+rand;
%     X1(2,i)=r1*sin(the_angle(i,1))+10+rand;
%     X2(1,i)=r2*cos(the_angle(i,1))+10+rand;
%     X2(2,i)=r2*sin(the_angle(i,1))+10+rand;
%     X3(1,i)=r3*cos(the_angle(i,1))+10+rand;
%     X3(2,i)=r3*sin(the_angle(i,1))+10+rand;
% end
%不含有高斯扰动
for i=1:100
    the_angle=2*pi*rand(100,1);
    X1(1,i)=r1*cos(the_angle(i,1))+10;
    X1(2,i)=r1*sin(the_angle(i,1))+10;
    X2(1,i)=r2*cos(the_angle(i,1))+10;
    X2(2,i)=r2*sin(the_angle(i,1))+10;
    X3(1,i)=r3*cos(the_angle(i,1))+10;
    X3(2,i)=r3*sin(the_angle(i,1))+10;
end

figure(1)
plot(X1(1, :),X1(2, :),'.r',X2(1, :),X2(2, :),'.b',X3(1, :),X3(2, :),
     '.g');
title('原始数据');
xlabel('第一维');
ylabel('第二维');
saveas(gcf, '原始数据图.jpg')
```

```
X = [X1 X2 X3];
[nFea , nSmps] = size(X);
nClsSmps = nSmps / 3;

%PCA
[vec_pca, Y_pca, value_pca] = princomp(X');
Y_pca = Y_pca';

figure(2);
plot(Y_pca(1, 1 : nClsSmps),Y_pca(2, 1 : nClsSmps), 'ro');
hold on;
plot(Y_pca(1, nClsSmps + 1 : 2 * nClsSmps),Y_pca(2, nClsSmps + 1 : 2 *
    nClsSmps), 'g*');
hold on;
plot(Y_pca(1, 2 * nClsSmps + 1 : end),Y_pca(2, 2 * nClsSmps + 1 :
        end),  'b.');
hold on;
title('PCA');
xlabel('第一维');
ylabel('第二维');
saveas(gcf, 'PCA投影图.jpg')

%KPCA
percent = 1;
var = 2; % 1代表高斯核，2代表多项式核，3代表线性核
sigma = 2; % 核参数
[vec_KPCA, value_KPCA, Y_pca] = kpca(X', sigma, var, 2);
Y_pca = Y_pca';

figure(3);
plot(Y_pca(1, 1 : nClsSmps),Y_pca(2, 1 : nClsSmps), 'ro');
hold on;
plot(Y_pca(1, nClsSmps + 1 : 2 * nClsSmps),Y_pca(2, nClsSmps + 1 : 2 *
    nClsSmps), 'g*');
hold on;
plot(Y_pca(1, 2 * nClsSmps + 1 : end),Y_pca(2, 2 * nClsSmps + 1 :
        end),  'b.');
```

```
hold on;
str = strcat('KPCA', '(p =', num2str(sigma), ')');
title(str);
xlabel('第一维');
ylabel('第二维');
str = strcat(str, '.jpg')
saveas(gcf, str)
```

核函数部分：kernel.m

```
function k=kernel(x,y,i,var);
%定义核函数
if i==1
    k=exp((-norm(x-y)^2)/(2*var^2)); %i=1时，使用高斯核
end
if i==2
    k=(sum(x.*y)+1)^var; %i=1
end
```

7.4.2　PCA 与人脸识别

1. 问题描述

采用 PCA 算法对 ORL 人脸库（Olivetti Research Laboratory 人脸数据库）中数据图像进行识别分类。ORL 人脸库诞生于英国剑桥 Olivetti 实验室。ORL 人脸数据库由该实验室从 1992 年 4 月到 1994 年 4 月期间拍摄的一系列人脸图像组成，共有 40 个不同年龄、不同性别和不同种族的对象。共包含 40 人头像图片，其中每人 10 幅头像图，共计 400 幅灰度图像，图像尺寸是 92×112，图像背景为黑色。其中人脸部分表情和细节均有变化，例如笑与不笑、眼睛睁着或闭着，戴或不戴眼镜等，人脸姿态也有变化，其深度旋转和平面旋转可达 20 度，人脸尺寸也有最多 10% 的变化。该库是目前使用最广泛的标准人脸数据库，对于刚从事人脸识别研究的学生和初学者，研究 ORL 人脸库是个很好的开始。ORL 人脸库中中图像格式为 pgm 格式。

2. 处理流程分析

a）读取训练数据集；

b）用主成分分析法降维并去除数据之间的相关性；

c）通过数据规格化，去除数据单位因素对分类造成的影响；

d）分类训练（选取径向基和函数）；

e）读取测试数据、降维、规格化；

f）用步骤 d 产生的分类函数进行分类。本问题是一个多分类问题，采用一对一投票策略，归为得票最多的一类）；

g）根据测试结果计算模型的分类正确率。

3. 实验效果图

利用 PCA 算法预先对图像数据进行降维处理，可以去除与分类无关因素，方便后期训练。图 7-9 中以 ORL 数据集中的一张图片（图 7-8）为例，展示经过 PCA 算法处理后、取不同特征个数的效果。

原始人脸模式图

图 7-8　ORL 数据集中一幅人脸图像

PCA特征维数＝150
人脸模式图

PCA特征维数＝100
人脸模式图

PCA特征维数＝50
人脸模式图

PCA特征维数＝20
人脸模式图

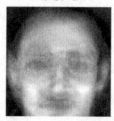

图 7-9　PCA 降维后效果

从图 7-9 中可以观察到取用不同的特征维数、在图像处理中呈现的基本效果，同时也可以观察到，当取前 150 个 PCA 降维后的特征时，几乎就可以重构出来原始图像。

图 7-10 中给出了另外 20 幅图像经过 PCA 降维处理之后的效果。

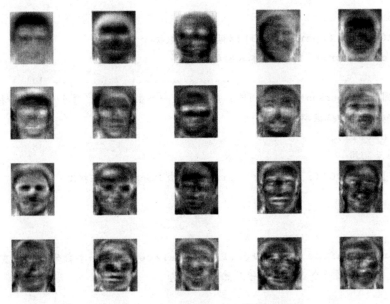

图 7-10　多幅图像经 PCA 降维后效果

```
function [ pcaA,V] = fastPCA( A,k,mA)
m=size(A,1);
Z=(A-repmat(mA,m,1));
T=Z*Z';
[V,D]=eigs(T,k);%计算T的最大的k个特征值和特征向量
V=Z'*V; %协方差矩阵的特征向量
for i=1:k %特征向量单位化
l=norm(V(:,i));
V(:,i)=V(:,i)/l;
end
pcaA=Z*V; %线性变换，降至k维
end
```

4. 本例中 PCA 提取特征代码

```
clc,clear
npersons=40;%选取40个人的脸
```

```
global imgrow;
global imgcol;
imgrow=112;
imgcol=92;
disp('读取训练数据...')
f_matrix=ReadFace(npersons,0);%读取训练数据
nfaces=size(f_matrix,1);%样本人脸的数量
disp('..................................................')
%低维空间的图像是(nperson*5)*k的矩阵,每行代表一个主成分脸,每个脸20维特征
disp('训练数据PCA特征提取...')
mA=mean(f_matrix);
k=150;%降维至20维
[pcaface,V]=fastPCA(f_matrix,k,mA);%主成分分析法特征提取
%%
approx=mA;
for i=1:k
approx=approx+pcaface(1,i)*V(:,i)';%pcaface的第一个参数代表你要重建
    的人脸,这里对第一个人的第一张脸脸进行重建
end
disp('人脸重建')

figure
B=reshape(approx',112,92);
imshow(B,[])
title('原始人脸模式图')
%%
```

主函数 main.m

```
disp('显示主成分脸...')
visualize(V)%显示主分量脸
disp('..................................................')
disp('训练特征数据规范化...')
disp('..................................................')

lowvec=min(pcaface);
upvec=max(pcaface);
scaledface = scaling( pcaface,lowvec,upvec);
disp('SVM样本训练...')
```

```matlab
disp('.........................................')
gamma=0.0078;
c=128;
multiSVMstruct=multiSVMtrain( scaledface,npersons,gamma,c);
disp('读取测试数据...')
disp('.........................................')
[testface,realclass]=ReadFace(npersons,1);
disp('测试数据特征降维...')
disp('.........................................')
m=size(testface,1);
for i=1:m
testface(i,:)=testface(i,:)-mA;
end
pcatestface=testface*V;
disp('测试特征数据规范化...')
disp('.........................................')
scaledtestface = scaling( pcatestface,lowvec,upvec);
disp('SVM样本分类...')
disp('.........................................')
class= multiSVM(scaledtestface,multiSVMstruct,npersons);
accuracy=sum(class==realclass)/length(class);
display(['正确率: ',num2str(accuracy)])
```

SVM 中使用的 RBF 核函数

```matlab
function [ K ] = kfun_rbf(u,v,gamma)
%SVM 分类器的 RBF 核函数
% Detailed explanation goes here
m1=size(u,1);
m2=size(v,1);
K=zeros(m1,m2);
for i=1:m1
for j=1:m2
K(i,j)=exp(-gamma*norm(u(i,:)-v(j,:))^2);
end
end
end
```

多类别 SVM 训练

```
function [ multiSVMstruct ] = multiSVMtrain( traindata,nclass,gamma,c)
%多类别的SVM 训练器
% Detailed explanation goes here
for i=1:nclass-1
for j=i+1:nclass
X=[traindata(5*(i-1)+1:5*i,:);traindata(5*(j-1)+1:5*j,:)];
Y=[ones(5,1);zeros(5,1)];
multiSVMstruct{i}{j}=svmtrain(X,Y,'Kernel_Function',@(X,Y)
kfun_rbf(X,Y,gamma),'boxconstraint',c);
end
end
end
```

多类别 SVM 分类

```
function [ class] = multiSVM(testface,multiSVMstruct,nclass)
%对测试数据进行分类
m=size(testface,1);
voting=zeros(m,nclass);
for i=1:nclass-1
for j=i+1:nclass
class=svmclassify(multiSVMstruct{i}{j},testface);
voting(:,i)=voting(:,i)+(class==1);
voting(:,j)=voting(:,j)+(class==0);
end
end
[~,class]=max(voting,[],2);
end
```

人脸数据读取

```
function [f_matrix,realclass] = ReadFace(npersons,flag)
%读取ORL人脸库照片里的数据到矩阵
%输入:
% nPersons-需要读入的人数,每个人的前五幅图为训练样本, 后五幅为验证样本
% imgrow-图像的行像素为全局变量
% imgcol-图像的列像素为全局变量
% flag-标志,为0表示读入训练样本,为1表示读入测试样本
%输出:
```

```
%已知全局变量: imgrow=112; imgcol=92;
global imgrow;
global imgcol;
realclass=zeros(npersons*5,1);
f_matrix=zeros(npersons*5,imgrow*imgcol);
for i=1:npersons
facepath='C:\Users\**\Desktop\PCA_face\ORL_face\s';
facepath=strcat(facepath,num2str(i));
facepath=strcat(facepath,'\');
cachepath=facepath;
for j=1:5
facepath=cachepath;
if flag==0 %读入训练样本图像的数据
facepath=strcat(facepath,'0'+j);
else %读入测试样本数据
facepath=strcat(facepath,num2str(5+j));
realclass((i-1)*5+j)=i;
end
facepath=strcat(facepath,'.pgm');
img=imread(facepath);
f_matrix((i-1)*5+j,:)=img(:)';
```

数据特征规范化

```
end
function [ scaledface] = scaling( faceMat,lowvec,upvec )
%特征数据规范化
%输入——faceMat 需要进行规范化的图像数据,
% lowvec 原来的最小值
% upvec 原来的最大值
upnew=1;
lownew=-1;
[m,n]=size(faceMat);
scaledface=zeros(m,n);
for i=1:m
scaledface(i,:) = lownew+(faceMat(i,:)-lowvec)./(upvec-lowvec)* (upnew
    -lownew);
end
end
```

可视化显示

```
function visualize( B )
%显示主成分分量脸（变换空间中的基向量，即单位特征向量）
%输入：B——每列是个主成分分量
% k——主成分的维数
global imgrow;
global imgcol;
figure
img=zeros(imgrow,imgcol);
for i=1:20
img(:)=B(:,i);
subplot(4,5,i);
imshow(img,[])
end
end
```

参 考 文 献

[1] Scholkopf B, Smola A J, Muller K. Nonlinear component analysis as a kernel eigenvalue problem. Neural Computation 10(5), 1299-1399, 1998.

[2] Hofmann T, Scholkopf B, Smola A J. Kernel methods in machine learning. Annals of Statistics, 36(3): 1171-1220, 2008.

[3] 李航. 统计学习方法 [M]. 北京: 清华大学出版社, 2012: 第 7 章, 7.3 节.

[4] Lee J M, Yoo C K, Choi S W, Vanrolleghem P A, Lee I B. Nonlinear process monitoring using kernel principal component analysis. Chem. Eng. Sci. 2004, 59, 223-234.

[5] Mohri M, Rostamizadeh A, Talwalkar A. Foundations of Machine Learning. Second edition. Cambridge, MA: The MIT Press, 2018.

习 题

对于 7.4.2 中的人脸识别例子，使用 PCA 降维后，当分别取用前 20、50、100、150 个主成分特征进行人脸识别时，识别准确率分别是多少？

本题目要求调用 sklearn 中的 PCA 接口来对数据进行降维，并使用 sklearn 中提供的分类器接口，挑选合适的分类器，对 sklearn 中自带的乳腺癌癌细胞数据进行分类。

第8章
线性判别分析（LDA）与核线性判别分析（KLDA）

8.1 算法定义

线性判别分析（linear discriminant analysis, LDA）是统计学上的经典分析方法。LDA 既可以用来做线性分类，也可以单纯用做数据降维。LDA 基于两个假设：样本数据服从正态分布，各类的协方差相等。虽然这些条件在实际应用中不一定满足，但是 LDA 仍然已被证明是非常有效的降维方法，其线性模型对于噪声的鲁棒性效果比较好，不容易过拟合。

8.2 算法原理

8.2.1 二分类问题

对于二分类 LDA 问题，简单来说，是将带有类别标签的高维样本集合投影到一个向量 w（一维空间）上，使得在该向量上样本集合的投影值达到类内距离最小、类间距离最大，即分类效果具有最佳可分离性。这样，二分类 LDA 问题转化成如何确定最佳投影向量 w 的优化问题。其实 w 就是二分类问题的超分类面的法向量。

类似于 SVM 和 KPCA，也有 KLDA（kernel LDA），其原理是将原样本通过非线性关系映射到高维空间中，在该高维空间再使用 LDA 算法处理。与上一章的 KPCA 类似，实际计算中并不需要知道具体的映射关系，而只需给出 kernel 的形式就可以了。

和 PCA 一样，LDA 也可以看成是一种特征提取（feature extraction）的方法，即将原来的 n 维特征变成 $k(k < n)$ 维特征，这个特征已足够进行当前要求的分类。PCA 算法没有将类别标签考虑进去，是无监督的算法。现在想得到对应类别的降维后的一些最佳特征（与目标值关系最密切的特征），首先给定特征为 d 维的 N 个样例，$x^{(i)}\{x_1^{(i)}, x_2^{(i)}, \cdots, x_d^{(i)}\}$，其中有 N_1 个样例属于类别 ω_1，另外 N_2 个样例属于类别 ω_2。现在我们觉得原始特征数太多，想

将 d 维特征降到只有一维，而又要保证类别能够"清晰"地反映在低维数据上，也就是这一维就能决定每个样例的类别。假设这个最佳映射向量为 w（d 维），那么样例 x（d 维）到 w 上的投影可以表示为 $y = w^{\mathrm{T}} x$。

为了方便说明，假设样本向量 $x^{(i)}\{x_1^{(i)}, x_2^{(i)}, \cdots, x_d^{(i)}\}$ 包含 2 个特征值（$d = 2$），现在需要找一条直线（方向为 w）来做投影，在很多可能的直线中找一条最能使样本点分离的直线，如图 8-1 所示。

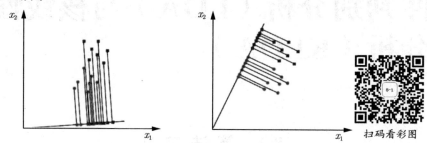

图 8-1　二维数据向一维直线投影

直观上，图 8-1 中右图相较于左图可以在映射后更好地将不同类别的样本点分离，即相对来讲右图直线可用来进行 LDA。接下来需要从定量的角度来找到这个最佳的 w。

首先，每类样本的投影前后的均值点分别为（此处样本类别总数 $k = 2$），N_i 表示每类样本的个数：

$$u_i = \frac{1}{N_i} \sum_{x \in \omega_i} x \tag{8-1}$$

$$\tilde{\mu}_l = \frac{1}{N_i} \sum_{y \in \omega_i} y = \frac{1}{N_i} \sum_{x \in \omega_i} w^{\mathrm{T}} x = w^{\mathrm{T}} \mu_i \tag{8-2}$$

由式 (8-1) 和式 (8-2) 可知，投影后的均值也就是原样本中心点的投影。

最佳的投影向量 w 应该能够使投影后的两类样本均值点尽量间隔较远，投影后两类样本均值点的距离可表示为

$$J(w) = |\tilde{\mu}_1 - \tilde{\mu}_2| = |w^{\mathrm{T}}(\mu_1 - \mu_2)| \tag{8-3}$$

$J(w)$ 越大越好。但是只考虑 $J(w)$ 是不行的。原因如图 8-2 所示。其中样本点均匀分布在椭圆里，投影到横轴 x_1 上时能够获得更大的两类中心点间距 $J(w)$，但是由于有两类样本在这个方向的投影有重叠，x_1 不能分离两类样本点。投影到纵轴 x_2 上，虽然 $J(w)$ 较小，但是投影后没有重叠、能够分离两类样本点。从图 8-2 可以看出，除了投影后两类样本均值点的距离，还需要考虑投影后同类样本点之间的方差，方差越大，样本点分布越分散、越难以分离。因此引入另外一个度量值——散列值（scatter）。对投影后的类求散列值的计算公式如式 (8-4) 所示。

$$\tilde{s}_t^2 = \sum_{y \in \omega_i} (y - \tilde{\mu}_i)^2 \tag{8-4}$$

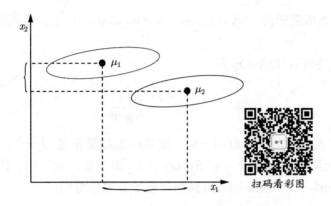

图 8-2　LDA 中均值点分布示意图

从公式 (8-4) 中可以看出，散列值的几何意义是样本点的密集程度，散列值越大，样本越分散，反之，越集中。而我们希望的投影后的样本点的分布是：不同类别的样本点越分开越好，同类的越聚集越好，也就是不同类别的均值点间距离越大越好，同一类别的散列值越小越好。前面已经提到，不同类别的均值点间距离可以用 $J(\boldsymbol{w})$ 度量，而同一类别的散列值可以用 $S(\boldsymbol{w})$ 度量。定义最终的度量公式：

$$J(\boldsymbol{w}) = \frac{|\tilde{\boldsymbol{\mu}}_1 - \tilde{\boldsymbol{\mu}}_2|^2}{\tilde{s}_1^2 + \tilde{s}_2^2} \tag{8-5}$$

接下来只需寻找使 $J(w)$ 最大的 $\boldsymbol{w}$ 即可。展开散列值公式：

$$\tilde{s}_t^2 = \sum_{\boldsymbol{y} \in \omega_i} (\boldsymbol{y} - \tilde{\boldsymbol{\mu}}_i)^2 = \sum_{\boldsymbol{x} \in \omega_i} (\boldsymbol{w}^{\mathrm{T}}\boldsymbol{x} - \boldsymbol{w}^{\mathrm{T}}\boldsymbol{\mu}_i)^2 = \sum_{\boldsymbol{x} \in \omega_i} \boldsymbol{w}^{\mathrm{T}}(\boldsymbol{x} - \boldsymbol{\mu}_i)(\boldsymbol{x} - \boldsymbol{\mu}_i)^{\mathrm{T}}\boldsymbol{w} \tag{8-6}$$

定义：

$$\boldsymbol{S}_i = \sum_{\boldsymbol{x} \in \omega_i} (\boldsymbol{x} - \boldsymbol{\mu}_i)(\boldsymbol{x} - \boldsymbol{\mu}_i)^{\mathrm{T}} \tag{8-7}$$

该协方差矩阵称为散列矩阵（scatter matrices）。利用该定义，式 (8-6) 可简写为：$\tilde{s}_l^2 = \boldsymbol{w}^{\mathrm{T}}S_i\boldsymbol{w}$。

定义样本集的类内离散度矩阵（within-class scatter matrix）$\boldsymbol{S}_w$ 为

$$\boldsymbol{S}_W = \boldsymbol{S}_1 + \boldsymbol{S}_2 \tag{8-8}$$

使用以上 3 个等式，可以得到 $\tilde{s}_1^2 + \tilde{s}_2^2 = \boldsymbol{w}^{\mathrm{T}}S_W\boldsymbol{w}$。

展开分子：

$$(\tilde{\boldsymbol{\mu}}_1 - \tilde{\boldsymbol{\mu}}_2)^2 = (\boldsymbol{w}^{\mathrm{T}}\boldsymbol{\mu}_1 - \boldsymbol{w}^{\mathrm{T}}\boldsymbol{\mu}_2)^2 = \boldsymbol{w}^{\mathrm{T}} \underbrace{(\boldsymbol{\mu}_1 - \boldsymbol{\mu}_2)(\boldsymbol{\mu}_1 - \boldsymbol{\mu}_2)^{\mathrm{T}}}_{\boldsymbol{s}_B} \boldsymbol{w} = \boldsymbol{w}^{\mathrm{T}}S_B\boldsymbol{w}$$

S_B 称为类间离散度矩阵（between-class scatter matrix）。S_B 是两个向量的外积，是个秩为 1 的矩阵。

那么 $J(w)$ 最终可以化简表示为

$$J(w) = \frac{w^{\mathrm{T}} S_B w}{w^{\mathrm{T}} S_W w} \tag{8-9}$$

在求导之前，需要对分母进行归一化。这是因为如果不做归一化，w 扩大任何倍，式(8-9) 都成立，就无法确定 w。令 $\|w^{\mathrm{T}} S_W w\| = 1$，即目标函数 $J(w)$ 化简为等于其分子部分，且受 $\|w^{\mathrm{T}} S_W w\| = 1$ 约束。加入拉格朗日乘子并求导得到：

$$c(w) = w^l S_B w - \lambda(w^l S_W w - 1)$$
$$\Rightarrow \frac{\mathrm{d}c}{\mathrm{d}w} = 2S_B w - 2\lambda S_W w = 0 \tag{8-10}$$
$$\Rightarrow S_B w = \lambda S_W w$$

利用矩阵微积分，求导时可以简单地把 $w^{\mathrm{T}} S_W w$ 当作 $S_W w^2$ 看待。如果 S_W 可逆（非奇异），那么将求导后的结果两边都乘以 S_W^{-1}，得

$$S_W^{-1} S_B w = \lambda w \tag{8-11}$$

这个结果意味着 w 就是矩阵 $S_W^{-1} S_B$ 的特征向量。

发现前面 S_B 的公式

$$S_B = (\mu_1 - \mu_2)(\mu_1 - \mu_2)^{\mathrm{T}} \tag{8-12}$$

那么

$$S_B w = (\mu_1 - \mu_2)(\mu_1 - \mu_2)^{\mathrm{T}} w = (\mu_1 - \mu_2)\lambda_w \tag{8-13}$$

代入最后的特征值公式得

$$S_W^{-1} S_B w = S_W^{-1}(\mu_1 - \mu_2)\lambda_w = \lambda w \tag{8-14}$$

由于对 w 扩大或缩小任何倍不影响结果，因此可以约去两边的未知常数 λ 和 λ_w，得到

$$w = S_W^{-1}(\mu_1 - \mu_2) \tag{8-15}$$

至此，只需要求出原始样本的均值和方差就可以求出最佳方向 w，这就是 Fisher 于 1936 年提出的线性判别分析（LDA）。

8.2.2 多分类情况

前一节阐述了如何通过直线投影解决二分类问题。当遇到多分类问题时，类别变成多个了，降到一维可能已经不能满足要求。如何才能保证投影后类别能够分离呢？假设有 C 个类

别，将其投影到 K 个基向量。将这 K 个向量表示为 $\boldsymbol{W} = [\boldsymbol{w}_1, \boldsymbol{w}_2, \cdots, \boldsymbol{w}_K]$，投影上的结果表示为 $[\boldsymbol{y}_1, \boldsymbol{y}_2, \cdots, \boldsymbol{y}_K]$：

$$y_i = \boldsymbol{w}_i^{\mathrm{T}} \boldsymbol{x}, \quad \boldsymbol{y} = \boldsymbol{W}^{\mathrm{T}} \boldsymbol{x} \tag{8-16}$$

为了像上节一样度量 $J(\boldsymbol{w})$，仍然从类间散列度和类内散列度来考虑。为了便于分析，假设样本向量仍然只包含 2 个特征值，如图 8-3 所示。

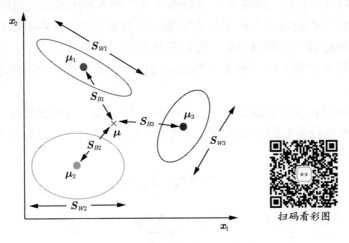

扫码看彩图

图 8-3　多分类问题

图 8-3 中 $\boldsymbol{\mu}_i$ 和 $\boldsymbol{S}_W$ 与上节的意义一样，$\boldsymbol{S}_{W1}$ 是类别 1 的样本点相对于该类中心点 $\boldsymbol{\mu}_1$ 的散列程度。$\boldsymbol{S}_{B1}$ 变成类别 1 中心点相对于样本中心点 $\boldsymbol{\mu}$ 的协方差矩阵，即类 1 相对于 $\boldsymbol{\mu}$ 的散列程度。$\boldsymbol{S}_W$ 为

$$\boldsymbol{S}_W = \sum_{i=1}^{C} \boldsymbol{S}_{W_i} \tag{8-17}$$

其中

$$\boldsymbol{S}_{W_i} = \sum_{\boldsymbol{x} \in \omega_i} (\boldsymbol{x} - \boldsymbol{\mu}_i)(\boldsymbol{x} - \boldsymbol{\mu}_i)^{\mathrm{T}} \tag{8-18}$$

在二分类问题中，$\boldsymbol{S}_B$ 度量的是两个均值点的散列情况，现在对于多分类问题，$\boldsymbol{S}_B$ 需要能够度量每类均值点相对于样本集合中心的散列情况。类似于将 $\boldsymbol{\mu}_i$ 看作样本点，$\boldsymbol{\mu}$ 是均值的协方差矩阵。如果某类里面的样本点较多，那么其权重稍大，权重可以用 N_i/N 表示，但由于 $J(\boldsymbol{w})$ 对倍数不敏感，因此使用 N_i 即可。

$$\boldsymbol{S}_B = \sum_{i=1}^{C} N_i (\boldsymbol{\mu}_i - \boldsymbol{\mu})(\boldsymbol{\mu}_i - \boldsymbol{\mu})^{\mathrm{T}} \tag{8-19}$$

其中

$$\boldsymbol{\mu} = \frac{1}{N} \sum_{\forall \boldsymbol{x}} \boldsymbol{x} = \frac{1}{N} \sum_{\boldsymbol{x} \in \omega_i} N_i \boldsymbol{\mu}_i \tag{8-20}$$

即 μ 是所有样本的均值。

矩阵 $(\mu_i - \mu)(\mu_i - \mu)^{\mathrm{T}}$ 的实际意义是一个协方差矩阵，这个矩阵描述了该类与样本总体之间的关系。矩阵中对角线元素是该类相对样本总体的方差（即分散度），非对角线元素是该类样本总体均值的协方差（即该类和总体样本的相关联度或称冗余度），S_B 即是各个样本根据自己所属的类计算出样本与总体的协方差矩阵的总和，这从宏观上描述了所有类和总体之间的离散冗余程度。同理 S_W 为分类内各个样本和所属类之间的协方差矩阵之和，它描述的是从总体来看类内各个样本与所属类之间的离散度。从中可以看出不管是类内的样本期望矩阵还是总体样本期望矩阵，它们都只是充当一个媒介作用，不管是类内还是类间离散度矩阵都是从宏观上刻画出类与类之间的样本的离散度、类内样本和样本之间的离散度。

上面讨论的都是在投影前的公式变化，但真正的 $J(w)$ 的分子分母都是在投影后计算的。下面看看样本点投影后的公式改变。公式 (8-21) 和式 (8-22) 是第 i 类样本点在某个基向量上投影后的均值计算公式。

$$\tilde{\mu}_t = \frac{1}{N_i} \sum_{y \in \omega_i} y \tag{8-21}$$

$$\tilde{\mu} = \frac{1}{N} \sum_{\forall y} y \tag{8-22}$$

公式 (8-23) 和式 (8-24) 是在某个基向量上投影后的 S_w 和 S_B

$$\tilde{S}_W = \sum_{i=1}^{C} \sum_{y \in \omega_i} (y - \tilde{\mu}_l)(y - \tilde{\mu}_l)^{\mathrm{T}} \tag{8-23}$$

$$\tilde{S}_B = \sum_{i=1}^{C} N_i(\tilde{\mu}_l - \tilde{\mu})(\tilde{\mu}_l - \tilde{\mu})^{\mathrm{T}} \tag{8-24}$$

其实就是将 μ 换成了 $\tilde{\mu}$。实际上，二分类问题中的 S_B 和 S_w 也是基于公式 (8-23) 和式 (8-24) 算出的，只是使用的简化形式。

综合各个投影向量（w）上的 $\tilde{S}_W$ 和 $\tilde{S}_B$，更新这两个参数，得到

$$\tilde{S}_W = W^{\mathrm{T}} S_W W \tag{8-25}$$

$$\tilde{S}_B = W^{\mathrm{T}} S_B W \tag{8-26}$$

其中，W 是基向量矩阵，$\tilde{S}_W$ 是投影后的各个类内部的散列矩阵之和，$\tilde{S}_B$ 是投影后各个类中心相对于全样本中心投影的散列矩阵之和。回想上节的公式 $J(w)$，分子是两类中心距，分母是每个类自己的散列度。现在投影方向是多维的，分子需要做一些改变，不再是求两两样本中心距之和，而是求每类中心相对于全样本中心的散列度之和。

最后的 $J(w)$ 的形式是

$$J(\boldsymbol{w}) = \frac{\left|\tilde{\boldsymbol{S}}_B\right|}{\left|\tilde{\boldsymbol{S}}_W\right|} = \frac{\left|\boldsymbol{W}^{\mathrm{T}}\boldsymbol{S}_B\boldsymbol{W}\right|}{\left|\boldsymbol{W}^{\mathrm{T}}\boldsymbol{S}_W\boldsymbol{W}\right|} \tag{8-27}$$

由于得到的分子分母都是散列矩阵，要将矩阵变成实数，需要取行列式。又因为行列式的值实际上是矩阵特征值的积，一个特征值可以表示在该特征向量上的发散程度。因此使用行列式来计算。

整个问题又回归为求 $J(\boldsymbol{w})$ 的最大值了，同理"固定"分母为 1，然后求导，得出最后结果：

$$\boldsymbol{S}_B\boldsymbol{w}_i = \lambda\boldsymbol{S}_W\boldsymbol{w}_i \tag{8-28}$$

与上节得出的结论一样：$\boldsymbol{S}_W^{-1}\boldsymbol{S}_B\boldsymbol{w}_i = \lambda\boldsymbol{w}_i$

显然 λ 和 $\boldsymbol{w}_i$ 分别是 $\boldsymbol{S}_W^{-1}\boldsymbol{S}_B$ 的特征值和对应的特征向量。首先求出 $\boldsymbol{S}_W^{-1}\boldsymbol{S}_B$ 的特征值，然后取前最大的 K（投影向量的个数）个特征向量组成 $\boldsymbol{W}$ 矩阵即可。注意：由于 $\boldsymbol{S}_B$ 中的 $(\boldsymbol{\mu}_i - \boldsymbol{\mu})$ 秩为 1，因此 $\boldsymbol{S}_B$ 的秩至多为 C（C 是类的个数）。由于知道了前 $C-1$ 个 $(\boldsymbol{u}_i - \boldsymbol{u}_0)$ 后，最后一个 $(\boldsymbol{u}_c - \boldsymbol{u}_0)$ 可以由前面的 $\boldsymbol{\mu}_i$ 线性表示得到，因此 $\boldsymbol{S}_B$ 的秩至多为 $C-1$。那么投影向量个数 K 最大为 $C-1$，即投影后，样本特征向量维度最为 $C-1$。特征值越大、对应的特征向量分割性能最好。

由于 $\boldsymbol{S}_W^{-1}\boldsymbol{S}_B$ 不一定是对称阵，因此得到的 K 个特征向量不一定正交，这是 LDA 与 PCA 不同的地方。

8.2.3　KLDA

前面讲解了直接使用 LDA、寻找可将原始数据分开的映射方法。那么如果原始数据直接使用 LDA、无论如何映射都无法分开的时候该怎么办呢？同 PCA 类似，这个时候我们可以引入核函数，先将原始数据映射到高维特征空间，再使用 LDA 进行处理。引入了核函数的 LDA 叫 KLDA。核线性判别分析（kernelized linear discriminant analysis, KLDA）是将 LDA 通过核化（即引入核函数）来进行非线性拓展得到的，下面在上一节 LDA 的基础上，简单描述下 KLDA 的过程。

设原始样本集合 $\boldsymbol{X}$ 被某种映射关系 $\varPhi$ 映射到一个高维特征空间 F，然后在 F 中执行线性判别分析，以求得：

$$h(\boldsymbol{x}) = \boldsymbol{w}^{\mathrm{T}}\varPhi(\boldsymbol{x}) \tag{8-29}$$

KLDA 的学习目标即为

$$\max_{\boldsymbol{w}} J(\boldsymbol{w}) = \frac{\boldsymbol{w}^{\mathrm{T}}\boldsymbol{S}_B^{\varPhi}\boldsymbol{w}}{\boldsymbol{w}^{\mathrm{T}}\boldsymbol{S}_w^{\varPhi}\boldsymbol{w}} \tag{8-30}$$

第 i 类样本在特征空间 F 的均值为

$$\boldsymbol{\mu}_i^{\varPhi} = \frac{1}{N_i}\sum_{\boldsymbol{x}\in w_i}\varPhi(\boldsymbol{x}) \tag{8-31}$$

映射后在高维特征空间 F 中的两个散度矩阵为

$$S_B^\Phi = (\mu_1^\Phi - \mu_0^\Phi)(\mu_1^\Phi - \mu_0^\Phi)^{\mathrm{T}} \tag{8-32}$$

$$S_W^\Phi = \sum_{i=0}^1 \sum_{x \in w_i} (\Phi(x) - \mu_i^\Phi)(\Phi(x) - \mu_i^\Phi)^{\mathrm{T}} \tag{8-33}$$

与 KPCA 一样，我们不关心具体的映射形式 Φ，而是使用核函数 $k(x, x_i) = \Phi(x_i)^{\mathrm{T}}\Phi(x)$ 来隐式地表达这个映射和高维特征空间。令 K 为核函数所对应的核矩阵，$K_{i,j} = k(x_i, x_j)$。

LDA 的目标是求出合适的 W，KFDA 中的目标也是一样的，但是需要换一种表示形式：

$$W = \sum_{i=1}^N \alpha_i \Phi(x_i) \tag{8-34}$$

则 $w^{\mathrm{T}}\mu_i^\Phi$ 可写为

$$w^{\mathrm{T}}\mu_i^\Phi = \frac{1}{N_i} \sum_{j=1}^N \sum_{k=1}^{N_i} \alpha_j k(x_j, x_k^i) = \alpha^{\mathrm{T}} M_i \tag{8-35}$$

其中 $(M_i)_j = \frac{1}{N_i} \sum_{k=1}^{N_i} k(x_j, x_k^i)$。

则 $w^{\mathrm{T}} S_B^\Phi w$ 可写为

$$w^{\mathrm{T}} S_B^\Phi w = w^{\mathrm{T}}(\mu_1^\Phi - \mu_0^\Phi)(\mu_1^\Phi - \mu_0^\Phi)^{\mathrm{T}} w = \alpha M \alpha \tag{8-36}$$

其中 $M = (M_1 - M_0)(M_1 - M_0)^{\mathrm{T}}$。

$w^{\mathrm{T}} S_W^\Phi w$ 可改写为

$$w^{\mathrm{T}} S_W^\Phi w = \left(\sum_{i=1}^N \alpha_i \Phi(x_i)^{\mathrm{T}} \right) \left(\sum_{i=0}^1 \sum_{x \in w_i} (\Phi(x) - \mu_i^\Phi)(\Phi(x) - \mu_i^\Phi)^{\mathrm{T}} \right) \left(\sum_{i=1}^N \alpha_i \Phi(x_i) \right)$$

$$= \sum_{j=0,1} \alpha^{\mathrm{T}} K_j K_j^{\mathrm{T}} \alpha - \alpha^{\mathrm{T}} K_j I_{N_j} K_j^{\mathrm{T}} \alpha = \alpha^{\mathrm{T}} N \alpha \tag{8-37}$$

其中 $N = \sum_{j=0,1} K_j (I - 1_{N_j}) K_j^{\mathrm{T}}$。

其中 I 是一个单位矩阵，I_{N_j} 是每一个元素都为 $\frac{1}{N_j}$ 的矩阵，K_j 满足 $K_j(a, b) := k(x_a, x_b^{(j)})$。

于是学习目标等价于

$$\max_\alpha J(\alpha) = \frac{\alpha^{\mathrm{T}} M \alpha}{\alpha^{\mathrm{T}} N \alpha} \tag{8-38}$$

接下来通过 LDA 方法就可以求得 α，进而得到投影函数 $h(x)$。

8.3　LDA 与 PCA 比较

PCA 在降维时不考虑样本标签，属于无监督学习降维；而 LDA 在计算时考虑了样本标签，属于有监督学习降维。二者均是寻找某个最优的特征向量 w 来降维，其中，LDA 抓住样本的判别特征，PCA 则侧重描叙特征。概括来说，PCA 选择样本点投影具有最大方差的方向，LDA 选择分类性能最好的方向。

PCA 降维是直接和特征维度相关的，比如原始数据是 d 维的，那么 PCA 后，可以任意选取前 1 维、前 2 维，一直到 d 维都可以（按照对应特征值从大到小的顺序）。LDA 降维是直接和类别的个数 C 相关的，与数据本身的维度没关系，比如原始数据是 d 维的，一共有 C 个类别，那么 LDA 降维之后，一般就是前 1 维，前 2 维到前 $C-1$ 维进行选择（按照对应特征值从大到小的顺序）。要求降维后特征向量维度大于 $C-1$ 的，不能使用 LDA。

PCA 投影的坐标系都是正交的，而 LDA 根据类别的标注关注分类能力，因此不保证投影到的坐标系是正交的（一般都不正交）。

LDA 在样本分类信息依赖方差而不是均值时，效果不好。如图 8-4 所示，样本点需要依靠方差信息进行分类，而不是均值信息。这种情况下 LDA 不能够进行有效分类，因为 LDA 过度依靠均值信息。

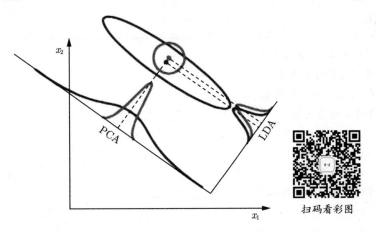

图 8-4　LDA 与 PCA 比较

8.4　应 用 举 例

从上文中我们可以总结出，LDA 降维一般分为以下几个步骤：

1) 计算数据集中每个类别样本的均值向量；
2) 通过均值向量，计算类间散度矩阵 S_B 和类内散度矩阵 S_W；

3) 对 $S_W^{-1}S_BW = \lambda W$ 进行特征值求解，求出 $S_W^{-1}S_B$ 的特征向量和特征值；

4) 将特征向量按照特征值的大小降序排列，并选择前 k 个特征向量组成投影矩阵 W；

5) 通过投影矩阵将样本点投影到新的子空间中。

8.4.1 LDA 分类问题

问题描述：某一产品通过两个参数来衡量它是否合格，某一批次中 7 个产品的参数及类别如表 8-1 所示。

表 8-1 数 据 集

X1	X2	是否合格
2.9500	6.6300	合格
2.5300	7.7900	合格
3.5700	5.6500	合格
3.1600	5.4700	合格
2.5800	4.4600	不合格
2.1600	6.2200	不合格
3.2700	3.5200	不合格

MATLAB 代码如下。

FisherLDA 函数

```
function [W] = LDA(w1,w2)
%W  最大特征值对应的特征向量
%w1 第一类样本, w2 第二类样本
%第一步: 计算样本均值向量
m1=mean(w1);
m2=mean(w2);
m=mean([w1;w2]);
%第二步: 计算类内离散度矩阵Sw
n1=size(w1,1);
n2=size(w2,1);
%求第一类样本的散列矩阵s1
s1=0;
for i=1:n1
    s1=s1+(w1(i,:)-m1)'*(w1(i,:)-m1);
end
%求第二类样本的散列矩阵s2
s2=0;
for i=1:n2
```

```
        s2=s2+(w2(i,:)-m2)'*(w2(i,:)-m2);
end
Sw=(s1+s2)/(n1+n2);
%第三步：计算类间离散度矩阵SB
SB=(n1*(m-m1)'*(m-m1)+n2*(m-m2)'*(m-m2))/(n1+n2);
%第四步：求最大特征值和特征向量
[V,D]=eig(inv(Sw)*SB);
[a,b]=max(max(D));
W=V(:,b);%最大特征值对应的特征向量
End
```

测试部分

```
cls1_data=[2.95 6.63;2.53 7.79;3.57 5.65;3.16 5.47];%类别1
cls2_data=[2.58 4.46;2.16 6.22;3.27 3.52];%类别2
%样本投影前
plot(cls1_data(:,1),cls1_data(:,2),'.r');
hold on;
plot(cls2_data(:,1),cls2_data(:,2),'*b');
hold on;
W=LDA(cls1_data,cls2_data);
%样本投影后
new1=cls1_data*W;
new2=cls2_data*W;
k=W(2)/W(1);
plot([0,8],[0,8*k],'-k');
axis([0 8 0 8]);
hold on;


axis equal
%样本投影到子空间点
proj_r1=cls1_data*W(:,1)*W(:,1)';
proj_r2=cls2_data*W(:,1)*W(:,1)';
plot(proj_r1(:,1),proj_r1(:,2),'*k');
plot(proj_r2(:,1),proj_r2(:,2),'oc');
```

两类数据进行投影后，得到的结果如图 8-5 所示（红色点为第一类样本点，蓝色点为第二类样本点），在投影后的轴上能将两类数据完全分开。

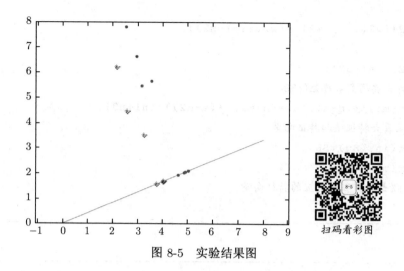

图 8-5 实验结果图

8.4.2 KLDA 分类问题

表 8-2 为两类木材的坚硬度、光滑度、平整度及变形率数据，采用核线性判别方法对数据进行降维。

表 8-2 数 据 集

坚硬度	光滑度	平整度	变形率	木材类别
81	41.000	250.000	1.980	1
80	42.000	238.000	1.910	1
81	26.000	196.000	3.120	1
125	63.000	368.000	1.980	1
240	76.000	596.000	3.160	2
224	77.000	576.000	2.910	2
265	81.000	624.000	3.270	2

MATLAB 代码如下。

```
options.KernelType = 'Polynomial';%多项式核函数
options.d= 2;
X_Train=[81 41.000 250.000 1.980;80 42.000 238.000 1.910; 81
26.000 196.000 3.120;125 63.000 368.000 1.980 240 76.000
596.000 3.160;224 77.000 576.000 2.910;265 81.000 624.000
3.270];%X_Train:数据
Y_Train=[1;1;1;1;2;2;2];% Y_Train:类别
[eigvector,eigvalue,K_train]=KDA(options,Y_Train,X_Train,1);%
Dim降维后的维数, :%K_: train原数据映射至高维数据空间后的结果
```

```
%降维后的数据
X_Train_LDAProj=K_train*eigvector;
```

主函数部分

```
function [eigvector, eigvalue,K] = KDA(options,gnd,data,Dim)
if (~exist('options','var'))
    options = [];
end

if ~isfield(options,'Regu') || ~options.Regu
    bPCA = 1;
else
    bPCA = 0;
    if ~isfield(options,'ReguAlpha')
        options.ReguAlpha = 0.01;
    end
end
%原数据映射至高维数据空间
[K,elapse] = constructKernel(data,data,options);
clear data;
% ====== Initialization
nSmp = size(K,1);
if length(gnd) ~= nSmp
    error('gnd and data mismatch!');
```

KLDA 子函数

```
end
classLabel = unique(gnd);
nClass = length(classLabel);
K_orig = K;
%=====================================
% SVD
%=====================================
if bPCA
    [U,D] = eig(K);
    D = diag(D);
    maxEigValue = max(abs(D));
```

```
    eigIdx = find(abs(D)/maxEigValue < 1e-6);
    if length(eigIdx) < 1
        [dump,eigIdx] = min(D);
    end
    D (eigIdx) = [];
    U (:,eigIdx) = [];
    % Hb = U' * W * U; 类间图
    Hb = zeros(nClass,size(U,2));
    for i = 1:nClass,
        index = find(gnd==classLabel(i));
        classMean = mean(U(index,:),1);
        Hb (i,:) = sqrt(length(index))*classMean;
    end
    [dumpVec,eigvalue,eigvector] = svd(Hb,'econ');
    eigvalue = diag(eigvalue);
    if length(eigvalue) > Dim
        eigvalue = eigvalue(1:Dim);
        eigvector = eigvector(:,1:Dim);
    end
    eigvector = (U.*repmat((D.^-1)',nSmp,1))*eigvector;
else
    % 计算类间散度
    Hb = zeros(nClass,nSmp);
    for i = 1:nClass,
        index = find(gnd==classLabel(i));
        classMean = mean(K(index,:),1);
        Hb (i,:) = sqrt(length(index))*classMean;
    end
    % 计算类内散度
    Hw = zeros(nSmp,nSmp);
    for i = 1:nClass,
        index = find(gnd==classLabel(i));
        e = K(index,:) -
repmat(mean(K(index,:),1),length(index),1);
        Hw = Hw + e'*e;
    end
    % 计算最大特征值和特征向量
    B = Hb'*Hb;
```

```
    T = Hw;
    for i=1:size(T,1)
        T(i,i) = T(i,i) + options.ReguAlpha;
    end
    B = double(B);
    T = double(T);
    B = max(B,B');
    T = max(T,T');
    option = struct('disp',0);
    [eigvector, eigvalue] = eigs(B,T,Dim,'la',option);
    eigvalue = diag(eigvalue);
end
```

constructKernel 子函数：采用核函数将原始数据映射至高维数据空间

```
function [K,elapse] = constructKernel(fea_a,fea_b,options)
if (~exist('options','var'))
    options = [];
else
    if ~isstruct(options)
        error('parameter error!');
    end
end
%=================================================
if ~isfield(options,'KernelType')
    options.KernelType = 'Gaussian';
end
switch lower(options.KernelType)
    case {lower('Gaussian')} % e^{-(|x-y|^2)/2t^2}
        if ~isfield(options,'t')
            options.t = 1;
        end
    case {lower('Polynomial')} % (x'*y)^d
        if ~isfield(options,'d')
            options.d = 2;
        end
    case {lower('PolyPlus')} % (x'*y+1)^d
        if ~isfield(options,'d')
            options.d = 2;
```

```
            end
    case {lower('Linear')} % x'*y
    otherwise
        error('KernelType does not exist!');
end
tmp_T = cputime;
%==================================================
switch lower(options.KernelType)
    case {lower('Gaussian')}
        if isempty(fea_b)
            D = EuDist2(fea_a,[],0);
        else
            D = EuDist2(fea_a,fea_b,0);
        end
        K = exp(-D/(2*options.t^2));
    case {lower('Polynomial')}
        if isempty(fea_b)
            D = full(fea_a * fea_a');
        else
            D = full(fea_a * fea_b');
        end
        K = D.^options.d;
    case {lower('PolyPlus')}
        if isempty(fea_b)
            D = full(fea_a * fea_a');
        else
            D = full(fea_a * fea_b');
        end
        K = (D+1).^options.d;
    case {lower('Linear')}
        if isempty(fea_b)
            K = full(fea_a * fea_a');
        else
            K = full(fea_a * fea_b');
        end
    otherwise
        error('KernelType does not exist!');
end
```

```
if isempty(fea_b)
    K = max(K,K');
end
elapse = cputime - tmp_T;
```

采用多项式核函数线性判别分析方法将原始的四维数据降维至一维后的结果如下，通过降维后的数据可以明显区分出两类木材。

```
>> X_Train_LDAProj'
ans =
    0.0634    0.0267    0.0554    0.0861    0.6125    0.5338    0.5698
```

参 考 文 献

[1] Ghojogh B, Karray F, Crowley M. Fisher and Kernel Fisher Discriminant Analysis: Tutorial. 2019.

[2] 周志华. 机器学习 [M]. 北京: 清华大学出版社, 2016.

[3] Baudat G. generalized discriminant analysis using a kemel approach.http://www.kernel-machines. org/papers/upload_21212_Newgda.pdf.

[4] https://en.wikipedia.org/wiki/Kernel_Fisher_discriminant_analysis.

[5] Nuno Vasconcelos. PCA and LDA. http://www.svcl.ucsd.edu/courses/ece271B-F09/handouts/ Dimensionality2.pdf.

习　　题

利用 sklearn，调用 sklearn 中的 LinearDiscriminantAnalysis 类，构建 LDA 对数据进行降维。调用实现好的方法将随机生成的三维三类别数据降到二维（即 LinearDiscriminant-Analysis 的构造函数中的参数 n_components=2）。

第三部分

监督学习

第9章 线性回归

回归分析是分析因变量（目标变量 y）与一个或多个自变量（特征变量 x）之间关系最广泛使用的方法之一。例如，可以使用回归模型来分析以往的广告费用与销售额之间的关系，应用建立的回归模型决定未来的销售额。在此示例中，因变量是销售额，自变量是广告费用。另外，还可以预测金价、货币汇率或运动频率和饮食方法对体重的影响等等。本章主要阐述多变量线性回归，包括：算法背景、算法的公式化、数值解法（梯度下降法）和理论解（正规方程）以及基于核的线性回归。

9.1　线性回归模型

回归属于监督学习，回归问题包括模型的学习和预测两个部分。学习就是基于给定的样本构建模型（即建立目标变量 y 与一个或多个特征变量 x 之间的关系）；预测就是将新的样本 x 输入构建的模型中，获得相应的输出。

根据变量特征的个数可以将回归分析分为一元回归和多元回归，每一种类型还可以继续根据因变量和自变量之间是否用线性关系进行描述分为线性回归和非线性回归，图 9-1 显示了回归的类型。

$$
回归\begin{cases} 单变量回归\begin{cases} 线性的 \\ 非线性的 \end{cases} \\ 多变量回归\begin{cases} 线性的 \\ 非线性的 \end{cases} \end{cases}
$$

图 9-1　回归的分类

单变量线性回归可以视为多变量线性回归的特例。

例如，糖尿病是一种以高血糖为特征的代谢性疾病，血糖值跟人的平均血压密切相关。表 9-1 给出了 50 个训练样本（样本数据集来自 https://www4.stat.ncsu.edu/~boos/var.select/diabetes.html）

表 9-1　50 个样本的平均血压和血糖值

序号	平均血压	血糖	序号	平均血压	血糖
1	101	151	26	83	202
2	87	75	27	87	137
3	93	141	28	83	85
4	84	206	29	73	131
5	101	135	30	71	162
6	89	97	31	89	129
7	90	138	32	71	59
8	95	141	33	109	150
9	83	110	34	94	87
10	91	92	35	78	65
11	97	101	36	80.33	102
12	85	69	37	91	90
13	92	179	38	98	83
14	97	185	39	65	96
15	91	118	40	73	90
16	118	171	41	101	100
17	109	166	42	107	143
18	111	144	43	90.33	61
19	84	97	44	74	92
20	83	168	45	97	164
21	82	68	46	87	113
22	95	49	47	85	190
23	92	68	48	78	142
24	103.67	245	49	98	75
25	88	184	50	93	142

图 9-2 显示了这些样本。

在回归学习部分，利用这些样本建立起血糖值 y 与平均血压 x 之间的关系，即

$$y = f(x) \tag{9-1}$$

线性回归是指血糖值 y 与平均血压 x 之间满足线性关系，即

$$f_{\boldsymbol{\theta}}(x) = \theta_0 + \theta_1 x \tag{9-2}$$

一旦求出公式 (9-2) 的参量 θ_0 和 θ_1，就建立了血糖值 y 与平均血压 x 之间的线性关系，就完成了模型的学习。基于学习的模型就可以预测新的血压值对应的血糖值。图 9-3 显示的是样本和学习的模型。

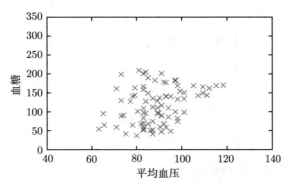

图 9-2 人体血糖预测的训练集

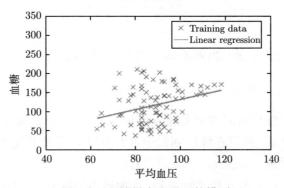

图 9-3 训练样本和学习的模型

上面输入样本只有一个特征变量（平均血压），所以是单变量线性回归问题。实际上，人的血糖值通常与其他因素有关，如年龄、性别、BMI 指数、平均血压等 10 种特征有关，即

$$f_{\boldsymbol{\theta}}\left(x\right) = \theta_0 + \theta_1 x_1 + \theta_2 x_2 + \cdots + \theta_{10} x_{10} \tag{9-3}$$

参量 $\boldsymbol{\theta} = [\theta_0, \theta_1, \cdots, \theta_{10}]^{\mathrm{T}}$ 确定后，就建立了血糖值 y 与年龄、性别、平均血压等 10 个特征 $(x_1, x_2, \cdots, x_{10})$ 之间的线性关系，就完成了模型的学习。基于学习的模型就可以预测新的样本值对应的血糖值。这个输入样本有 10 个特征，所以是多变量线性回归问题。

9.2 线性回归的原理

在讲原理之前，我们给出如下的符号规定。该规定适合本书中所有机器学习算法。

x: 样本；

n: 样本特征个数；

N: 样本个数；

k: 类的个数；

$$\boldsymbol{X} = \begin{bmatrix} x_1^{(1)} & \cdots & x_n^{(1)} \\ \vdots & & \vdots \\ x_1^{(N)} & \cdots & x_n^{(N)} \end{bmatrix} : \text{样本矩阵};$$

$$\boldsymbol{X}_1 = \begin{bmatrix} 1 & x_1^{(1)} & \cdots & x_n^{(1)} \\ \vdots & \vdots & & \vdots \\ 1 & x_1^{(N)} & \cdots & x_n^{(N)} \end{bmatrix} = 1_{N \times 1} + \boldsymbol{X};$$

$x_j^{(i)}$：第 i 个样本中第 j 个特征；

$\boldsymbol{x}_i$：第 i 个样本。

9.2.1 公式化

如果样本有 n 个特征变量，也就是 n 元线性回归，表示如下：

$$f_{\boldsymbol{\theta}}(\boldsymbol{x}) = \theta_0 + \theta_1 x_1 + \theta_2 x_2 + \cdots + \theta_n x_n \tag{9-4}$$

回归中模型的学习过程就是求解参量 $\boldsymbol{\theta} = [\theta_0, \theta_1, \cdots, \theta_n]^{\mathrm{T}}$，预测就是将新样本代入学习的模型，求出对应的输出，所以在线性回归中求解参量 $\boldsymbol{\theta}$ 是最关键的。

下面介绍求解参量 $\boldsymbol{\theta} = [\theta_0, \theta_1, \cdots, \theta_n]^{\mathrm{T}}$ 的公式。

像上面的符号规定：N 表示样本的总数，n 为样本特征数，$\boldsymbol{x}$ 为样本输入变量或特征，y 为每个样本标签的真实值，$(\boldsymbol{x}, y)$ 表示一个样本，$(x_j^{(i)}, y_j^{(i)})$ 表示第 i 个样本的第 j 个特征，$\boldsymbol{x}_i$ 表示第 i 个样本，$f_{\boldsymbol{\theta}}(\boldsymbol{x}_i)$ 则为第 i 个样本的模型预测值。线性回归的目的就是求解出合适的 $\boldsymbol{\theta}$，使得 $f_{\boldsymbol{\theta}}(\boldsymbol{x})$ 可以近似地代表各个数据样本的标签值，也就是每个样本标签的真实值 y_i 和每个样本对应的预测值 $f_{\boldsymbol{\theta}}(\boldsymbol{x}_i)$ 相差最小，我们定义如下损失函数 $J(\boldsymbol{\theta})$ 来定量衡量模型的预测值和样本真实值之间的差距。

$$J(\boldsymbol{\theta}) = J(\theta_0, \theta_1, \cdots, \theta_n) = \frac{1}{2N} \sum_{i=1}^{N} (f_{\boldsymbol{\theta}}(\boldsymbol{x}_i) - y_i)^2 \tag{9-5}$$

那么求解参量 $\boldsymbol{\theta} = [\theta_0, \theta_1, \cdots, \theta_n]^{\mathrm{T}}$ 的过程就是最小化损失函数 $J(\boldsymbol{\theta})$ 的过程，数学表达式子如下，

$$\underset{\boldsymbol{\theta}}{\text{minimize}} \frac{1}{2} \sum_{i=1}^{N} (f_{\boldsymbol{\theta}}(\boldsymbol{x}_i) - y_i)^2 = \underset{\boldsymbol{\theta}}{\text{minimize}} J(\boldsymbol{\theta}) \tag{9-6}$$

9.2.2 梯度下降法

为求解公式 (9-6) 所示的优化问题，这里采用梯度下降法[1]。梯度下降法是最简单应用最广的数值优化算法。

为了简化表示，下面我们介绍上述公式的矩阵表达。

$$\boldsymbol{\theta} = [\theta_0, \theta_1, \cdots, \theta_n]^{\mathrm{T}} \in \mathbb{R}^{n+1} \tag{9-7}$$

为了用矩阵方式表示 $f_{\boldsymbol{\theta}}(\boldsymbol{x})$，我们引入 $x_0 = 1$，那么有

$$\boldsymbol{x} = [x_0, x_1, \cdots, x_n]^{\mathrm{T}} \in \mathbb{R}^{n+1} \tag{9-8}$$

那么 $f_{\boldsymbol{\theta}}(\boldsymbol{x})$ 可以表示为

$$f_{\boldsymbol{\theta}}(\boldsymbol{x}) = \boldsymbol{\theta}^{\mathrm{T}} \boldsymbol{x} \tag{9-9}$$

再回顾一下符号约定，$\boldsymbol{X}$ 是样本矩阵，$\boldsymbol{X}_1$ 为

$$\boldsymbol{X}_1 = \begin{bmatrix} 1 & x_1^{(N)} & \cdots & x_1^{(N)} \\ \vdots & \vdots & & \vdots \\ 1 & x_1^{(N)} & \cdots & x_n^{(N)} \end{bmatrix} = 1_{N \times 1} + \boldsymbol{X} \tag{9-10}$$

$$\boldsymbol{y} = \begin{bmatrix} y_1 \\ \vdots \\ y_N \end{bmatrix} \tag{9-11}$$

由 $f_{\boldsymbol{\theta}}(\boldsymbol{x}) = \boldsymbol{\theta}^{\mathrm{T}} \boldsymbol{x}$，可以得出

$$\boldsymbol{X}_1 \boldsymbol{\theta} = \begin{bmatrix} - & (\boldsymbol{x}_1)^{\mathrm{T}} & - \\ - & (\boldsymbol{x}_2)^{\mathrm{T}} & - \\ - & \vdots & - \\ - & (\boldsymbol{x}_N)^{\mathrm{T}} & - \end{bmatrix} \boldsymbol{\theta} = \begin{bmatrix} \boldsymbol{x}_1^{\mathrm{T}} \boldsymbol{\theta} \\ \vdots \\ \boldsymbol{x}_N^{\mathrm{T}} \boldsymbol{\theta} \end{bmatrix} = \begin{bmatrix} f_{\boldsymbol{\theta}}(\boldsymbol{x}_1) \\ \vdots \\ f_{\boldsymbol{\theta}}(\boldsymbol{x}_N) \end{bmatrix} \tag{9-12}$$

由矩阵乘法可得

$$\begin{aligned} J(\boldsymbol{\theta}) = J(\theta_0, \theta_1, \cdots, \theta_N) &= \frac{1}{2N} \sum_{i=1}^{N} (f_{\boldsymbol{\theta}}(\boldsymbol{x}_i) - y_i)^2 \\ &= \frac{1}{2N} [f_{\boldsymbol{\theta}}(\boldsymbol{x}_1) - y_1, \cdots, f_{\boldsymbol{\theta}}(\boldsymbol{x}_N) - y_N] \begin{bmatrix} f_{\boldsymbol{\theta}}(\boldsymbol{x}_1) - y_1 \\ \vdots \\ f_{\boldsymbol{\theta}}(\boldsymbol{x}_N) - y_N \end{bmatrix} \\ &= \frac{1}{2N} (\boldsymbol{X}_1 \boldsymbol{\theta} - \boldsymbol{y})^{\mathrm{T}} (\boldsymbol{X}_1 \boldsymbol{\theta} - \boldsymbol{y}) \end{aligned} \tag{9-13}$$

J 是 $\boldsymbol{\theta}$ 的函数，由 $J(\boldsymbol{\theta})$ 的定义可以看出，$J(\boldsymbol{\theta})$ 的值越小，说明模型对于训练数据集拟合得越好，所以我们要调整 $\boldsymbol{\theta}$ 来最小化 $J(\boldsymbol{\theta})$。

梯度下降算法是机器学习和深度学习中常用的一种寻找目标函数最小化的方法。为了方便说明梯度下降算法，这里假定模型只有两个参数。在实际的机器学习中，模型可能有数十数百个参数，而对于深度学习，网络可能有上亿参数。图 9-4 显示了一个非常好的损失函数。

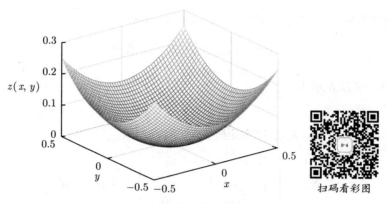

图 9-4　良好的损失函数等值曲面示意图

图中的 x 轴和 y 轴表示两个权重的值。z 轴表示损失函数的值。我们的目标是找到使损失值最小的权重值。

刚开始，我们随机初始化模型的权重，如图 9-5 中的 A 点，模型表现很差，损失很高，预测结果不准确。我们需要找到一种到达 "谷底" B 点（损失函数最小值）的方法。我们该怎么做呢？

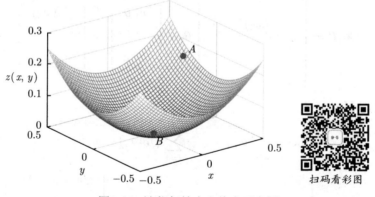

图 9-5　迭代起始点和终点示意图

初始化权重时，我们在损失曲面的 A 点，首先要做的，是检查一下，在 x-y 平面上的所有可能方向中，沿着哪个方向移动能带来最陡峭的损失值下降。这就是我们需要移动的方向。在数学上，梯度的方向是函数最陡峭的上升方向，所以这一方向是梯度的反方向。图 9-6 可以帮助你理解这一点。在曲面的任一点，可以定义一个正切的平面。我们在这个平面上有无穷方向，其中正好有一个方向能提供函数最陡峭的上升。这个方向就是梯度的方向。这也正是算法得名的原因。我们沿着梯度反向下降，所以称为梯度下降。

现在，有了移动的方向，我们需要决定移动的步幅，其称为学习率。事实证明，我们必须仔细选择学习率，以确保达到最小值，我们会在后面介绍学习率对梯度下降的影响，以及如何设定学习率。一旦确定了梯度和学习率，我们开始训练一步，然后在停留处重新计算梯度，接着重复这一过程。正确的梯度下降的过程如图 9-7 所示。

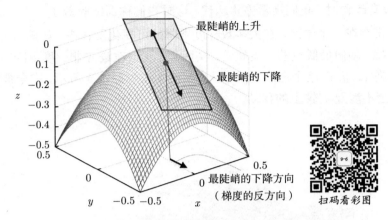

图 9-6 梯度上升和梯度下降示意图

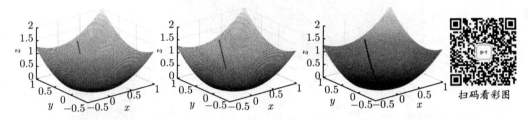

图 9-7 梯度下降示意图

梯度的方向告诉我们哪个方向有最陡峭的上升，而它的数值则告诉我们最陡峭的上升/下降有多陡。所以，在最小值处，等值曲面几乎是平的，相应地，梯度几乎是零。事实上，最小值处的梯度正好是零。

在实践中，我们也许从未恰好达到最小值，而是在最小值附近的平面区域反复振荡，如图 9-8 所示。在这一区域振荡时，损失几乎是我们可以达到的最小值，因为我们在实际最小

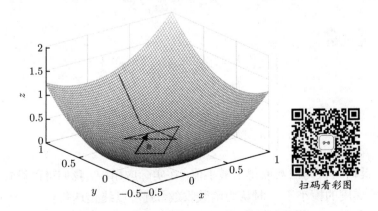

图 9-8 参数取值在最小值附近震荡示意图

值附近反复回弹，所以损失值几乎没什么变化。当损失值在预定义的迭代次数（比如，10 次或 20 次）后没有改善时，我们常常停止迭代。这时我们称训练收敛了。

在这里常常存在一个误区，在大多数梯度下降的可视化图像中，如图 9-7 中，显示了一条从某一点开始，朝向最低点的一条轨迹。实际上，这条轨迹并非梯度下降的准确轨迹。真实的轨迹并非在 (x, y, z) 这个三维空间中，真实的轨迹如图 9-9 所示，完全被限制在 x-y 权重平面上，完全不涉及 z 轴上的移动。

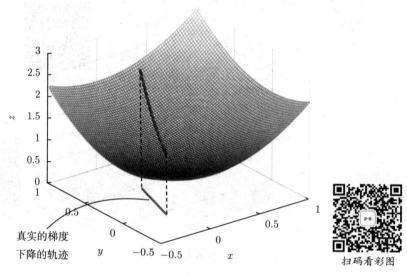

图 9-9　梯度下降的真实轨迹

下面我们给出梯度下降算法的基本数学表达式。假设希望求解目标函数 $f(\boldsymbol{x}) = f(x_1, x_2, \cdots, x_n)$ 的最小值，可以从一个初始点 $\boldsymbol{x}^0 = (x_1^{(0)}, x_2^{(0)}, \cdots, x_n^{(0)})$ 开始，基于学习率 α 构建一个迭代过程：当迭代次数 $l \geqslant 0$ 时，有

$$x_j^{(l+1)} = x_j^{(l)} - \alpha \frac{\partial}{\partial x_j} f(\boldsymbol{x}^{(l)}) \tag{9-14}$$

具体来说，也就是

$$
\begin{cases}
x_1^{(l+1)} = x_1^{(l)} - \alpha \dfrac{\partial}{\partial x_1} f(\boldsymbol{x}^{(l)}) \\
\quad \vdots \\
x_n^{(l+1)} = x_n^{(l)} - \alpha \dfrac{\partial}{\partial x_n} f(\boldsymbol{x}^{(l)})
\end{cases}
\tag{9-15}
$$

直到函数收敛，此时可认为函数取得了最小值。在实际应用中，我们可以设置一个精度 ε，当函数在某一点的梯度的模小于 ε 时认为函数收敛，就可以终止迭代。

如果我们将参数 x 和梯度写为向量形式，即

$$\boldsymbol{x} = \begin{bmatrix} x_1 \\ x_2 \\ \vdots \\ x_n \end{bmatrix} \quad \frac{\partial}{\partial \boldsymbol{x}} f(\boldsymbol{x}) = \begin{bmatrix} \dfrac{\partial}{\partial x_1} f(\boldsymbol{x}) \\[2mm] \dfrac{\partial}{\partial x_2} f(\boldsymbol{x}) \\[2mm] \vdots \\[2mm] \dfrac{\partial}{\partial x_n} f(\boldsymbol{x}) \end{bmatrix} \tag{9-16}$$

那么基本等式可以表示为

$$\boldsymbol{x} = \boldsymbol{x} - \alpha \frac{\partial}{\partial \boldsymbol{x}} f(\boldsymbol{x}) \tag{9-17}$$

梯度下降中广泛采用的一项技术是使用可变学习率，而不是固定学习率。刚开始，我们可以接受较大的学习率，以较快的速度靠近最小值。之后，随着训练进行，我们渐渐接近最小值，这时我们想要放慢学习率，提高稳定性，避免因学习率太大跳过最小值，保证能够收敛到最小值。实现这一策略的一种方法是模拟退火，又称学习率衰减。在这种方法中，学习率在固定数目的迭代之后衰减。

下面我们使用梯度下降法求解多变量线性回归问题中模型的最优参数。

在这里我们对于损失函数 $J(\boldsymbol{\theta})$ 首先选取任意初始点 $\boldsymbol{\theta}^0 = (\theta_1^{(0)}, \theta_2^{(0)}, \cdots, \theta_n^{(0)})$。根据函数求导法则，我们可以计算损失函数的梯度

$$\begin{aligned}
\frac{\partial}{\partial \theta_j} J(\boldsymbol{\theta}) &= \frac{\partial}{\partial \theta_j} \frac{1}{2N} \sum_{i=1}^{N} \left(f_{\boldsymbol{\theta}}\left(\boldsymbol{x}_i\right) - y_i\right)^2 \\
&= 2 \times \frac{1}{2N} \sum_{i=1}^{N} \left(f_{\boldsymbol{\theta}}\left(\boldsymbol{x}_i\right) - y_i\right) \frac{\partial}{\partial \theta_j} \left(f_{\boldsymbol{\theta}}\left(\boldsymbol{x}_i\right) - y_i\right) \\
&= \frac{1}{N} \sum_{i=1}^{N} \left(f_{\boldsymbol{\theta}}\left(\boldsymbol{x}_i\right) - y_i\right) \frac{\partial}{\partial \theta_j} \left(\theta_0 x_0^{(i)} + \cdots + \theta_j x_j^{(i)} + \cdots + \theta_n x_n^{(i)} - y^{(i)}\right) \\
&= \frac{1}{N} \sum_{i=1}^{N} \left(f_{\boldsymbol{\theta}}\left(\boldsymbol{x}_i\right) - y_i\right) x_j^{(i)}
\end{aligned} \tag{9-18}$$

将公式 (9-18) 带入梯度迭代公式 $\theta_j = \theta_j - \alpha \dfrac{\partial}{\partial \theta_j} J(\boldsymbol{\theta})$ 有

$$\theta_j^{l+1} = \theta_j^l - \alpha \frac{1}{N} \sum_{i=1}^{N} \left(f_{\boldsymbol{\theta}}\left(\boldsymbol{x}_i\right) - y_i\right) x_j^{(i)} \tag{9-19}$$

上式就是使用梯度下降法解决多元线性回归问题的迭代公式。同样我们可以用向量表示上面这个公式。

$$\begin{bmatrix} \theta_0 \\ \vdots \\ \theta_j \\ \vdots \\ \theta_n \end{bmatrix} = \begin{bmatrix} \theta_0 \\ \vdots \\ \theta_j \\ \vdots \\ \theta_n \end{bmatrix} - \alpha \frac{1}{N} \begin{bmatrix} 1, \cdots, 1, \cdots, 1 \\ \vdots \\ x_j^1, \cdots, x_j^i, \cdots, x_j^N \\ \vdots \\ x_n^1, \cdots, x_n^i, \cdots, x_n^N \end{bmatrix} \begin{bmatrix} f_{\boldsymbol{\theta}}(\boldsymbol{x}_1) - y_1 \\ \vdots \\ f_{\boldsymbol{\theta}}(\boldsymbol{x}_i) - y_i \\ \vdots \\ f_{\boldsymbol{\theta}}(\boldsymbol{x}_N) - y_N \end{bmatrix}$$

即

$$\boldsymbol{\theta}^{l+1} = \boldsymbol{\theta}^l - \alpha \frac{1}{N} \boldsymbol{X}_1^{\mathrm{T}}(\boldsymbol{X}_1 \boldsymbol{\theta}^l - \boldsymbol{y}) \tag{9-20}$$

下面介绍梯度下降的缺点。

1）局部极小值问题

在实际应用中，很多模型是复杂的函数，由此得到的损失函数看起来不像一个很好的碗，数学上称为非凸的，图 9-10 显示一非凸损失函数。

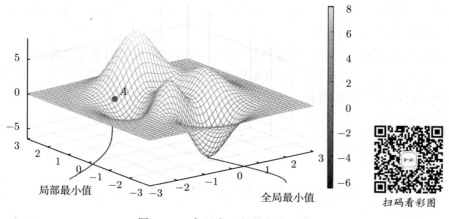

图 9-10　实际中可能的损失函数

图 9-10 中有一个梯度为零的局部极小值。然而，我们知道那不是全局最小值。如果初始权重位于上图点 A，那么我们将收敛于局部极小值，一旦收敛于局部极小值，梯度下降无法逃离这一陷阱。

2）鞍点

梯度下降碰到的另一种问题是鞍点，其因存在的曲面形状像马鞍而得名。图 9-11 中点 A 为一个鞍点。鞍点也是梯度为 0 的点，但是它不同于全局最小值点和局部最小值点，全局最小和局部最小值点附近所有方向均取得最小值，但由于深度学习参数庞大，高维空间中很有可能部分方向取得最小值，部分方向取得最大值，这时就形成了鞍点。例如图 9-11 中，鞍点 A 在 x 方向上是极小值，在 y 方向上是极大值。由于在鞍点附近，梯度值非常小近似为 0，梯度下降算法会误认为迭代到最小值。

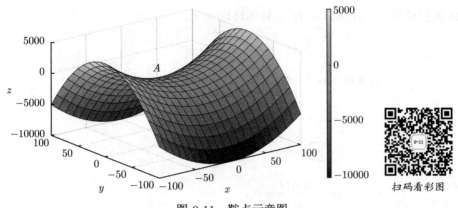

图 9-11 鞍点示意图

我们该如何逃离局部极小值和鞍点，努力收敛于全局最小值呢？这个问题的解决办法是，随机初始化迭代起点，多做几次梯度下降，得到多个最优解，使用测试集对这几个最优解进行测试，计算损失，选择损失函数最小的那一个作为最优的 $\boldsymbol{\theta}$。

9.2.3　正规方程

梯度下降法通过不断的迭代得到损失函数取最小值时的 $\boldsymbol{\theta}$，该方法是数值求解。因为是线性回归，我们可以推导出 $\boldsymbol{\theta}$ 的精确值，这种方法是正规方程法。在学习正规方程法之前我们先来回顾一下相关的矩阵知识。

关于矩阵 $\boldsymbol{A} \in \mathbb{R}^{N \times n}$ 的函数 $f(\boldsymbol{A})$，有

$$\nabla_{\boldsymbol{A}} f(\boldsymbol{A}) = \begin{bmatrix} \dfrac{\partial f}{\partial \boldsymbol{A}_{11}} & \cdots & \dfrac{\partial f}{\partial \boldsymbol{A}_{1n}} \\ \vdots & \vdots & \vdots \\ \dfrac{\partial f}{\partial \boldsymbol{A}_{N1}} & \cdots & \dfrac{\partial f}{\partial \boldsymbol{A}_{Nn}} \end{bmatrix} \tag{9-21}$$

对于矩阵 $\boldsymbol{A} \in \mathbb{R}^{n \times n}$，定义矩阵的迹

$$\text{tr}(\boldsymbol{A}) = \sum_{i=1}^{n} \boldsymbol{A}_{ii} \tag{9-22}$$

有关矩阵的迹有如下性质：

$$\text{tr}\boldsymbol{AB} = \text{tr}\boldsymbol{BA}$$
$$\text{tr}\boldsymbol{ABC} = \text{tr}\boldsymbol{CAB} = \text{tr}\boldsymbol{BCA}$$
$$\nabla_{\boldsymbol{A}}\text{tr}\boldsymbol{AB} = \boldsymbol{B}^{\mathrm{T}}$$
$$\text{tr}\boldsymbol{A} = \text{tr}\boldsymbol{A}^{\mathrm{T}}$$
$$\text{tr}a = a, \; if \; a \in \boldsymbol{R}$$
$$\nabla_{\boldsymbol{A}}\text{tr}\boldsymbol{ABA}^{\mathrm{T}}\boldsymbol{C} = \boldsymbol{CAB} + \boldsymbol{C}^{\mathrm{T}}\boldsymbol{AB}^{\mathrm{T}}$$

下面我们证明：$\nabla_{\boldsymbol{A}}\mathrm{tr}\boldsymbol{AB} = \boldsymbol{B}^{\mathrm{T}}$，具体过程如下。

$$\mathrm{tr}\boldsymbol{AB} = \mathrm{tr}\begin{bmatrix} \leftarrow & a_{1i} & \rightarrow \\ \leftarrow & a_{2i} & \rightarrow \\ \leftarrow & \vdots & \rightarrow \\ \leftarrow & a_{ni} & \rightarrow \end{bmatrix}\begin{bmatrix} \uparrow & \uparrow & \uparrow & \uparrow \\ b_{i1} & b_{i2} & \cdots & b_{in} \\ \downarrow & \downarrow & \downarrow & \downarrow \end{bmatrix}$$

$$= \sum_{i=1}^{n} a_{1i}b_{i1} + \sum_{i=1}^{n} a_{2i}b_{i2} + \cdots + \sum_{i=1}^{n} a_{ni}b_{in}$$

$$\Rightarrow \frac{\partial\mathrm{tr}\boldsymbol{AB}}{\partial a_{ij}} = b_{ji}$$

$$\Rightarrow \nabla_{\boldsymbol{A}}\mathrm{tr}\boldsymbol{AB} = \boldsymbol{B}^{\mathrm{T}}$$

下面我们证明：$\nabla_{\boldsymbol{A}}\mathrm{tr}\boldsymbol{ABA}^{\mathrm{T}}\boldsymbol{C} = \boldsymbol{CAB} + \boldsymbol{C}^{\mathrm{T}}\boldsymbol{AB}^{\mathrm{T}}$。具体过程如下：

$$\text{因为 } \mathrm{tr}\boldsymbol{ABC} = \mathrm{tr}\boldsymbol{BCA} = \mathrm{tr}\boldsymbol{CAB}$$

$$\text{所以 } \mathrm{tr}\boldsymbol{ABA}^{\mathrm{T}}\boldsymbol{C} = \mathrm{tr}\boldsymbol{CABA}^{\mathrm{T}} \tag{9-23}$$

根据函数乘积求导法则，$\mathrm{tr}\boldsymbol{ABA}^{\mathrm{T}}\boldsymbol{C}$ 对 $\boldsymbol{A}$ 求导，$\boldsymbol{A}$ 出现过两次，先固定 $\boldsymbol{BA}^{\mathrm{T}}\boldsymbol{C}$，然后对第一个 $\boldsymbol{A}$ 求导；然后固定 $\boldsymbol{AB}$ 和 $\boldsymbol{C}$，对第二个 $\boldsymbol{A}$ 求导，又由公式 9-23，得

$$\nabla_{\boldsymbol{A}}\mathrm{tr}\boldsymbol{ABA}^{\mathrm{T}}\boldsymbol{C} = \nabla_{\boldsymbol{A}}\mathrm{tr}\boldsymbol{A}\left(\boldsymbol{BA}^{\mathrm{T}}\boldsymbol{C}\right) + \nabla_{\boldsymbol{A}}\mathrm{tr}\left(\boldsymbol{CAB}\right)\boldsymbol{A}^{\mathrm{T}}$$

$$\text{因为 } \nabla_{\boldsymbol{A}}\mathrm{tr}\boldsymbol{AB} = \boldsymbol{B}^{\mathrm{T}}$$

$$\mathrm{tr}\boldsymbol{A} = \mathrm{tr}\boldsymbol{A}^{\mathrm{T}}$$

$$\nabla_{\boldsymbol{A}}\mathrm{tr}\boldsymbol{ABA}^{\mathrm{T}}\boldsymbol{C} = \left(\boldsymbol{BA}^{\mathrm{T}}\boldsymbol{C}\right)^{\mathrm{T}} + \nabla_{\boldsymbol{A}}\mathrm{tr}\left[\left(\boldsymbol{CAB}\right)\boldsymbol{A}^{\mathrm{T}}\right]^{\mathrm{T}}$$

又由 $(\boldsymbol{AB})^{\mathrm{T}} = \boldsymbol{B}^{\mathrm{T}}\boldsymbol{A}^{\mathrm{T}}$，得

$$\nabla_{\boldsymbol{A}}\mathrm{tr}\boldsymbol{ABA}^{\mathrm{T}}\boldsymbol{C} = \boldsymbol{C}^{\mathrm{T}}\boldsymbol{AB}^{\mathrm{T}} + \nabla_{\boldsymbol{A}}\mathrm{tr}\boldsymbol{A}\left(\boldsymbol{CAB}\right)^{\mathrm{T}}$$

$$= \boldsymbol{C}^{\mathrm{T}}\boldsymbol{AB}^{\mathrm{T}} + \left(\left(\boldsymbol{CAB}\right)^{\mathrm{T}}\right)^{\mathrm{T}}$$

$$= \boldsymbol{C}^{\mathrm{T}}\boldsymbol{AB}^{\mathrm{T}} + \boldsymbol{CAB}$$

下面我们学习正规方程法，它是通过求解 $\nabla_{\boldsymbol{\theta}}J(\boldsymbol{\theta}) = 0$ 来求解使 $J(\boldsymbol{\theta})$ 取得最小值时的 $\boldsymbol{\theta}$。

$$\nabla_{\boldsymbol{\theta}}J(\boldsymbol{\theta}) = \nabla_{\boldsymbol{\theta}}\frac{1}{2}\left(\boldsymbol{X}_1\boldsymbol{\theta} - \boldsymbol{y}\right)^{\mathrm{T}}\left(\boldsymbol{X}_1\boldsymbol{\theta} - \boldsymbol{y}\right)$$

$$= \frac{1}{2}\nabla_{\boldsymbol{\theta}}\mathrm{tr}\left(\boldsymbol{X}_1\boldsymbol{\theta} - \boldsymbol{y}\right)^{\mathrm{T}}\left(\boldsymbol{X}_1\boldsymbol{\theta} - \boldsymbol{y}\right)$$

$$= \frac{1}{2}\nabla_{\boldsymbol{\theta}}\mathrm{tr}\left(\boldsymbol{\theta}^{\mathrm{T}}\boldsymbol{X}_1^{\mathrm{T}} - \boldsymbol{y}^{\mathrm{T}}\right)\left(\boldsymbol{X}_1\boldsymbol{\theta} - \boldsymbol{y}\right)$$

$$= \frac{1}{2} \nabla_{\boldsymbol{\theta}} \mathrm{tr} \left(\boldsymbol{\theta}^{\mathrm{T}} \boldsymbol{X}_1^{\mathrm{T}} \boldsymbol{X}_1 \boldsymbol{\theta} - \boldsymbol{\theta}^{\mathrm{T}} \boldsymbol{X}_1^{\mathrm{T}} \boldsymbol{y} - \boldsymbol{y}^{\mathrm{T}} \boldsymbol{X}_1 \boldsymbol{\theta} + \boldsymbol{y}^{\mathrm{T}} \boldsymbol{y} \right)$$

$$= \frac{1}{2} \left[\nabla_{\boldsymbol{\theta}} \mathrm{tr} \boldsymbol{\theta} \boldsymbol{\theta}^{\mathrm{T}} \boldsymbol{X}_1^{\mathrm{T}} \boldsymbol{X}_1 - \nabla_{\boldsymbol{\theta}} \mathrm{tr} \boldsymbol{y}^{\mathrm{T}} \boldsymbol{X}_1 \boldsymbol{\theta} - \nabla_{\boldsymbol{\theta}} \mathrm{tr} \boldsymbol{y}^{\mathrm{T}} \boldsymbol{X}_1 \boldsymbol{\theta} \right] \tag{9-24}$$

因为 $\nabla_{\boldsymbol{A}} \mathrm{tr} \boldsymbol{A} \boldsymbol{B} \boldsymbol{A}^{\mathrm{T}} \boldsymbol{C} = \boldsymbol{C} \boldsymbol{A} \boldsymbol{B} + \boldsymbol{C}^{\mathrm{T}} \boldsymbol{A} \boldsymbol{B}^{\mathrm{T}}$

所以 $\nabla_{\boldsymbol{\theta}} \mathrm{tr} \boldsymbol{\theta} \boldsymbol{\theta}^{\mathrm{T}} \boldsymbol{X}_1^{\mathrm{T}} \boldsymbol{X}_1 = \nabla_{\boldsymbol{\theta}} \mathrm{tr} \boldsymbol{\theta} \boldsymbol{I} \boldsymbol{\theta}^{\mathrm{T}} \boldsymbol{X}_1^{\mathrm{T}} \boldsymbol{X}_1 = \boldsymbol{X}_1^{\mathrm{T}} \boldsymbol{X}_1 \boldsymbol{\theta} \boldsymbol{I} + \boldsymbol{X}_1^{\mathrm{T}} \boldsymbol{X}_1 \boldsymbol{\theta} \boldsymbol{I}$

$$= \boldsymbol{X}_1^{\mathrm{T}} \boldsymbol{X}_1 \boldsymbol{\theta} + \boldsymbol{X}_1^{\mathrm{T}} \boldsymbol{X}_1 \boldsymbol{\theta} \tag{9-25}$$

由 $\mathrm{tr}\, \boldsymbol{A} \boldsymbol{B} = \mathrm{tr}\, \boldsymbol{B} \boldsymbol{A}$

$$\nabla_{\boldsymbol{\theta}} \mathrm{tr}\, \boldsymbol{y}^{\mathrm{T}} \boldsymbol{X}_1 \boldsymbol{\theta} = \nabla_{\boldsymbol{\theta}} \mathrm{tr}\, \boldsymbol{\theta} \boldsymbol{y}^{\mathrm{T}} \boldsymbol{X}_1$$

又由 $\nabla_{\boldsymbol{A}} \mathrm{tr} \boldsymbol{A} \boldsymbol{B} = \boldsymbol{B}^{\mathrm{T}}$

$$\nabla_{\boldsymbol{\theta}} \mathrm{tr} \boldsymbol{\theta} \boldsymbol{y}^{\mathrm{T}} \boldsymbol{X}_1 = \left(\boldsymbol{y}^{\mathrm{T}} \boldsymbol{X}_1 \right)^{\mathrm{T}} = \boldsymbol{X}_1^{\mathrm{T}} \boldsymbol{y}$$

$$\nabla_{\boldsymbol{\theta}} \mathrm{tr}\, \boldsymbol{y}^{\mathrm{T}} \boldsymbol{X}_1 \boldsymbol{\theta} = \boldsymbol{X}_1^{\mathrm{T}} \boldsymbol{y} \tag{9-26}$$

将公式 (9-25)、(9-26) 代入公式 (9-24) 得

$$\nabla_{\boldsymbol{\theta}} J(\boldsymbol{\theta}) = \frac{1}{2} \left[\boldsymbol{X}_1^{\mathrm{T}} \boldsymbol{X}_1 \boldsymbol{\theta} + \boldsymbol{X}_1^{\mathrm{T}} \boldsymbol{X}_1 \boldsymbol{\theta} - \boldsymbol{X}_1^{\mathrm{T}} \boldsymbol{y} - \boldsymbol{X}_1^{\mathrm{T}} \boldsymbol{y} \right]$$

$$= \boldsymbol{X}_1^{\mathrm{T}} \boldsymbol{X}_1 \boldsymbol{\theta} - \boldsymbol{X}_1^{\mathrm{T}} \boldsymbol{y} \tag{9-27}$$

令 $\nabla_{\boldsymbol{\theta}} J(\boldsymbol{\theta}) = 0$ 即公式 (9-27)=0, 有

$$\boldsymbol{X}_1^{\mathrm{T}} \boldsymbol{X}_1 \boldsymbol{\theta} = \boldsymbol{X}_1^{\mathrm{T}} \boldsymbol{y}$$

$$\Rightarrow \boldsymbol{\theta} = \left(\boldsymbol{X}_1^{\mathrm{T}} \boldsymbol{X}_1 \right)^{-1} \boldsymbol{X}_1^{\mathrm{T}} \boldsymbol{y} \tag{9-28}$$

公式 (9-28) 即为求解 $\boldsymbol{\theta}$ 的正规方程。

通过梯度下降法或者正规方程法求得 $\boldsymbol{\theta}$, 我们就可以构建模型 $f_{\boldsymbol{\theta}}(\boldsymbol{x}) = \boldsymbol{\theta}^{\mathrm{T}} \boldsymbol{x}$, 对未来的新的 $\boldsymbol{x}$, 代入模型公式, 就可计算 $f_{\boldsymbol{\theta}}$ 得到预测结果。

9.3　多元线性回归算法实现及应用

9.3.1　实现步骤

基于上述多元线性回归的基本原理, 可以得出使用梯度下降求解多元线性回归的计算步骤如下:

Step 1. 在训练集中 (N 个样本, 每个样本 n 个特征), 将训练样本按照上文规定, 构建 $\boldsymbol{X}_1$ 矩阵、y 矩阵、假设函数、损失函数如公式 (9-10)、(9-11)、(9-9)、(9-13)。

Step 2. 随机初始化 θ。

Step 3. 按照公式 (9-20) 不断更新 θ，直到收敛，得到 θ 局部最优解。

Step 4. 将 θ 代入公式 (9-9)，构建预测模型，并在测试数据集上计算损失函数 $J(\theta)$。

Step 5. 重复 2~4 步骤，得到多个梯度下降结果及在测试集上的损失值。

Step 6. 比较各个结果在测试集上的损失值，选择损失小的作为 θ 全局最优解，完成梯度下降。

Step 7. 将 θ 的全局最优解代入公式 (9-9)，完成模型的构建。

Step 8. 将未来的新的样本 x 代入模型计算预测值 $f_\theta(x)$。

使用正规方程求解多元线性回归的计算步骤如下：

Step 1. 在训练集中（N 个样本，每个样本 n 个特征），将训练样本按照公式 (9-10)、公式 (9-11)、公式 (9-9) 构建 X_1 矩阵、y 矩阵和预测函数。

Step 2. 使用公式 (9-28) 求解 θ。

Step 3. 将解得的 θ 代入公式 (9-9)，完成模型的构建。

Step 4. 将未来的新的样本 x 代入模型计算预测值 $f_\theta(x)$。

9.3.2 MATLAB 编写代码

我们给出 MATLAB 编写的实现梯度下降算法的函数，程序如下。[1]

```
1   function [theta, J_history]= gradientDescent(X,y,theta,alpha, num_iters)
2       m = length(y);
3       J_history = zeros(num_iters,1);
4       for iter = 1:num_iters
5           temp(1) = theta(1) - (alpha / m )* sum((X * theta - y).*X(:,1));
6           temp(2) = theta(2) - (alpha / m )* sum((X * theta - y).*X(:,2));
7           temp(3) = theta(3) - (alpha / m )* sum((X * theta - y).*X(:,3));
8           temp(4) = theta(4) - (alpha / m )* sum((X * theta - y).*X(:,4));
9           theta(1)=temp(1);
10           theta(2)=temp(2);
11           theta(3)=temp(3);
12           theta(4)=temp(4);
13           J_history(iter)=computerCost(X, y, theta);
14       end
15   end
```

我们给出 MATLAB 编写的实现正规方程算法的函数，程序如下。

---

[1] 该程序的编写参考了互联网资源 https://www.bbsmax.com/A/8Bz8306Ldx/。

```
1   function [theta]= normal_equation (X,y)
2       x_t=X';
3       x1=x_t*X;
4       x2=inv(x1);
5       theta=x2*x_t*y
6   end
```

例 9-1　预测人体血压

利用上面的多元线性回归程序，对血压预测数据集（详见 https://www.cnblogs.com/ xv-yong-qing/p/6700675.html）进行建模。该数据集共有 30 个数据样本，每一样本具有 4 个属性，分别是血压、年龄、体重指数和吸烟习惯。

在该数据集中，每行数据代表一个样本；每列数据代表某个属性。具体地说，第 1~4 列数据分别是属性血压、年龄、体重指数和吸烟习惯的取值。表 9-2 给出了 5 个样本数据的属性及其取值。

表 9-2　血压预测数据集

样本	属性			
	y（血压）	x1（年龄）	x2（体重指数）	x3（吸烟习惯）
1	144	39	24.2	0
2	215	47	31.1	1
3	138	45	22.6	0
4	145	47	24.0	1
5	162	65	25.9	1

接下来，使用多元线性回归算法，实现上述数据的回归和预测。使用梯度下降算法实现线性拟合，程序如下。

```
1    clc; clear all; close all
2    x1=[39 47 45 47 65 46 67 42 67 56 64 56 59 34 42 48 45 18 20 19 36 50 39 21
3        ...  44 53 63 29 25 69]';
4    x2=[24.2 31.1 22.6 24.0 25.9 25.1 29.5 19.7 27.2 19.3 28.0 25.8 27.3 20.1 21.7
5        22.2 27.4 18.8 22.6 21.5 25.0 26.2 23.5 20.3 27.1 28.6 28.3 22.0 25.3
6        27.4]';
7    x3=[0 1 0 1 1 0 1 0 1 0 1 0 0 0 0 1 0 0 0 0 0 1 0 0 1 1 0 1 0 1]';
8    y=[144 215 138 145 162 142 170 124 158 154 162 150 140 110 128 130 135 114
9        116 124 136 142 120 120 160 152 156 142 182 183]';
10   X=[x1,x2,x3];
11   X = [ones(size(X,1),1),X];
12   alpha=0.0003;
```

```
12    num_iters=1000000;
13    theta=[33;0;1;5];
14    [theta, J_history]= gradientDescent(X,y,theta,alpha, num_iters); %梯度下降
15    fprintf('Theta compute from gradient descent:\n');
16    fprintf('%f\n',theta);
17    fprintf('\n');
18    function J = computerCost(X,y,theta)
19        J=0;
20        m = length(y);
21        predictions = X*theta;
22        J =1/(2*m)* (predictions-y)'*(predictions-y);
23    end
```

使用该函数获得的最终参数为

$$\begin{cases} \theta_0 = 33.3514; \\ \theta_1 = 0.1014; \\ \theta_2 = 4.2083; \\ \theta_3 = 9.2979. \end{cases}$$

所得函数关系为

$$y = 33.3514 + 0.1014x_1 + 4.2083x_2 + 9.2979x_3 \tag{9-29}$$

利用公式 (9-29) 便可以实现对测试数据的血压预测。

图 9-12 展示了随着迭代次数的增加, 损失函数的变化曲线。从图中可以看出, 在迭代初期, 损失函数下降很快, 随着迭代次数的增加, 损失函数不断减低, 下降速度也逐渐放缓,

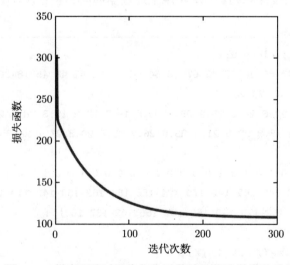

图 9-12 梯度下降过程中损失函数随迭代次数变化曲线

在损失函数成一条水平线或者下降速度非常小时，我们认为迭代结束。图 9-13 展示了不同学习率下随着迭代次数的增加，损失值的变化曲线。学习率在梯度下降算法中决定了每次迭代的步长，从图中可以看出，学习率对梯度下降算法能否正常工作非常重要，如果学习率较大，每一次迭代迈得步子过大，很可能导致算法不收敛，甚至发散，如图中黄色曲线，无法迭代到最小值。如果学习率较小，每一次迭代迈得步子较小，那么算法运行的速度较慢，算法迭代至最小点的时间就会较长，如图中橙色曲线所示。所以选择合适的学习率，如图中蓝色曲线所示，才能使梯度下降算法更好地工作。

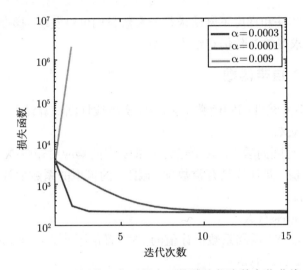

图 9-13 不同学习率下损失函数随迭代次数变化曲线

使用正规方程算法实现线性拟合如下：

```
1    clc; clear all; close all
2    x1=[39 47 45 47 65 46 67 42 67 56 64 56 59 34 42 48 45 18 20 19 36 50 39 21
3       ... 44 53 63 29 25 69]';
4    x2=[24.2 31.1 22.6 24.0 25.9 25.1 29.5 19.7 27.2 19.3 28.0 25.8 27.3 20.1 21.7
5       22.2 27.4 18.8 22.6 21.5 25.0 26.2 23.5 20.3 27.1 28.6 28.3 22.0 25.3
       27.4]';
6    x3=[0 1 0 1 1 0 1 0 1 0 1 0 0 0 0 1 0 0 0 0 0 1 0 0 1 1 0 1 0 1]';
7    y=[144 215 138 145 162 142 170 124 158 154 162 150 140 110 128 130 135 114
8       116 124 136 142 120 120 160 152 156 142 182 183]';
9    X=[x1,x2,x3];
10   X = [ones(size(X,1),1),X];
11   theta= normal_equation (X,y)    %正规方程
```

使用该函数获得的最终参数为

$$\begin{cases} \theta_0 = 33.3632 \\ \theta_1 = 0.1014 \\ \theta_2 = 4.2078 \\ \theta_3 = 9.2991 \end{cases}$$

所得函数关系为

$$y = 33.3632 + 0.1014x_1 + 4.2078x_2 + 9.2991x_3 \tag{9-30}$$

通过对比正规方程法和梯度下降法求得的参数我们可以发现，梯度下降算法迭代 10^6 次后，与正规方程计算求得的参数仍有细小差距。

9.3.3　MATLAB 自带函数

MATLAB 自带多元线性回归函数 regress() 实现线性回归算法。用法如下。

（1）b = regress(y,X)

b = regress(y,X) 返回向量 b，其中包含向量 y 中的响应对矩阵 X 中的预测变量的多元线性回归的系数估计值。要计算具有常数项（截距）的模型的系数估计值，请在矩阵 X 中包含一个由 1 构成的列。

（2）[b,bint] = regress(y,X)

[b,bint] = regress(y,X) 返回系数估计值的 95% 置信区间的矩阵 bint。

（3）[b,bint,r] = regress(y,X)

[b,bint,r] = regress(y,X) 返回由残差组成的向量 r。

（4）[b,bint,r,rint] = regress(y,X)

[b,bint,r,rint] = regress(y,X) 返回矩阵 rint，其中包含可用于诊断离群值的区间。

（5）[b,bint,r,rint,stats] = regress(y,X)

[b,bint,r,rint,stats] = regress(y,X) 返回向量 stats，其中包含 R2 统计量、F 统计量及其 p 值，以及误差方差的估计值。矩阵 X 必须包含一个由 1 组成的列，以便软件正确计算模型统计量。

（6）[...] = regress(y,X,alpha)

[...] = regress(y,X,alpha) 使用 100*(1-alpha)% 置信水平来计算 bint 和 rint。

使用 MATLAB 自带函数实现血压预测数据集线性回归算法如下。

```
1   clear; close all; clc
2   x1=[39 47 45 47 65 46 67 42 67 56 64 56 59 34 42 48 45 18 20 19 36 50 39 21 44
        53 63 29 25 69];
3   x2=[24.2 31.1 22.6 24.0 25.9 25.1 29.5 19.7 27.2 19.3 28.0 25.8 27.3 20.1 21
        22.2 27.4 18.8 22.6 21.5 25.0 26.2 23.5 20.3 27.1 28.6 28.3 22.0 25.3
        27.4];
```

```
4   x3=[0 1 0 1 1 0 1 0 1 0 1 0 0 0 0 1 0 0 0 0 0 1 0 0 1 1 0 1 0 1];
5   y=[144 215 138 145 162 142 170 124 158 154 162 150 140 110 128 130 135 114 116
       124 136 ...  142 120 120 160 152 156 142 182 183];
6   X=[ones(30,1),x1',x2',x3'];
7   b=regress(y', X)
```

最终获得的参数为

$$\begin{cases} \theta_0 = 33.3632 \\ \theta_1 = 0.1014 \\ \theta_2 = 4.2078 \\ \theta_3 = 9.2991 \end{cases}$$

所得函数关系为

$$y = 33.3632 + 0.1014x_1 + 4.2078x_2 + 9.2991x_3 \tag{9-31}$$

9.4　基于核的线性回归

上一节我们介绍了使用线性模型描述特征变量和目标变量之间的关系，以实现对未来的新的目标变量进行预测。那么对于现实中特征变量和目标变量之间非线性的任务，线性回归就不能很好地描述变量之间的关系，从而不能准确地给出新样本的预测值。核方法[2]是解决非线性问题非常有效的方法，本节我们介绍基于核的线性回归。

9.4.1　基于核的线性回归的原理

设训练集有 N 个训练样本 $(\boldsymbol{x}_i, y_i)$，$\boldsymbol{x}_i \in \mathbb{R}^n$，特征映射 ϕ，相应的核函数为 K，构建 $\boldsymbol{X}$、$\boldsymbol{X}_1$、$\boldsymbol{y}$ 矩阵、核矩阵 $\boldsymbol{K}$ 如下：

$$\boldsymbol{X} = \begin{bmatrix} \phi(\boldsymbol{x}_1)^{\mathrm{T}} \\ \vdots \\ \phi(\boldsymbol{x}_N)^{\mathrm{T}} \end{bmatrix} = \begin{bmatrix} \phi\left(x_1^{(1)}\right) & \cdots & \phi\left(x_n^{(1)}\right) \\ \phi\left(x_1^{(2)}\right) & \cdots & \phi\left(x_n^{(2)}\right) \\ \vdots & \vdots & \vdots \\ \phi\left(x_1^{(N)}\right) & \cdots & \phi\left(x_n^{(N)}\right) \end{bmatrix} \tag{9-32}$$

$$\boldsymbol{X}_1 = \begin{bmatrix} 1 & \phi(\boldsymbol{x}_1)^{\mathrm{T}} \\ \vdots & \vdots \\ 1 & \phi(\boldsymbol{x}_N)^{\mathrm{T}} \end{bmatrix} = [\boldsymbol{1}_{N\times 1}, \boldsymbol{X}] \tag{9-33}$$

$$y = \begin{bmatrix} y_1 \\ \vdots \\ y_N \end{bmatrix} \tag{9-34}$$

$$\boldsymbol{K} = \begin{bmatrix} K(\boldsymbol{x}_1, \boldsymbol{x}_1) & \cdots & K(\boldsymbol{x}_1, \boldsymbol{x}_N) \\ \vdots & \cdots & \vdots \\ \vdots & \vdots & \vdots \\ K(\boldsymbol{x}_N, \boldsymbol{x}_1) & \cdots & K(\boldsymbol{x}_N, \boldsymbol{x}_N) \end{bmatrix} \tag{9-35}$$

$$= \begin{bmatrix} \langle \phi(\boldsymbol{x}_1), \phi(\boldsymbol{x}_1) \rangle & \cdots & \langle \phi(\boldsymbol{x}_1), \phi(\boldsymbol{x}_N) \rangle \\ \vdots & \cdots & \vdots \\ \vdots & \vdots & \vdots \\ \langle \phi(\boldsymbol{x}_N), \phi(\boldsymbol{x}_1) \rangle & \cdots & \langle \phi(\boldsymbol{x}_N), \phi(\boldsymbol{x}_N) \rangle \end{bmatrix}$$

$$= \begin{bmatrix} \phi\left(x_1^{(1)}\right) & \cdots & \phi\left(x_n^{(1)}\right) \\ \phi\left(x_1^{(2)}\right) & \cdots & \phi\left(x_n^{(2)}\right) \\ \vdots & \vdots & \vdots \\ \phi\left(x_1^{(N)}\right) & \cdots & \phi\left(x_n^{(N)}\right) \end{bmatrix} \begin{bmatrix} \phi\left(x_1^{(1)}\right) & \cdots & \phi\left(x_1^{(N)}\right) \\ \vdots & \cdots & \vdots \\ \vdots & \vdots & \vdots \\ \phi\left(x_n^{(1)}\right) & \cdots & \phi\left(x_n^{(N)}\right) \end{bmatrix}$$

$$= \boldsymbol{X}\boldsymbol{X}^{\mathrm{T}} \tag{9-36}$$

根据正规方程: $\boldsymbol{X}_1^{\mathrm{T}}\boldsymbol{X}_1\boldsymbol{\theta} = \boldsymbol{X}_1^{\mathrm{T}}\boldsymbol{y} \Rightarrow \boldsymbol{\theta} = \left(\boldsymbol{X}_1^{\mathrm{T}}\boldsymbol{X}_1\right)^{-1}\boldsymbol{X}_1^{\mathrm{T}}\boldsymbol{y}$ 有

$$\boldsymbol{\theta} = \left(\boldsymbol{X}_1^{\mathrm{T}}\boldsymbol{X}_1\right)\left(\boldsymbol{X}_1^{\mathrm{T}}\boldsymbol{X}_1\right)^{-1}\left(\boldsymbol{X}_1^{\mathrm{T}}\boldsymbol{X}_1\right)^{-1}\boldsymbol{X}_1^{\mathrm{T}}\boldsymbol{y} = \left(\boldsymbol{X}_1^{\mathrm{T}}\boldsymbol{X}_1\right)\left(\boldsymbol{X}_1^{\mathrm{T}}\boldsymbol{X}_1\right)^{-2}\boldsymbol{X}_1^{\mathrm{T}}\boldsymbol{y}$$

令 $\boldsymbol{\alpha} = \boldsymbol{X}_1\left(\boldsymbol{X}_1^{\mathrm{T}}\boldsymbol{X}_1\right)^{-2}\boldsymbol{X}_1^{\mathrm{T}}\boldsymbol{y}$, 则

$$\boldsymbol{\theta} = \boldsymbol{X}_1^{\mathrm{T}}\boldsymbol{\alpha} \tag{9-37}$$

用 $\boldsymbol{X}_1^{\mathrm{T}}\boldsymbol{\alpha}$ 替换式 $\boldsymbol{X}_1^{\mathrm{T}}\boldsymbol{X}_1\boldsymbol{\theta} = \boldsymbol{X}_1^{\mathrm{T}}\boldsymbol{y}$ 中的 $\boldsymbol{\theta}$, 得

$$\boldsymbol{X}_1^{\mathrm{T}}\boldsymbol{X}_1\boldsymbol{X}_1^{\mathrm{T}}\boldsymbol{\alpha} = \boldsymbol{X}_1^{\mathrm{T}}\boldsymbol{y}$$

两边同乘以 $\boldsymbol{X}_1$, 则有

$$\boldsymbol{X}_1\boldsymbol{X}_1^{\mathrm{T}}\boldsymbol{X}_1\boldsymbol{X}_1^{\mathrm{T}}\boldsymbol{\alpha} = \boldsymbol{X}_1\boldsymbol{X}_1^{\mathrm{T}}\boldsymbol{y}$$

令 $\boldsymbol{K}_1 = \boldsymbol{X}_1\boldsymbol{X}_1^{\mathrm{T}}$, 则上式有

$$\boldsymbol{K}_1^2\boldsymbol{\alpha} = \boldsymbol{K}_1\boldsymbol{y} \Rightarrow \boldsymbol{K}_1\boldsymbol{\alpha} = \boldsymbol{y} \Rightarrow \boldsymbol{\alpha} = \boldsymbol{K}_1^{-1}\boldsymbol{y} \tag{9-38}$$

$$K_1 = X_1 X_1^{\mathrm{T}} = [\mathbf{1}_{N \times 1}, X] \begin{bmatrix} \mathbf{1}_{1 \times N} \\ X^{\mathrm{T}} \end{bmatrix} = \mathbf{1}_{N \times N} + X X^{\mathrm{T}}$$

$$= \mathbf{1}_{N \times N} + K \tag{9-39}$$

将公式 (9-39) 代入公式 (9-37)、公式 (9-38) 得

$$\alpha = (\mathbf{1}_{N \times N} + K)^{-1} y \tag{9-40}$$

$$\theta = X_1^{\mathrm{T}} \alpha = X_1^{\mathrm{T}} (\mathbf{1}_{N \times N} + K)^{-1} y \tag{9-41}$$

为了方便读者理解，在这里我们统一列出了涉及的向量维度如表 9-3 所示。

表 9-3　各向量维度

向量名称	维度
X	$N \times n$
X^{T}	$n \times N$
K	$N \times N$
K_1	$N \times N$
X_1^{T}	$(n+1) \times N$
$(\mathbf{1}_{N \times N} + K)^{-1}$	$N \times N$
y	$N \times 1$
θ	$(n+1) \times 1$
α	$N \times 1$

对输入 x，有模型的预测结果：

$$\begin{aligned}
f_{\theta}(x) &= \left[1, \phi(x)^{\mathrm{T}}\right] \theta = \left[1, \phi(x)^{\mathrm{T}}\right] X^{\mathrm{T}} \alpha \\
&= \left[1, \phi(x)^{\mathrm{T}}\right] \begin{bmatrix} \mathbf{1}_{1 \times N} \\ X^{\mathrm{T}} \end{bmatrix} \alpha \\
&= \left(\mathbf{1}_{1 \times N} + (X \phi(x))^{\mathrm{T}}\right) \alpha \\
&= \left[1 + K(x^1, x), \cdots, 1 + K(x^N, x)\right] \alpha \\
&= (\alpha^1 + \cdots + \alpha^N) + \alpha^1 K(x^1, x) + \cdots + \alpha^N K(x^N, x)
\end{aligned} \tag{9-42}$$

9.4.2　基于核的多元线性回归的实现步骤

设训练集样本为 N 个，且每个样本 $x_i \in \mathbb{R}^n$。基于上述基于核的多元线性回归的基本原理，可以得出基于核的多元线性回归的计算步骤如下。

Step 1. 将训练集样本的目标变量 y_i 写成向量 y 如公式 (9-34)。

Step 2. 确定核函数 K，按照公式 (9-35) 计算 $\boldsymbol{K}$。

Step 3. 将 $\boldsymbol{K}$ 和 $\boldsymbol{y}$ 代入公式 (9-40) 计算 $\boldsymbol{\alpha}$。

Step 4. 对新的样本 $\boldsymbol{x}$ 计算 $K\left(\boldsymbol{x}^1, \boldsymbol{x}\right), \cdots, K\left(\boldsymbol{x}^N, \boldsymbol{x}\right)$。

Step 5. 将计算得的 $\boldsymbol{\alpha}, K\left(\boldsymbol{x}^1, \boldsymbol{x}\right), \cdots, K\left(\boldsymbol{x}^N, \boldsymbol{x}\right)$ 代入公式 (9-42) 得到预测结果。

9.4.3 基于核的线性回归算法的实现与应用

使用 MATLAB 实现基于核的线性回归算法程序如下。[①]

```
1    function kval = rbf_kernel(u,v,sigma)
2      kval = exp(-(1/(2*sigma^2))*(repmat(sqrt(sum(u.^2,2).^2),1,size(v,1))...
3        -2*(u*v')+repmat(sqrt(sum(v.^2,2)'.^2),size(u,1),1)));;
4    end
```

例题 2：利用上述的基于核的线性回归算法对 Census 数据集进行建模

Census 数据集是 MATLAB 自带的关于美国人口数量的数据集，其共有 21 个数据样本，每个样本均具有 2 个属性：年份（cdate）和人口（pop）。其中，年份的取值范围是 1790—1990 年，抽样间隔为的 10 年。

在该数据集中，每行数据代表一个样本；每列数据代表某个属性。具体地说，第 1、2 列数据分别是年份和人口。表 9-4 给出了 5 个例子。

表 9-4 Census 数据集

样本	属性	
	年份（cdate）	人口（pop）
1	1790	3.90
2	1800	5.30
3	1810	7.20
4	1820	9.60
5	1830	12.90

将横坐标设为年份、纵坐标设为人口，则 Census 数据集的原始数据分布可以由图 9-14 表示。

接下来，使用标准的线性回归算法和基于 Kernel 的线性回归算法，实现上述数据的回归和预测。

使用标准的线性回归算法对数据集进行拟合，程序如下。

---

① 该程序与例题 2 都参考了互联网资源 https://www.ilovematlab.cn/thread-313371-1-1.html。

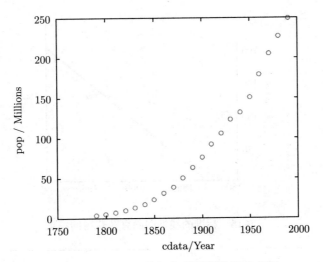

图 9-14　Census 数据集的原始数据分布图

```
1     clear; close all; clc
2     load census;
3     x = cdate;
4     y = pop;
5     plot(x,y,'ro');
6     hold on
7     %线性回归
8     [N,d]=size(x);
9     X=[ones(N,1),x];
10    hw=pinv(X'*X)*X'*y;
11    yhat=X*hw;
12    R2=norm(y-yhat)^2/norm(y-mean(y))^2;
13    xfit=linspace(min(x),max(x),100)';
14    yfit=[ones(size(xfit,1),1),xfit]*hw;
15    plot(xfit,yfit,'b-');
16    xlabel('Year');
17    ylabel('Millions');
18    axis([min(x),max(x),min(y),max(y)]);
19    title(['R^2=' num2str(R2)]);
20    pause
```

采用标准的线性回归算法获得结果如图 9-15 所示。

然后使用基于 kernel 的线性回归算法对数据集进行拟合，程序如下。

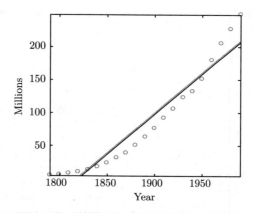

图 9-15　标准的线性回归算法获得的结果

```
1      clear; close all; clc
2      load census;
3      x = cdate;
4      y = pop;
5      plot(x,y,'ro');
6      hold on
7      %基于核的线性回归
8      sigma=[200];
9      figure
10     for i=1:length(sigma)
11     K=rbf_kernel(x,x,sigma(i));
12     ha=pinv(ones(size(K))+K)*y;
13     yhat=(ones(size(K))+K)*ha;
14     R2=norm(y-yhat)^2/norm(y-mean(y))^2;
15     Ktest=rbf_kernel(xfit,x,sigma(i));
16     yfit=(ones(size(Ktest))+Ktest)*ha;
17     plot(x,y,'ro');
18     hold on
19     plot(xfit,yfit,'g-');
20     xlabel('cdata/Year');
21     ylabel('pop/Millions');
22     axis([min(x),max(x),min(y),max(y)]);
23     title([ '\sigma=', num2str(sigma(i))]);
24     hold off
25     pause(0.5)
26     end
```

采用基于 kernel 的线性回归算法获得结果如图 9-16 所示。

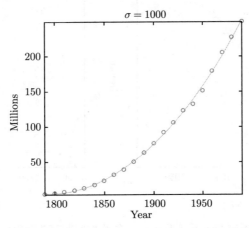

图 9-16 采用 kernel（$\sigma = 100$）的线性回归算法获得的结果

在不同参数情况下，基于 kernel 的线性回归算法获得结果分别如图 9-17 所示，图中绿色线条为拟合结果。

表 9-5 显示了不同 σ 参数下拟合结果的误差值。

通过上述例子得到以下结论：基于 kernel 的线性回归算法的拟合结果与 kernel 变换采用的参数有关：采用合适的参数，可以获得准确的拟合结果，如图 9-17 所示。当数据具有非线性特征时，通过采用合适的参数，基于 kernel 的线性回归算法可以获得比标准的线性回归算法更加准确的拟合结果，如图 9-15 和图 9-16 所示。

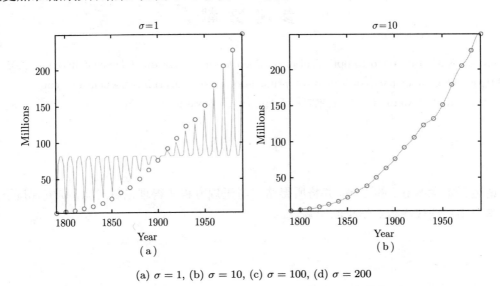

(a) $\sigma = 1$, (b) $\sigma = 10$, (c) $\sigma = 100$, (d) $\sigma = 200$

图 9-17 不同参数下基于 kernel 的线性回归算法获得的结果

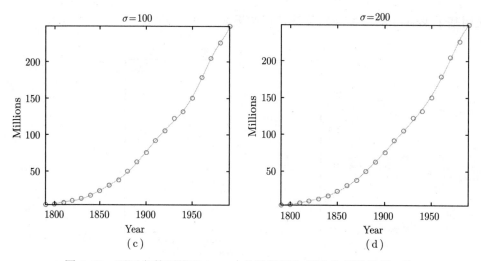

图 9-17　不同参数下基于 kernel 的线性回归算法获得的结果（续）

表 9-5　不同 σ 下拟合结果的误差值

	误差值
1	1.1114e-29
10	2.2752e-27
100	2.1819 e-04
200	4.9621e-04
1000	0.0012

参 考 文 献

[1] Ayoosh Kathuria. Intro to optimization in deep learning: Gradient Descent [EB/OL].[2018-6-1]. https://blog.paperspace.com/intro-to-optimization-in-deep-learning-gradient-descent/.

[2] 李政轩，Kernel Method 中文视频教程，http://www.powercam.cc/chli.

习　　题

　　请运行本章例 9-1 的程序，并将所得结果与正规方程所得理论解对比，研究梯度下降法中的学习率和迭代次数对结果的影响。

第10章
逻辑回归

监督学习主要有两个应用：回归和分类。例如，预测明天天气的温度是回归问题，预测明天天气是冷还是热是分类问题；预测考试的分数是回归问题，预测考试是否通过是分类问题。第 9 章讲授了线性回归，本章讲授用于分类的逻辑回归，包括算法的原理、实现及应用。

10.1　逻辑回归的背景

逻辑回归是一种常用的经典的分类算法，是一种广义线性回归（generalized linear model）。图 10-1 显示了线性回归与逻辑回归的区别。

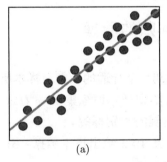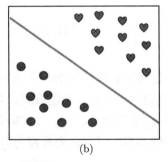

(a)　　　　　　　　　　　　　(b)

(a) 线性回归, (b) 逻辑回归

图 10-1　线性回归与逻辑回归的区别

如图 10-1 所示，线性回归输出是连续的，逻辑回归是离散的；线性回归完成方式是建立线性的拟合线，逻辑回归完成方式是建立决策线。

图 10-2 给出按分类结果个数逻辑回归的分类情况。

$$
逻辑回归
\begin{cases}
二元逻辑回归线性 \\
多元逻辑回归
\begin{cases}
多元无序 \\
多元有序
\end{cases}
\end{cases}
$$

图 10-2　按分类结果个数逻辑回归的分类

如果分类结果是两种，称为二元分类问题，如电子邮件是否为垃圾邮件，肿瘤是良性还是恶性，身材是高是矮，是胖是瘦、论文答辩通过不通过、文章接收发表还是拒稿、消费者是否购买房产和网上交易成功还是失败等都属于二分类问题。如果分类结果是两种以上，称为多元分类问题，如甲状腺结节分为六个等级，学生成绩分为优秀、良好、一般、差，文章大修改、微小修改、接收发表、拒稿，购买公寓、别墅、平房等属于多元分类问题。多元逻辑回归又分为多元无序逻辑回归和多元有序回归，如果分类的类别无对比意义，那么称为无序对比；如果分类的类别有对比意义，那么称为有序对比。表 10-1 给出多元无序逻辑回归和多元有序逻辑回归的例子。

表 10-1　多元无序逻辑回归和多元有序逻辑回归的例子

多元 logistic 回归	例子	说明
多元无序	公寓，别墅，平方	类别无对比意义
多元有序	优秀，良好，一般，差，大修改，微小修改，接收，发表，拒稿	类别有对比意义

按逻辑回归模型中样本输入特征的组合方式，逻辑回归分为线性和非线性的，如图 10-3 所示。本章主要研究二元线性逻辑回归。

$$逻辑回归 \begin{cases} 线性 \text{(样本输入特征组合线性)} \\ 非线性 \text{(样本输入特征组合非线性)} \end{cases}$$

图 10-3　按逻辑回归模型中样本输入特征的组合方式逻辑回归的分类

10.2　逻辑回归的原理

逻辑回归的目标是利用标签的样本数据，找到一个合适的模型对样本所属的类别进行预测，逻辑回归是监督学习。以二元逻辑回归为例，给定样本训练集 $D = \{(\boldsymbol{x}_1, y_1), (\boldsymbol{x}_2, y_2), \cdots, (\boldsymbol{x}_N, y_N)\}$，其中 $\boldsymbol{x}_i$ 为样本，$y_i \in \{0,1\}$ 为样本所属的类别标签。

比如亚洲女性体重大于 65 公斤视为胖型，表 10-2 给出样本数据，图 10-4 显示这些样本点。

我们希望像线性回归一样，基于样本学习得到一条预测直线，当预测直线 $f > 0.5$，输出为 1，反之为 0。从图 10-4(a) 似乎可行，但是如果加了两个大体重样本（如图 10-4(b) 所示），按照这样的方式就不能得到正确、合理的结果。原因是我们假设预测是线性关系，输出 f 会随着 x 增大而增大（或者减少），逻辑回归无论 x 取值范围如何，输出都是 0，或者 1，可见对逻辑回归不能像线性回归那样假设线性关系 $\boldsymbol{\theta}^{\mathrm{T}} \boldsymbol{x}$，而应该将线性组合做个映射，如式 (10-1) 所示。

$$y = L\left(\boldsymbol{\theta}^{\mathrm{T}} \boldsymbol{x}\right) \tag{10-1}$$

表 10-2　样 本 数 据

样本	体重	类型
1	45	非胖
2	48	非胖
3	50	非胖
4	53	非胖
5	66	胖
6	67	胖
7	70	胖
8	72	胖
9	80	胖
10	85	胖

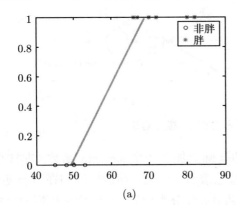 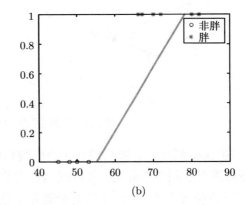

图 10-4　样本点数据

对于二元逻辑回归问题，y 的值要么 0，要么 1。我们熟悉的 sigmoid 函数如式 (10-2) 所示。

$$\text{sigmoid}\,(z) = \frac{1}{1 + e^{-z}} \tag{10-2}$$

图 10-5 显示了 sigmoid 函数的函数形式。

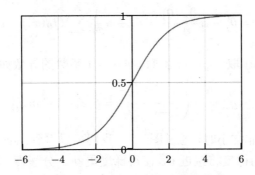

图 10-5　sigmoid 函数的函数形式

sigmoid 中的 "sigmoid" 意为 "S" 形，该函数输出范围在 0 到 1 之间，且在 0 点附近的输出值变化较陡，可以将连续的 z 值映射为接近 0 或 1 的值，所以把二元逻辑回归中的映射函数 L 取为 sigmoid 函数，二元逻辑回归的模型是

$$y = f_{\boldsymbol{\theta}}(\boldsymbol{x}) = \frac{1}{1 + \mathrm{e}^{-\boldsymbol{\theta}^{\mathrm{T}}\boldsymbol{x}}} \tag{10-3}$$

可以将输出 y 视为概率，按阈值方法实现分类，如公式 (10-4) 所示。

$$\begin{aligned}\boldsymbol{\theta}^{\mathrm{T}}\boldsymbol{x} > 0, y > 0.5 \Rightarrow y = 1 \\ \boldsymbol{\theta}^{\mathrm{T}}\boldsymbol{x} < 0, y < 0.5 \Rightarrow y = 0\end{aligned} \tag{10-4}$$

图 10-6 显示线性回归和逻辑回归的模型对比。

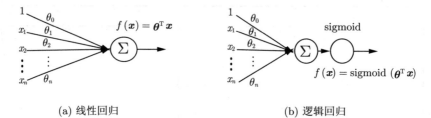

(a) 线性回归　　　　　　　　　　　　(b) 逻辑回归

图 10-6　线性回归和逻辑回归的模型对比

如图 10-6 所示，逻辑回归是在线性回归的基础上加了一个 sigmoid 函数（非线形）映射，使得逻辑回归实现分类。线性回归在实数域上敏感度一致，而逻辑回归在 0 附近敏感，在远离 0 点位置不敏感，这个的好处就是模型更加关注分类边界，可以增加模型的鲁棒性。

接下来讨论如何利用样本数据确定公式 (10-3) 的参量 $\boldsymbol{\theta} = [\theta_0, \theta_1, \cdots, \theta_n]^{\mathrm{T}} \in \mathbb{R}^{n+1}$，在线性回归中，目标函数（代价函数）选取如式 (10-5) 所示。

$$J(\theta_0, \theta_1, \cdots, \theta_n) = \frac{1}{2N}\sum_{i}^{N}\mathrm{Cost}(f_{\boldsymbol{\theta}}(\boldsymbol{x}_i), y_i) = \frac{1}{2N}\sum_{i}^{N}(f_{\boldsymbol{\theta}}(\boldsymbol{x}_i) - y_i)^2 \tag{10-5}$$

求参量 $\boldsymbol{\theta} = [\theta_0, \theta_1, \cdots, \theta_n]^{\mathrm{T}} \in \mathbb{R}^{n+1}$ 的迭代公式如式 (10-6) 所示。

$$\theta_j^{l+1} = \theta_j^l - \alpha\frac{\partial J(\boldsymbol{\theta})}{\partial \boldsymbol{x}_j} = \theta_j - \alpha\frac{1}{N}\sum_{i}^{N}(f_{\boldsymbol{\theta}}(\boldsymbol{x}_i) - y_i)x_j^{(i)} \tag{10-6}$$

在逻辑回归中，$f_{\boldsymbol{\theta}}(\boldsymbol{x})$ 取 sigmoid 函数。sigmoid 函数的导数如式 (10-7) 所示。

$$g'(z) = \left(\frac{\mathrm{e}^{-z}}{1 + \mathrm{e}^{-z}}\right)^2 = g(z) \cdot [1 - g(z)] \tag{10-7}$$

当 z 值非常大或者非常小时，通过图 10-5 我们可以看到，sigmoid 函数的导数 $g'(z)$ 将接近 0。这会导致权重的梯度将接近 0，使得梯度更新十分缓慢，即梯度消失。所以在逻辑回归中代价函数取公式 (10-5) 所示的方差形式是不合适的。

由公式 (10-4)，当 $\boldsymbol{\theta}^{\mathrm{T}}\boldsymbol{x} > 0, f_{\boldsymbol{\theta}}(\boldsymbol{x}) > 0.5$ 判定样本属于第 1 类 $(y = 1)$。在这种情况下，$\boldsymbol{\theta}^{\mathrm{T}}\boldsymbol{x}$ 越大，$f_{\boldsymbol{\theta}}(\boldsymbol{x})$ 越接近 1，预测为第一类的越准确，误差越小，也就是说，$y = 1$ 代价函数（误差函数）与 $f_{\boldsymbol{\theta}}(\boldsymbol{x})$ 成反比；当 $\boldsymbol{\theta}^{\mathrm{T}}\boldsymbol{x} < 0$, $f_{\boldsymbol{\theta}}(\boldsymbol{x}) < 0.5$ 判定样本属于第 2 类 $(y = 0)$，在这种情况下，$\boldsymbol{\theta}^{\mathrm{T}}\boldsymbol{x}$ 越小，$f_{\boldsymbol{\theta}}(\boldsymbol{x})$ 越接近 0，预测为第 2 类的越准确，误差越小，也就是说，$y = 0$ 代价函数（误差函数）与 $f_{\boldsymbol{\theta}}(\boldsymbol{x})$ 成正比，如图 10-7 所示。

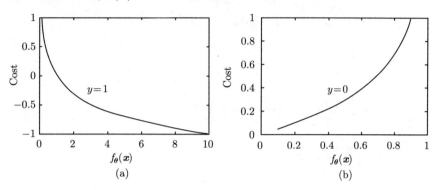

图 10-7　代价函数与 $f_{\boldsymbol{\theta}}(\boldsymbol{x})$ 之间的关系

对逻辑回归，代价函数设为如下形式：

$$\mathrm{Cost}\,(f_{\boldsymbol{\theta}}\,(\boldsymbol{x})\,,y) = -y\log f_{\boldsymbol{\theta}}\,(\boldsymbol{x}) - (1 - y)\log\,(1 - f_{\boldsymbol{\theta}}\,(\boldsymbol{x})) \tag{10-8}$$

$$\mathrm{Cost}\,(f_{\boldsymbol{\theta}}\,(\boldsymbol{x})\,,y) = \begin{cases} -\log\,(f_{\boldsymbol{\theta}}\,(\boldsymbol{x})), & \text{if } y = 1 \\ -\log\,(1 - f_{\boldsymbol{\theta}}\,(\boldsymbol{x})), & \text{if } y = 0 \end{cases} \tag{10-9}$$

$$\begin{aligned} J\,(\boldsymbol{\theta}) &= \frac{1}{N}\sum_{i=1}^{N}\mathrm{Cost}\,(f_{\boldsymbol{\theta}}\,(\boldsymbol{x}_i)\,,y_i) \\ &= -\frac{1}{N}\left[\sum_{i=1}^{N}y_i\log f_{\boldsymbol{\theta}}\,(\boldsymbol{x}_i) + (1 - y_i)\log\,(1 - f_{\boldsymbol{\theta}}\,(\boldsymbol{x}_i))\right] \end{aligned} \tag{10-10}$$

可以采用梯度下降法求解公式 (10-10) 的目标函数的优化问题。

梯度下降法的迭代公式为

$$\theta_j = \theta_j - \alpha\frac{\partial}{\partial\theta_j}J\,(\boldsymbol{\theta}) \tag{10-11}$$

接下来给出 $\dfrac{\partial}{\partial\theta_j}J(\boldsymbol{\theta})$，如式 (10-12) 所示。

$$\begin{aligned} \frac{\partial}{\partial\theta_j}J(\boldsymbol{\theta}) &= \frac{\partial}{\partial\theta_j}\left[-\frac{1}{N}\sum_{i=1}^{N}\left[-y_i\log\left(1 + \mathrm{e}^{-\boldsymbol{\theta}^{\mathrm{T}}\boldsymbol{x}_i}\right) - (1 - y_i)\log\left(1 + \mathrm{e}^{\boldsymbol{\theta}^{\mathrm{T}}\boldsymbol{x}_i}\right)\right]\right] \\ &= -\frac{1}{N}\sum_{i=1}^{N}\left[-y_i\frac{-x_j^{(i)}\mathrm{e}^{-\boldsymbol{\theta}^{\mathrm{T}}\boldsymbol{x}_i}}{1 + \mathrm{e}^{-\boldsymbol{\theta}^{\mathrm{T}}\boldsymbol{x}_i}} - (1 - y_i)\frac{x_j^{(i)}\mathrm{e}^{\boldsymbol{\theta}^{\mathrm{T}}\boldsymbol{x}_i}}{1 + \mathrm{e}^{\boldsymbol{\theta}^{\mathrm{T}}\boldsymbol{x}_i}}\right] \end{aligned}$$

$$= -\frac{1}{N} \sum_{i=1}^{N} \left[y_i \frac{x_j^{(i)}}{1 + e^{\boldsymbol{\theta}^{\mathrm{T}} \boldsymbol{x}_i}} - (1 - y_i) \frac{x_j^{(i)} e^{\boldsymbol{\theta}^{\mathrm{T}} \boldsymbol{x}_i}}{1 + e^{\boldsymbol{\theta}^{\mathrm{T}} \boldsymbol{x}_i}} \right]$$

$$= -\frac{1}{N} \sum_{i=1}^{N} \frac{y_i x_j^{(i)} - x_j^{(i)} e^{\boldsymbol{\theta}^{\mathrm{T}} \boldsymbol{x}_i} + y_i x_j^{(i)} e^{\boldsymbol{\theta}^{\mathrm{T}} \boldsymbol{x}_i}}{1 + e^{\boldsymbol{\theta}^{\mathrm{T}} \boldsymbol{x}_i}}$$

$$= -\frac{1}{N} \sum_{i=1}^{N} \frac{y_i \left(1 + e^{\boldsymbol{\theta}^{\mathrm{T}} \boldsymbol{x}_i}\right) - e^{\boldsymbol{\theta}^{\mathrm{T}} \boldsymbol{x}_i}}{1 + e^{\boldsymbol{\theta}^{\mathrm{T}} \boldsymbol{x}_i}} x_j^{(i)}$$

$$= -\frac{1}{N} \sum_{i=1}^{N} \left(y_i - \frac{e^{\boldsymbol{\theta}^{\mathrm{T}} \boldsymbol{x}_i}}{1 + e^{\boldsymbol{\theta}^{\mathrm{T}} \boldsymbol{x}_i}} \right) x_j^{(i)}$$

$$= -\frac{1}{N} \sum_{i=1}^{N} \left(y_i - \frac{1}{1 + e^{-\boldsymbol{\theta}^{\mathrm{T}} \boldsymbol{x}_i}} \right) x_j^{(i)}$$

$$= \frac{1}{N} \sum_{i=1}^{N} \left(f_{\boldsymbol{\theta}} \left(\boldsymbol{x}_i\right) - y_i \right) x_j^{(i)} \tag{10-12}$$

设定好 α 和迭代次数，由梯度下降法求出参量 $\boldsymbol{\theta} = [\theta_0, \theta_1, \cdots, \theta_n]^{\mathrm{T}} \in \mathbb{R}^{n+1}$。对新的样本 $\boldsymbol{x}'$，如果 $\boldsymbol{\theta}^{\mathrm{T}} \boldsymbol{x}' > 0$，$\boldsymbol{x}'$ 属于第一类；$\boldsymbol{\theta}^{\mathrm{T}} \boldsymbol{x}' < 0$，$\boldsymbol{x}'$ 属于第二类，所以把 $\boldsymbol{\theta}^{\mathrm{T}} \boldsymbol{x}' = 0$ 称为决策线。

下面总结逻辑回归的优缺点：

（1）容易扩展到多分类问题。

（2）训练速度快，分类速度快。

（3）对许多简单样本数据分类精度高。

（4）容易抗过拟合。

（5）线性决策线有时对复杂问题过于简单。

10.3　逻辑回归算法的实现

10.3.1　MATLAB 代码

我们给出 MATLAB 编写的实现逻辑回归算法的函数，程序如下。[①]

```
1    function[theta]=logistic_regression(x1,x2,Z, itera_num,alpha)
2    for alpha_i = 1:length(alpha)
3      theta = zeros(n+1, 1);
4      J = zeros(itera_num, 1);
5      for i =itera_num%计算出某个学习速率alpha下迭代itera_num次数后的参数
```

---

① 该程序的编写参考了互联网资源 https://www.cnblogs.com/hyb965149985/p/10601418.html?ivk_sa= 1024320u 和 https://www.pianshen.com/article/5136882026/。

```
6        z = x * theta;
7        h = g(z);
8        J(i) =(1/sample_num).*sum(-y.*log(h) - (1-y).*log(1-h));%损失函数
9        grad = (1/sample_num).*x'*(h-y);
10       theta = theta - alpha(alpha_i).*grad;
11   end
12   plot(0:itera_num-1, J(1:itera_num),char(plotstyle(alpha_i)), 'LineWidth', 2)
13   hold on
14   if(1 == alpha(alpha_i))
15      theta_best = theta;
16   end
17 end
18 end
```

例题 1：利用上面的逻辑回归算法程序，对下面介绍的数据集进行分类。

数据集描述：这个数据集是为深入理解逻辑回归分类算法而构建的数据集。该数据集共有 23 个样本，其中：正样本有 10 个，标记为 $Z=1$；负样本有 13 个，标记为 $Z=0$。每一样本均具有两个特征，分别表示为 x_1 和 x_2，其取值均为实数。

在该数据集中，每行数据代表一个样本；每列数据代表某个特征或者标签。具体地说，第 2、3 列数据分别是特征 x_1 和 x_2 的取值，第 4 列数据是样本的标签。表 10-3 给出了数据集中每类数据的特征值名称和标签以及具体取值。

表 10-3　逻辑回归分类数据集

样本	特征		标签
	x_1	x_2	
1	0.85	4.35	1
2	0.95	4.00	1
3	1.15	4.55	1
4	0.90	3.50	1
5	1.30	4.30	1
6	1.10	3.40	1
7	1.35	3.75	1
8	0.80	4.10	1
9	1.20	4.00	1
10	1.25	3.45	1
11	0.42	3.35	0
12	0.33	2.90	0
13	0.60	2.70	0

续表

样本	特征		标签
	x_1	x_2	
14	0.45	3.00	0
15	0.70	2.30	0
16	0.57	3.40	0
17	0.81	2.50	0
18	0.97	2.10	0
19	0.89	2.20	0
20	0.69	3.15	0
21	0.50	2.25	0
22	0.37	2.50	0
23	0.80	2.75	0

显示该数据集的原始数据分布的 MATLAB 代码如下，结果如图 10-8 所示。

```
1    x1=[0.85,0.95,1.15,0.90,1.30,1.10,1.35,0.80,1.20,1.25, ...
        0.42,0.33,0.60,0.45,0.70,0.57,0.81,0.97,0.89,0.69,0.50,0.37,0.80];
2    x2=[4.35,4.00,4.55,3.50,4.30,3.40,3.75,4.10,4.00,3.45, ...
        3.35,2.90,2.70,3.00,2.30,3.40,2.50,2.10,2.20,3.15,2.25,2.50,2.75];
3    Z=[1.00,1.00,1.00,1.00,1.00,1.00,1.00,1.00,1.00,1.00, ...
        0.00,0.00,0.00,0.00,0.00,0.00,0.00,0.00,0.00,0.00,0.00,0.00,0.00];
4    x=[x1',x2'];
5    y =Z';
6    [m, n] = size(x);
7    sample_num = m;
8    x = [ones(m, 1), x];
9    pos = find(y == 1);% pos是y=1所在的位置序号组成的向量
10   neg = find(y == 0);% neg是y=0所在的位置序号组成的向量
11   figure;
12   plot(x(pos, 2), x(pos,3), '+')%用+表示那些y=1所对应的样本
13   hold on
14   plot(x(neg, 2), x(neg, 3), 'o')%用o表示那些y=0所对应的样本
15   legend('Z=1', 'Z=0');
16   hold on
17   xlabel('x_{1}')
18   ylabel('x_{2}')
```

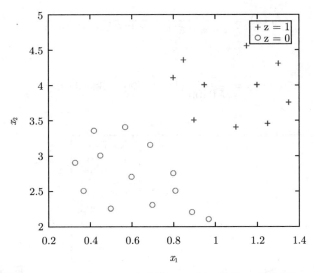

图 10-8 逻辑回归分类数据集的原始数据分布图

接下来，设置迭代次数和学习速率参数。迭代次数设置为 20000，梯度下降算法学习率设置为 0.01、0.05、0.10、0.25、0.50、1.00。调用逻辑回归算法程序，得到最终的参数，各个学习率获得的损失函数如图 10-9 所示。该部分的 MATLAB 代码如下。

```
1    itera_num=20000;%迭代次数
2    g = inline('1.0 ./ (1.0 + exp(-z))');%构建函数
3    plotstyle = {'b', 'r', 'g', 'k', 'b--', 'r--'};
4    figure;
5    alpha = [ 0.01, 0.05,0.10,0.25,0.50 ,1.00 ];%设置学习速率参数
6    theta=logistic_regression(x1,x2,Z,itera_num,alpha)
7    legend( '0.01', '0.05', '0.10', '0.25', '0.50' , '1.00');
8    xlabel('Number of iterations')
9    ylabel('Cost function')
```

从图 10-9 可以看出，梯度下降算法学习率设置为 1.00 时，损失函数收敛最快。

最终获得的参数为

$$
\begin{cases}
\theta_0 = -38.4949 \\
\theta_1 = 18.5981 \\
\theta_2 = 7.0409
\end{cases}
\tag{10-13}
$$

所得分类器模型为

$$f_{\boldsymbol{\theta}}(x) = \frac{1}{1 + \mathrm{e}^{-(-38.4949 + 18.5981x_1 + 7.0409x_2)}} \tag{10-14}$$

其分类边界为

$$x_2 = \frac{-1}{7.0409}(18.5981x_1 - 38.4949) \tag{10-15}$$

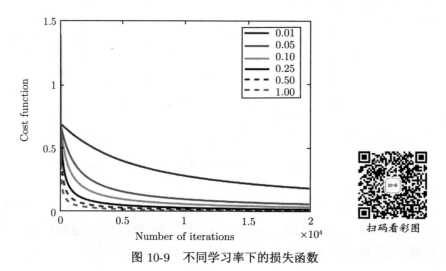

图 10-9 不同学习率下的损失函数

利用公式 (10-14) 可以对测试数据进行识别预测：若输出为 1，则为正样本；若输出为 0，则为负样本。具体的结果如图 10-10 所示，该部分 MATLAB 代码如下。

```
1    plot_x = [min(x(:,2))-0.2,  max(x(:,2))+0.2];
2    plot_y = (-1./theta(3)).*(theta(2).*plot_x +theta(1));
3    figure;
4    plot(x(pos, 2), x(pos,3), '+')
5    hold on
6    plot(x(neg, 2), x(neg, 3), 'o')
7    hold on
8    plot(plot_x, plot_y)
9    legend('正样本','负样本', '分类边界')
10   xlabel('x_{1}')
11   ylabel('x_{2}')
12   hold off
13   prob1 = g([1, 2, 4.35]*theta)
14   prob2 = g([1, 0.5,0.5]*theta)
```

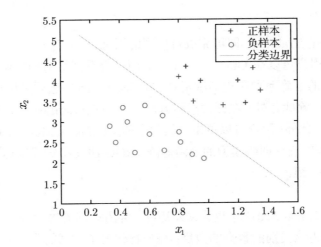

图 10-10　对逻辑回归分类数据集进行分类的结果

10.3.2　基于 Classification Learner 工具箱实现逻辑回归

MATLAB 带有 "Classification Learner" 工具箱，可以选择不同的算法来训练和交叉验证二类问题或多类问题。工具箱包括 PCA 数据预处理，分类类型包括逻辑回归、决策树、判别分析、支持向量机等分类方法。工具箱可以实现特征选择、方案验证、训练模型、检验训练结果等功能，有着良好的人机交互性。工具箱使用的主要步骤如下。

（1）启动

在命令行输入 "ClassificationLearner"，回车，进入 Classification Learner 工具箱界面。

（2）导入数据

在工具箱界面中点击 New Session 导入数据，这里可以选择导入工作区中的数据也可以选择文件夹下的其他数据集。进入到 New Session 界面后在 Response 栏下设置类别变量（通常为待训练样本的已知类别），之后在 Predictor 栏下设置特征变量（通常为数据的所有特征）。数据设置结束之后还需要对验证方式进行设置。为保证训练的准确性，一般选择交叉验证模式进行验证，折数设置为 5，设置结束后单击 Start Session 即可进入训练环节。

（3）设置特征变量

在工具栏的 Feature Selection 选项中可以对数据进行特征选择，在这里用户可以仅选择一部分特征变量参与训练。系统默认为导入所有的特征变量。

（4）设置 PCA

用户可以使用工具栏中 PCA 选项对数据进行降维以降低处理，该功能只适用于特征变量较多的数据集。系统默认不使用 PCA 降维。

（5）设置训练方式

在工具栏 Classifier 选项中可以选择数据的训练方式，选项卡中的 Logistic Regression 选项即为逻辑回归分类算法。

（6）训练

在工具栏中单击 Training，即可完成对模型的训练。

训练结束后，用户可以在 Current Model 界面中查看训练的相关信息，在 History 界面可以查看训练得到的准确率和历史训练记录，在 Scatter Plot 选项卡中可以查看数据的散点分布图和分类效果。除此之外，在评价指标方面，ClassificationLearner 工具箱还为用户可视化了模型评价指标。此外，用户可以单击工具栏中的 Confusion Matrix，ROC Curve，Paraller Coordinates Plot 分别查看训练模型的混淆矩阵，ROC 曲线和平行坐标图，下面将对各个评价指标进行详细的介绍。

（1）混淆矩阵

混淆矩阵（confusion matrix）也称误差矩阵。混淆矩阵的每一列代表了预测类别，每一列的总数表示预测为该类别的数据的数目；每一行代表了数据的真实归属类别，每一行的数据总数表示该类别的数据实际的数目。

（2）ROC 曲线

ROC 曲线（receiver operating characteristic curve）又称为感受性曲线，是根据一系列不同的二分类方式（分界值或决定阈值），以真阳性率 TPR（true positive rate）为纵坐标，假阳性率 FPR（false positive rate）为横坐标绘制的曲线。对于二分类问题，可以假设最终将样本数据集划分为 A 类和 B 类。其中，TPR 可以用式 (10-16) 计算，TP 表示模型将 A 类正确预测为 A 类的数量，FP 表示模型将 B 类错误的预测为 A 类的数量。

$$TPR = \frac{TP}{TP + FN} \tag{10-16}$$

FPR 计算式与式 (10-16) 类似，可以用式 (10-17) 表示。FN 表示模型将 A 类错误预测为 B 类的数量，TN 表示模型将 B 类正确的预测为 B 类的数量。详细情况如表 10-4 所示。

$$FPR = \frac{FP}{FP + TN} \tag{10-17}$$

表 10-4　分类情况表

所属类别	预测结果	
A 类	TP(将 A 类正确预测为 A 类)	FN(将 A 类错误预测为 B 类)
B 类	FP(将 B 类错误的预测为 A 例)	TN（将 B 类正确的预测为 B 类）

由此我们可以得到，ROC 曲线中最接近于 (0,1) 的点为最佳阈值分类点，此时 TPR 达到最大且 FPR 达到最小。继而我们可以得知，曲线的最佳分类点越接近 (0,1) 点（即越趋近于正方形）则该模型分类效果越好。

除此之外，该曲线包围的面积大小也可以作为衡量分类效果的指标，该面积值又称 AUC（area under curve）。假设分类器的输出是样本属于正类的置信度，则 AUC 的物理意义为，任取一对（正、负）样本，正样本的置信度大于负样本的置信度的概率。当 AUC =1

时分类模型为完美分类器，但绝大多数预测的场合，一般不存在完美分类器；当 0.5 < AUC < 1 时，该模型优于随机猜测，有一定预测价值；当 AUC = 0.5 时，该模型等同于随机猜测，没有预测价值；当 AUC < 0.5 时，则建议执行反预测，反预测后可能效果更为理想。

（3）平行坐标图

平行坐标图是一种用于对高维几何和多元数据的可视化表示形式，其优势在于可以清晰地表现三维或更多维度的数据的关联性问题。平行坐标图中纵向是属性值，横向是属性类别，不同类别用不同的颜色折线图表示。就逻辑回归分类问题而言，其横向坐标图表示每个数据的各个特征变量（为方便展示，若特征数量较多，则只取其中 10 个作为展示），纵坐标通常表示为每个数据的各个特征变量对应的值。

例题 2　使用 Classification Learner 工具箱中的逻辑回归分类方法，完成表 10-3 的数据集分类，计算其准确率并计算其评价指标。

将数据集的两个特征变量和一个类别变量按上述方法导入 Classification Learner 工具箱中并进行训练，这里验证方式依然选择交叉验证，折数设置为 5。由于该数据集特征变量较少且数据量较少，应选择所有特征向量参与训练且无须使用 PCA 降维。训练后得到的散点图如图 10-11 所示，其中 "×" 表示训练得到的模型分类错误的样本，"●" 和 "○" 表示训练得到的模型分类正确的样本。可以看到所有样本全部分类正确，准确率为 100%。

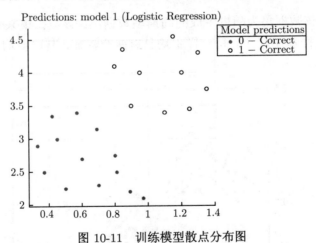

图 10-11　训练模型散点分布图

在训练结束后，我们可以得到可视化的模型评价指标，由于数据集中的特征变量仅为两个，故这里不考虑其平行坐标图。其中，模型混淆矩阵，ROC 曲线如图 10-12 所示。这里可以看到在图 10-12(a) 的混淆矩阵中，该模型将 13 个本应该属于 0 类的数据成功分类，将 10 个本应该属于 1 类的数据成功分类。在图 10-12(b) 的 ROC 曲线中，将伪阳性率（FPR）定义为 X 轴，真阳性率（TPR）定义为 Y 轴。可以看到当前分类点的值为 [0,1]，也就是说所有的样本都成功分配到所属类别，分类效果达到最佳。

例题 3　使用 Classification Learner 工具箱中的逻辑回归分类方法，对下面介绍的数据集进行分类, 计算其准确率并计算其评价指标。

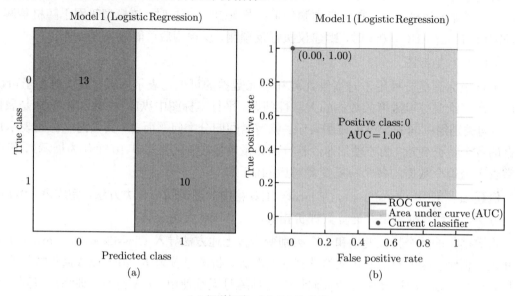

(a) 混淆矩阵, (b) ROC 曲线

图 10-12　评价指标的可视化图像

数据集描述：该数据集为随机生成的高斯型数据集。该数据集共有 200 个样本, 其中正样本 100 个, 负样本 100 个。每一样本均具有两个特征, 其取值均为实数, 数据分布如图 10-13 所示。

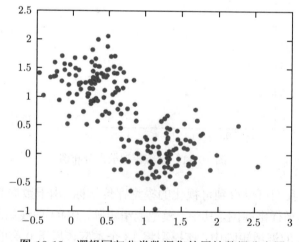

图 10-13　逻辑回归分类数据集的原始数据分布图

将数据集的两个特征变量和一个类别变量按上述方法导入 Classification Learner 工具箱并进行训练, 这里验证方式依然选择交叉验证, 折数设置为 5。由于该数据集特征变量较少且数据量较少, 应选择所有特征向量参与训练且无须使用 PCA 降维。训练后得到的散点图

如图 10-14 所示，其中 "×" 表示训练得到的模型分类错误的样本，"●" 表示训练得到的模型分类正确的样本。可以看到对于高斯分布的数据集，模型的分类准确率达到了 98%。

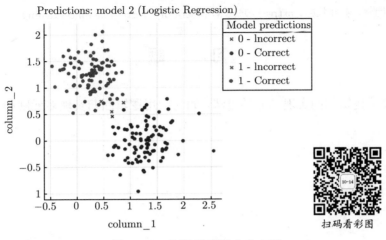

图 10-14　训练模型散点分布图

在训练结束后，我们可以得到可视化的模型评价指标。和例题 2 类似，该数据集中的特征变量也为两个，故这里同样不考虑其平行坐标图。得到的模型混淆矩阵，ROC 曲线如图 10-15 所示。这里可以看到在图 10-15(a) 的混淆矩阵中，该模型将 97 个本应该属于 0 类的数据成功分类，将 99 个本应该属于 1 类的数据成功分类，将 1 个本应该属于 1 类的数据错误的分类到 0 类中，将 3 个本应该属于 0 类的数据错误的分类到 1 类中。在图 10-15(b) 的 ROC 曲线中，将伪阳性率（FPR）定义为 X 轴，真阳性率（TPR）定义为 Y 轴。可以看到当前分类点的值为 [001,0.97]，也就是说所有的样本几乎都成功分配到所属类别，分类效果较为理想。

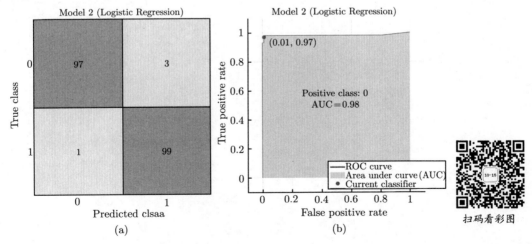

(a) 混淆矩阵，(b) ROC 曲线

图 10-15　评价指标的可视化图像

参 考 文 献

吴恩达，机器学习（网课），https://www.coursera.org/learn/machine-learning/.

习　　题

我们讲授了逻辑回归实现二分类方法，如何应用逻辑回归实现多元回归？

第11章
贝叶斯分类器

通常对样本进行分类时, 分类器并不能百分之百肯定应该将某一样本分为哪一类, 而只能告诉我们将某个样本归为某一类的概率有多大, 这样的分类器是基于概率的分类器。本章介绍一种常见的基于概率的分类器: 贝叶斯分类器。

11.1　算法定义

朴素贝叶斯分类器（naïve Bayes classifiers）是机器学习算法中一种相对简单的概率分类器。朴素贝叶斯分类器基于特征间高度独立的假设, 应用贝叶斯定理, 是最简单的贝叶斯网络模型中的一种。

11.2　算法原理

贝叶斯分类器是基于概率的算法, 其中用到了两个重要的概率: 先验概率（prior probability）和后验概率（posterior probability）。先验概率是指在事件未发生时, 估计该事件发生的概率。比如投掷一枚匀质硬币, "字" 朝上的概率。后验概率是一个条件概率, 是指基于某个条件事件的发生、估计另一个事件发生的概率。比如一个盒子里面有 5 个球, 2 个红球, 3 个白球, 求在取出一个红球后, 再取出白球的概率。后验概率和条件概率具有相同的数学表达形式。

在一个分类任务中, 假设有 N 种可能的类别标签, 即 $y = \{c_1, c_2, \cdots, c_N\}$, λ_{ij} 表示将一个真实标记为 c_j 的样本误分类为 c_i 时产生的损失。后验概率 $p(c_i|x)$ 表示将样本 x 分类为 c_i 的概率。

贝叶斯定理提供了一种计算条件概率的原则方法。在事件 B 发生的条件下事件 A 发生的后验概率 $P(A|B)$ 可通过如下贝叶斯公式计算:

$$P(c_i|x) = \frac{P(x|c_i) * P(c_i)}{P(x)} \tag{11-1}$$

公式 (11-1) 中的分母 $P(x)$ 也叫 "证据（evidence）"，它本质上是一个归一化常数。可以证明归一化常数 $P(x)$ 可以不考虑，即后验概率与给定 c_i 时 x 的概率与先验概率 $P(c_i)$ 的乘积成正比。c_i 的先验概率 $P(c_i)$ 表示在样本空间中，各类样本所占的比例，一般可通过等概率假设计算（即：先验概率 =1/类别数量）。$P(x|c_i)$ 表示样本 x 相对于类标签 c_i 的**类条件概率**，当可以假设：对已知类别，所有的属性相互独立，即满足 "属性条件独立性假设"（attribute conditional independence assumption）时，可以使用朴素贝叶斯分类器（naive Bayes Classifier）。

$P(c|x)$ 可以重写为

$$P(c_i|x) = \frac{P(c_i)}{P(x)} \prod_{i=1}^{d} P(x_i|c) \tag{11-2}$$

对应的朴素贝叶斯判定准则为

$$c = \mathrm{argmax}_{c \in y} P(c) \prod_{i=1}^{d} P(x_i|c) \tag{11-3}$$

当不满足 "属性条件独立性假设"（attribute conditional independence assumption）时，不能直接通过样本计数的方式计算，可以使用极大似然估计（maximum likelihood estimate，MLE）的方式计算。首先假设样本符合某个确定的概率分布形式，然后使用极大似然法估计这个分布的参数 θ。公式如下：

$$\mathrm{LL}(\theta_c) = \sum_{x \in D_C} \log P(x|\theta_c) \tag{11-4}$$

其中，Dc 表示样本空间中 c 类样本集合。所以对参数 θ 的最大似然估计为

$$\hat{\theta}_c = \mathrm{argmax}_{\theta_c} \mathrm{LL}(\theta_c) \tag{11-5}$$

11.3 算法实现及应用举例

11.3.1 人员分类

问题：根据测量的特征判断给定的人是男性还是女性。特征包括身高、体重和鞋码。训练样本集如表 11-1 所示。数据集的统计信息如表 11-2 所示。

假设男性和女性在大样本中出现的概率是相等的，所以 P（male）= P（female）= 0.5。先验概率分布可基于对较大人群中各类出现频率或训练集中各类出现频率的了解进行设置。

表 11-3 给出一个待测样本，需要我们根据上面分类器判断是男性还是女性。

表 11-1 数 据 集

性别	身高（英尺）	体重（磅）	鞋码（英寸）
男	6	180	12
男	5.92 (5'11'')	190	11
男	5.58 (5'7'')	170	12
男	5.92 (5'11'')	165	10
女	5	100	6
女	5.5 (5'6'')	150	8
女	5.42 (5'5'')	130	7
女	5.75 (5'9'')	150	9

表 11-2 数据集均值和方差统计

性别	均值（身高）	方差（身高）	均值（体重）	方差（体重）	均值（鞋码）	方差（鞋码）
男	5.855	$3.5033*10^{-2}$	176.25	$1.2292*10^{2}$	11.25	$9.1667*10^{-1}$
女	5.4175	$9.7225*10^{-2}$	132.5	$5.5833*10^{2}$	7.5	1.6667

表 11-3 待 测 样 本

人员	身高（英尺）	体重（磅）	鞋码（英尺）
样本	6	130	8

我们希望确定该样本为男性或女性的概率哪个更大。对于男性分类，后验概率为

$$\text{posterior(male)} = \frac{P(\text{male})p(\text{height}|\text{male})p(\text{weight}|\text{male})p(\text{footsize}|\text{male})}{\text{evidence}} \quad (11\text{-}6)$$

对于女性分类，后验概率为

$$\text{posterior(female)} = \frac{P(\text{female})p(\text{height}|\text{female})p(\text{weight}|\text{female})p(\text{footsize}|\text{female})}{\text{evidence}} \quad (11\text{-}7)$$

可以计算出证据（也称为归一化常数）$P(x)$：

$$\begin{aligned} \text{evidence} = {} & P(\text{male})p(\text{height}|\text{male})p(\text{weight}|\text{male})p(\text{footsize}|\text{male}) \\ & + P(\text{female})p(\text{height}|\text{female})p(\text{weight}|\text{female})p(\text{footsize}|\text{female}) \end{aligned} \quad (11\text{-}8)$$

但是，在给定样本的情况下，证据是一个常数，对两个后验概率的缩放是一样的。因此，它不影响分类，可以忽略。现在，我们确定样本性别的概率分布。

$$P(\text{male}) = 0.5$$

$$p(\text{height}|\text{male}) = \frac{1}{\sqrt{2\pi\sigma^2}} \exp\left(\frac{-(6-\mu)^2}{2\sigma^2}\right) \approx 1.5789 \quad (11\text{-}9)$$

其中，正态分布的参数 $\mu = 5.855$ 且 $\sigma^2 = 3.5033 \times 10^2$ 已从训练样本中得到（如表 11-2）。请注意，此处 $p(\text{height}|\text{male})$ 的值大于 1 是可以的，因为高度是连续变量，因此它是概率密度而不是概率。

$$p(\text{weight}|\text{male}) = \frac{1}{\sqrt{2\pi\sigma^2}} \exp\left(\frac{-(130-\mu)^2}{2\sigma^2}\right) = 5.9881 \times 10^{-6}$$

$$p(\text{footsize}|\text{male}) = \frac{1}{\sqrt{2\pi\sigma^2}} \exp\left(\frac{-(8-\mu)^2}{2\sigma^2}\right) = 1.3112 \times 10^{-6}$$

$$\text{posterior\_numerator}(\text{male}) = \text{their\_product} = 6.1984 \times 10^{-9}$$
$$P(\text{female}) = 0.5$$
$$p(\text{height}|\text{female}) = 2.2346 \times 10^{-1}$$
$$p(\text{weight}|\text{female}) = 1.6789 \times 10^{-2}$$
$$p(\text{footsize}|\text{female}) = 2.8669 \times 10^{-1}$$
$$\text{posterior\_numerator}(\text{female}) = \text{their\_product} = 5.3778 \times 10^{-4}$$

(11-10)

由于女性的后验概率的分子更大，因此我们预测该样本为女性。

11.3.2 数据分类

上一节的例子中我们直接使用已经整理好的训练样本集合。实际应用中一般情况下得到的数据是需要进行预处理的。采用贝叶斯算法进行分类一般包含三个过程。

（1）准备工作阶段。这个阶段的任务是为朴素贝叶斯分类做必要的准备，主要工作是根据具体情况确定特征属性，并对每个特征属性进行适当划分，然后由人工对一部分待分类项进行分类，形成训练样本集合。这一阶段的输入是所有待分类数据，输出是特征属性和训练样本。这一阶段是整个朴素贝叶斯分类中唯一需要人工完成的阶段，其质量对整个过程将有重要影响，分类器的质量很大程度上由特征属性、特征属性划分及训练样本质量决定。本部分采用 MATLAB 随机生成训练与测试数据，实验效果如图 11-1 所示。

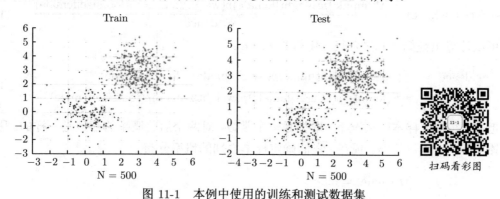

图 11-1　本例中使用的训练和测试数据集

（2）之后是分类器训练阶段。这个阶段的任务就是生成分类器，主要工作是计算每个类别在训练样本中的出现频率及每个特征属性划分对每个类别的条件概率估计，并将结果记录。其输入是特征属性和训练样本，输出是分类器。这一阶段是机械性阶段，根据前面讨论的公式可以由程序自动计算完成。

（3）分类器训练完成后，就是应用阶段。这个阶段的任务是使用分类器对待分类项进行分类，其输入是分类器和待分类项，输出是待分类项与类别的映射关系。本例中就是将之前随机生成的数据，输入到训练好的模型中去，图 11-2 中展示的是采用贝叶斯分类器与传统的基于欧式距离的两种分类算法的区别的实际效果图。

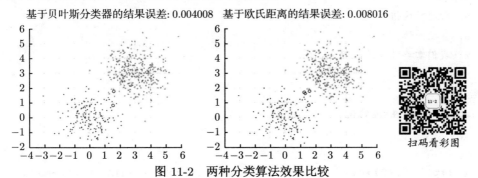

图 11-2　两种分类算法效果比较

代码实现部分

```
function [z] = bayes_classifier(m, S, P, X)
%{
 函数功能:
    利用基于最小错误率的贝叶斯对测试数据进行分类
 参数说明:
    m: 数据的均值
    S: 数据的协方差
    P: 数据类别分布概率
    X: 我们需要测试的数据
 函数返回:
    z: 数据所属的分类
%}
[~, c] = size(m);
[~, n] = size(X);
z = zeros(n, 1);
t = zeros(c, 1);
for i = 1:n
  for j = 1:c
    t(j) = P(j) * comp_gauss_dens_val( m(:,j), S(:,:,j), X(:,i) );
  end
  [~, z(i)] = max(t);
end
end
```

贝叶斯分类器：bayes_classifier.m

```
function [ z ] = comp_gauss_dens_val( m, s, x )
%{
   参数说明：
      m：数据的均值
      s：数据的协方差
      x：我们需要计算的数据点

   函数返回：
      z：高斯分布在x处的值
%}

z=(1/((2*pi)^(1/2)*det(s)^0.5)) * exp(-0.5*(x-m)'*inv(s)*(x-m));


end
```

欧氏距离分类器

```
function [ z ] = euclidean_classifier( m, X )
%{
 参数说明：
      m：数据的均值，由ML对训练数据，参数估计得到
      X：我们需要测试的数据

 函数返回：
      z：数据所属的分类
%}

[~, c] = size(m);
[~, n] = size(X);

z = zeros(n, 1);
de = zeros(c, 1);
for i = 1:n
  for j = 1:c
      de(j) = sqrt( (X(:,i)-m(:,j))' * (X(:,i)-m(:,j)) );
  end
  [~, z(i)] = min(de);
end
```

```
end

function [ m_hat , s_hat ] = gaussian_ML_estimate( X )
 %{
    函数功能：
        样本正态分布的最大似然估计

        参数说明：
            X: 训练样本

        函数返回：
            m_hat: 样本由极大似然估计得出的正态分布参数，均值
            s_hat: 样本由极大似然估计得出的正态分布参数，方差
 %}

% 样本规模
[~, N] = size(X);
% 正态分布样本总体的未知均值μ的极大似然估计就是训练样本的算术平均
m_hat = (1/N) * sum(transpose(X))';

% 正态分布中的协方差阵Σ的最大似然估计量等于N个矩阵的算术平均值
s_hat = zeros(1);
for k = 1:N
    s_hat = s_hat + (X(:, k)-m_hat) * (X(:, k)-m_hat)';
end
s_hat = (1/N)*s_hat;
 end

function [ data , C ] = generate_gauss_classes( M, S, P, N )
%{
函数功能：
    生成样本数据，符合正态分布
    参数说明：
        M: 数据的均值向量
        S: 数据的协方差矩阵
        P: 各类样本的先验概率，即类别分布
        N: 样本规模
    函数返回
        data: 样本数据（2*N维矩阵）
```

```
    C: 样本数据的类别信息
%}
[~, c] = size(M);
data = [];
C = [];
for j = 1:c
  % z = mvnrnd(mu,sigma,n);
  % 产生多维正态随机数，mu为期望向量，sigma为协方差矩阵，n为规模。
  % fix 函数向零方向取整
  t = mvnrnd(M(:,j), S(:,:,j), fix(P(j)*N))';
  data = [data t];
  C = [C ones(1, fix(P(j) * N)) * j];
end
end


% 二维正态分布的两分类问题（ML估计）
clc;
clear;
% 两个类别数据的均值向量
Mu = [0 0; 3 3]';
% 协方差矩阵
S1 = 0.8 * eye(2);
S(:, :, 1) = S1;
S(:, :, 2) = S1;
% 先验概率（类别分布）
P = [1/3 2/3]';
% 样本数据规模
% 收敛性：无偏或者渐进无偏，当样本数目增加时，收敛性质会更好
N = 500;
% 1.生成训练和测试数据
%{
  生成训练样本
  N = 500,   c = 2, d = 2
  μ1=[0, 0]'   μ2=[3, 3]'
  S1=S2=[0.8, 0; 0.8, 0]
  p(w1)=1/3    p(w2)=2/3
%}
randn('seed', 0);
[X_train, Y_train] = generate_gauss_classes(Mu, S, P, N);
```

```
figure();
hold on;
class1_data = X_train(:, Y_train==1);
```

主函数 main.m

```
class2_data = X_train(:, Y_train==2);
plot(class1_data(1, :), class1_data(2, :), 'r.');
plot(class2_data(1, :), class2_data(2, :), 'g.');
grid on;
title('Train');
xlabel('N=500');
%{
    用同样的方法生成测试样本
    N = 500,  c = 2, d = 2
    μ1=[0, 0]'    μ2=[3, 3]'
    S1=S2=[0.8, 0; 0.8, 0]
    p(w1)=1/3    p(w2)=2/3
%}
randn('seed', 100);
[X_test, Y_test] = generate_gauss_classes(Mu, S, P, N);
figure();
hold on;
test1_data = X_test(:, Y_test==1);
test2_data = X_test(:, Y_test==2);
plot(test1_data(1, :), test1_data(2, :), 'r.');
plot(test2_data(1, :), test2_data(2, :), 'g.');
grid on;
title('Test');
xlabel('N=500');
% 2.用训练样本采用ML方法估计参数
% 各类样本只包含本类分布的信息，也就是说不同类别的参数在函数上是独立的
[mu1_hat, s1_hat] = gaussian_ML_estimate(class1_data);
[mu2_hat, s2_hat] = gaussian_ML_estimate(class2_data);
mu_hat = [mu1_hat, mu2_hat];
s_hat = (1/2) * (s1_hat + s2_hat);
% 3.用测试样本和估计出的参数进行分类
% 使用欧式距离进行分类
z_euclidean = euclidean_classifier(mu_hat, X_test);
```

```
% 使用贝叶斯方法进行分类
z_bayesian = bayes_classifier(Mu, S, P, X_test);
% 4.计算不同方法分类的误差
err_euclidean = ( 1-length(find(Y_test == z_euclidean')) / length(Y_
    test) );
err_bayesian = ( 1-length(find(Y_test == z_bayesian')) / length(Y_
    test) );
% 输出信息
disp(['Error rate based on Euclidean distance classification:',
    num2str(err_euclidean)]);
disp(['The error rate of bayesian classification based on the minimum
    error rate:', num2str(err_bayesian)]);
%%**贝叶斯分类: **
 % 画图展示
    figure();
    hold on;
    z_euclidean = transpose(z_euclidean);
    o = 1;
    q = 1;
    for i = 1:size(X_test, 2)
      if Y_test(i) ~= z_euclidean(i)
          plot(X_test(1,i), X_test(2,i), 'bo');
      elseif z_euclidean(i)==1
          euclidean_classifier_results1(:, o) = X_test(:, i);
          o = o+1;
      elseif z_euclidean(i)==2


          euclidean_classifier_results2(:, q) = X_test(:, i);
          q = q+1;
          end
    end
    plot(euclidean_classifier_results1(1, :), euclidean_classifier_
        results1(2, :), 'r.');
    plot(euclidean_classifier_results2(1, :), euclidean_classifier_
        results2(2, :), 'g.');
    title(['基于欧氏距离的结果误差:', num2str(err_euclidean)]);
    grid on;
    figure();
```

```
hold on;
z_bayesian = transpose(z_bayesian);
o = 1;
q = 1;
for i = 1:size(X_test, 2)
  if Y_test(i) ~= z_bayesian(i)
     plot(X_test(1,i), X_test(2,i), 'bo');
  elseif z_bayesian(i)==1
     bayesian_classifier_results1(:, o) = X_test(:, i);
     o = o+1;
  elseif z_bayesian(i)==2
     bayesian_classifier_results2(:, q) = X_test(:, i);
     q = q+1;
  end
end
plot(bayesian_classifier_results1(1, :), bayesian_classifier_
   results1(2, :), 'r.');
plot(bayesian_classifier_results2(1, :), bayesian_classifier_
   results2(2, :), 'g.');
title(['基于贝叶斯分类器的结果误差:', num2str(err_bayesian)]);
grid on;
```

参 考 文 献

[1] Rennie J D, Shih L, Teevan J, et al. Tackling the poor assumptions of naive bayes text classi-fiers[C]//Proceedings of the 20th international conference on machine learning (ICML-03). 2003: 616-623.

[2] Pang-Ning T, Machael S, Vipin K, etc. Introduction to Data Mining[M]. Peking: Post & Telecom Press, 2011.

[3] 周志华. 机器学习 [M]. 北京: 清华大学出版社, 2016.

[4] 李航. 统计学习方法 [M]. 北京: 清华大学出版社, 2012.

[5] Bishop C. Pattern Recognition and Machine Learning, Springer, 2006.

习　　题

使用 sklearn 完成新闻主题分类任务。首先使用 sklearn 中提供的具有词频向量化功能的 CountVectorizer 类进行文本数据向量化处理, 然后分别使用 MultinomialNB 类中的 fit 函数和 predict 函数进行训练与预测。

第12章
决策树

12.1 算法定义

决策树算法采用树形结构,使用层层推理来实现最终的分类,是一种逻辑简单的机器学习算法。决策树反映对象特征属性与对象目标值之间的一种映射关系。决策树由根节点、内部节点、叶节点构成。根节点包含样本的全集;内部节点对应特征属性测试;叶节点代表决策的结果,如图 12-1 所示。

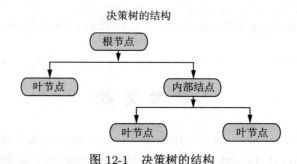

图 12-1　决策树的结构

预测时,在树的内部节点处用某一属性值进行判断,根据判断结果决定进入哪个分支节点,直到到达叶节点处,得到分类结果。

可以看出,决策树执行的是基于 if-then-else 规则的有监督学习算法。决策树是一种简单的机器学习算法,它易于实现,可解释性强,符合人类的直观思维,有着广泛的应用。

12.2 算法原理

决策树学习包括特征选择、决策树生成和决策树剪枝三个步骤。

在特征选择阶段,筛选出跟分类结果相关性较高的特征,也就是分类能力较强的特征。所以特征选择的作用是决定了使用哪些特征来做判断。在特征选择中通常使用的判断准则是：信息增益。

在决策树生成阶段，根据已选择好的特征，从根节点出发，对节点计算所有特征的信息增益，选择信息增益最大的特征作为节点特征，根据该特征的不同取值建立子节点；对每个子节点使用相同的方式生成新的子节点，直到信息增益很小或者没有特征可以选择为止。

决策树剪枝的主要目的是对抗 "过拟合"，通过主动去掉部分分支来降低过拟合的风险。

决策树分为分类树和回归树两种，分类树对离散变量做决策，输出是样本的预测类别；回归树对连续变量做决策，输出是一个实数。

目前已有三种典型的决策树算法：ID3、C4.5、CART。

12.2.1　ID3（iterative dichotomiser 3，迭代二叉树 3 代）算法

ID3 是最早提出的决策树算法，这种算法利用信息增益来选择特征，每次选择信息增益最大的特征作为分支标准。ID3 算法没有剪枝的过程，为了去除过度数据匹配的问题，可通过设置信息增益阀值、裁剪合并相邻的无法产生大量信息增益的叶子节点。使用信息增益有一个缺点：它偏向于具有大量值的属性，就是说在训练集中，某个属性所取的不同值的个数越多，就越有可能被选择作为分裂属性，而这样做有时候是没有意义的。此外，ID3 不能处理连续分布的数据特征。

下面解释什么是信息增益。在决策树的分类问题中，信息增益（information gain）是针对一个特定的分支标准（branching criteria）T，计算原有数据的信息熵与引入该分支标准后的信息熵之差。信息增益的定义如下：

$$\text{Gain}(D,a) = \text{Ent}(D) - \sum_{v=1}^{V} \frac{|D^V|}{D} \text{Ent}(D^V) \tag{12-1}$$

其中 a 是有 V 个不同取值的离散特征，使用特征 a 对样本集 D 进行划分会产生 V 个分支，D^V 表示 D 中所有在特征 a 上取值为 a^v 的样本，即第 v 个分支的节点集合。$\frac{|D^V|}{|D|}$ 表示分支节点的权重，即分支节点的样本数越多，其影响越大。

信息熵（information entropy）这一概念在 1948 年由香农引入。它是指离散随机事件出现的概率，一个系统越是有序，信息熵就越低，反之一个系统越是混乱，它的信息熵就越高。所以信息熵可以被认为是系统有序化程度的一个度量。

对于有 K 个类别的分类问题来说，假定样本集合 D 中第 k 类样本所占的比例为 $p_k(k = 1, 2, ..., K)$，则样本集合 D 的信息熵定义为

$$\text{Ent}(D) = -\sum_{k=1}^{K} p_k \cdot \log_2 p_k \tag{12-2}$$

可以看出，ID3 算法的基本思想是：首先计算出原始数据集的信息熵，然后依次将数据中的每一个特征作为分支标准，并计算其相对于原始数据的信息增益，选择最大信息增益的分支标准来划分数据，因为信息增益越大，区分样本的能力就越强，越具有代表性。重复上述过程从而生成一棵决策树，很显然这是一种自顶向下的贪心策略。

12.2.2　C4.5 算法

C4.5 算法是 ID3 的改进版，它并不像 ID3 那样直接使用信息增益（偏向于选择分枝比较多的属性值，即取值多的属性），而是引入"信息增益比"（gain ratio）指标作为特征的选择依据来选择最优的分支。C4.5 克服了 ID3 偏向于选择取值多的属性和不能处理连续属性的缺点。

信息增益比定义如下：

$$\mathrm{GainRatio}(D, T) = \frac{\mathrm{Gain}(D, T)}{IV(T)} \tag{12-3}$$

其中

$$\mathrm{IV}(T) = -\sum_{v=1}^{V} \frac{|D^V|}{|D|} \log_2 \frac{|D^V|}{|D|} \tag{12-4}$$

称作分支标准 T 的"固有值"（intrinstic value）。作为分支标准的属性可取值越多，则 IV 值越大。需要注意的是：信息增益比准则对可取值数目较少的属性有所偏好，因此 C4.5 算法并不是直接选择增益率最大的属性作为分支标准，而是先从候选属性中找出信息增益高于平均水平的属性，再从中选择增益率最高的。

C4.5 算法处理连续属性的方法是先把连续属性转换为离散属性再进行处理。虽然本质上属性的取值是连续的，但对于有限的采样数据它是离散的，如果有 N 个样本，那么我们有 $N-1$ 种离散化的方法：$<= v_j$ 的分到左子树，$> v_j$ 的分到右子树。计算这 $N-1$ 种情况下最大的信息增益率。在离散属性上只需要计算 1 次信息增益率，而在连续属性上却需要计算 $N-1$ 次，计算量是相当大的。通过以下办法可以减少计算量：对于连续属性先按大小进行排序，只有在分类发生改变的地方才需要切开。比如对表 12-1 中的"温度"进行排序：

表 12-1 中的数据在"温度"属性上本来有 12 种离散化的情况，根据"是否打高尔夫"的分类结果进行划分只需计算 7 种。

但是如果利用信息增益比来选择连续值属性的分界点，也会导致一些副作用。分界点将样本分成两个部分，这两个部分的样本个数之比也会影响信息增益比。根据信息增益比公式，可以发现，当分界点能够把样本分成数量相等的两个子集时（此时的分界点被称为等分分界点），信息增益比的抑制会被最大化，因此等分分界点被过分抑制了。子集样本个数能够影响分界点，显然不合理。因此在决定分界点时还是采用增益这个指标，而选择属性的时候才使用信息增益比这个指标。

表 12-1　温 度 数 据

天气	温度	湿度	是否有风	是否打高尔夫
阴	64	65	是	是
雨	65	70	是	否
雨	68	80	否	是

天气	温度	湿度	是否有风	是否打高尔夫
晴	69	70	否	是
雨	70	96	否	是
雨	71	91	是	否
晴	72	95	否	否
阴	72	90	是	是
雨	75	80	否	是
晴	75	70	是	是
晴	80	90	是	否
阴	81	75	否	是
阴	83	86	否	是
晴	85	85	否	否

12.2.3　CART（classification and regression tree）

与前两种决策树经典算法相比，CART 算法使用了基尼系数（GINI）取代了信息熵模型。GINI 指数在这里被用来度量数据划分的不纯度，是介于 0~1 之间的数。GINI 值越小，表明样本集合的纯净度越高；GINI 值越大表明样本集合的类别越杂乱。直观来说，GINI 指数反映了从数据集中随机抽出两个样本，其类别不一致的概率。衡量出数据集某个特征所有取值的 Gini 指数后，就可以得到该特征的基尼分割信息（Gini split info），也就是基尼增益（Gini gain）。在不考虑剪枝的情况下，分类决策树递归创建过程中就是每次选择 Gini gain 最小的节点做分叉点，直至子数据集都属于同一类或者所有特征用光。

计算过程如下。

对于一个数据集 T，将某一个特征作为分支标准，计算其第 i 个取值的 Gini 指数：

$$\text{Gini}(T_i) = 1 - \sum_{j=1}^{n} p_j^2 \tag{12-5}$$

其中 n 表示数据的类别数，p_j 表样本属于第 j 个类别的概率。计算出某个样本特征所有取值的 Gini 指数后就可以得到基尼增益：

$$\text{Gini}_{\text{split}}(T) = \sum_{i=1}^{2} \frac{N_i}{N} \text{gint}(T_i) \tag{12-6}$$

其中 N 表示样本总数，N_i 表示属于特征第 i 个属性值的样本数。

在每次判断过程中，都是对样本数据进行二分递归分割，把当前样本集划分为两个子样本集，因此 CART 算法生成的决策树是结构简洁的二叉树。对于具有两个以上取值的离散特征，在处理时也只能有 2 个分支，所以 CART 算法会考虑将目标类别合并成两个超类别（特征双化）。这就要通过组合创建二取值序列并取基尼增益最小者作为树分叉决策点。例如，某特征值具有 ['young', 'middle', 'old'] 三个取值，那么二分序列会有如下 3 种可能性：[（（'young'），（'middle', 'old'）），（（'middle'），（'young', 'old'）），（（'old',），（'young', 'middle'））]。

如果特征的取值范围是连续的，则 CART 算法需要把连续属性转换为离散属性再进行处理。如果有 N 个样本，那么有 $N-1$ 种离散化的方法：$<= v_j$ 的分到左子树，$> v_j$ 的分到右子树。取这 $N-1$ 种情况下基尼增益最小的离散化方式。

12.2.4 树的剪枝

剪枝在 CART 算法中具有重要作用。分析 CART 的递归建树过程，可以看出实质上存在着过拟合问题。在决策树构造时，由于训练数据中的噪声或孤立点，许多分枝反映的是训练数据中的异常，使用这样的判定树对类别未知的数据进行分类，分类的准确性不高。因此需要检测和减去这样的分支，检测和减去这些分支的过程被称为树剪枝。树剪枝方法用于处理过拟合问题。通常，这种方法使用统计度量，减去最不可靠的分支，加快分类过程，提高树独立于训练数据正确分类的能力。

决策树常用的剪枝方法有两种：预剪枝（pre-pruning）和后剪枝（post-pruning）。预剪枝是根据一些原则及早地停止树增长，如树的深度达到用户所要的深度、节点中样本个数少于用户指定个数、不纯度指标下降的最大幅度小于用户指定的幅度等；后剪枝则是通过在完全生长的树上剪去分枝实现的，通过删除节点的分支来剪去树节点，可以使用的后剪枝方法有多种，比如：代价复杂性剪枝、最小误差剪枝、悲观误差剪枝等。

总的来说，决策树的优点有：易于理解和解释，可以可视化分析，容易提取出规则；可以同时处理标称型和数值型数据；比较适合处理有缺失属性的样本；能够处理不相关的特征；测试数据集时，运行速度比较快；在相对短的时间内能够对大型数据源做出可行且效果良好的结果。它的缺点是容易发生过拟合，容易忽略数据集中属性的相互关联。

对于各类别样本数量不一致的数据集，在决策树中，进行属性划分时，不同的判定准则会带来不同的属性选择倾向；信息增益准则对可取数目较多的属性有所偏好（典型代表 ID3 算法），而增益率准则（CART）则对可取数目较少的属性有所偏好。

决策树仅有单一输出，如果有多个输出，可以分别建立独立的决策树以处理不同的输出。

12.3　决策树模型评估

在使用训练样本构建模型后，需要使用校验集对模型进行评估，评价其分类或回归能力，判断模型优劣。可以通过评估指标和评估方法来评估决策树模型。

评估指标有分类准确度、召回率、虚警率和精确度等。而这些指标都是基于混淆矩阵（confusion matrix）进行计算的。

混淆矩阵一般用来评价监督式学习模型的准确性，矩阵的每一列代表一个类的实例预测，而每一行表示一个实际的类的实例。以二类分类问题为例，如表 12-2 所示。

表 12-2 混淆矩阵

	预测的类		
	类 = 1	类 = 0	
实际的类 类 = 1	TP	FN	P
类 = 0	FP	TN	N

其中，P（positive sample）表示正例的样本数量；N（negative sample）表示负例的样本数量；TP（true positive）表示正确预测到的正例的数量；FP（false positive）表示把负例预测成正例的数量；FN（false negative）表示把正例预测成负例的数量。TN（true negative）表示正确预测到的负例的数量。

根据混淆矩阵可以得到评价分类模型的指标有以下几种。

（1）分类准确度，就是正负样本分别被正确分类的概率，计算公式为

$$Accuracy = \frac{TP + TN}{P + N} \tag{12-7}$$

（2）召回率，就是正样本被识别出的概率，计算公式为

$$Recall = \frac{TP}{P} \tag{12-8}$$

（3）虚警率，就是负样本被错误分为正样本的概率，计算公式为

$$FPrate = \frac{FP}{N} \tag{12-9}$$

（4）精确度，就是分类结果为正样本的情况真实性程度，计算公式为

$$Precision = \frac{TP}{TP + FP} \tag{12-10}$$

12.4 算 法 举 例

12.4.1 ID3 算法应用举例

以申请贷款的例子来说明 ID3 算法。表 12-3 为银行贷款申请样本数据表，每个样本包括 4 个特征：年龄、工作与否、是否有房、信贷情况，模型的分类结果为贷款是否成功，共包含 15 组样例。

表 12-3 贷款申请样本数据表

ID	年龄	有工作	有自己的房子	信贷情况	类别
1	青年	否	否	一般	否
2	青年	否	否	好	否
3	青年	是	否	好	是
4	青年	是	是	一般	是
5	青年	否	否	一般	否
6	中年	否	否	一般	否
7	中年	否	否	好	否
8	中年	是	是	好	是
9	中年	否	是	非常好	是
10	中年	否	是	非常好	是
11	老年	否	是	非常好	是
12	老年	否	是	好	是
13	老年	是	否	好	是
14	老年	是	否	非常好	是
15	老年	否	否	一般	否

表中一共包含 15 个样本，包括 9 个正样本和 6 个负样本，并且是一个二分类问题，当前信息熵的计算如下：

$$\text{Entropy}(D) = -\frac{9}{15}\log_2\frac{9}{15} - \frac{6}{15}\log_2\frac{6}{15} = 0.971 \tag{12-11}$$

对表给定的训练数据集 D，计算各特征对其的信息增益，分别以 $A1, A2, A3, A4$ 表示年龄，有工作，有自己的房子和信贷情况四个特征，则

$$\text{Gain}(D, A1) = \text{Entropy}(D) - \left[\frac{5}{15}\text{Entropy}(D_{11}) + \frac{5}{15}\text{Entropy}(D_{12}) + \frac{5}{15}\text{Entropy}(D_{13})\right]$$

$$= 0.971 - \left[\frac{5}{15}\left(-\frac{2}{5}\log_2\frac{2}{5} - \frac{3}{5}\log_2\frac{3}{5}\right) + \frac{5}{15}\left(-\frac{3}{5}\log_2\frac{3}{5} - \frac{2}{5}\log_2\frac{2}{5}\right)\right.$$

$$\left. + \frac{5}{15}\left(-\frac{4}{5}\log_2\frac{4}{5} - \frac{1}{5}\log_2\frac{1}{5}\right)\right] = 0.971 - 0.888 = 0.083 \tag{12-12}$$

这里 D_1, D_2, D_3 分别是 D 中 $A1$ 取为青年、中年、老年的样本子集，同理，求得其他特征的信息增益：

$$\text{Gain}(D, A2) = \text{Entropy}(D) - \left[\frac{5}{15}\text{Entropy}(D_{21}) + \frac{10}{15}\text{Entropy}(D_{22})\right]$$

$$= 0.971 - \left[\frac{5}{15} \times 0 + \frac{10}{15}\left(-\frac{4}{10}\log_2\frac{4}{10} - \frac{6}{10}\log_2\frac{6}{10}\right)\right] = 0.324 \tag{12-13}$$

$$\text{Gain}(D, A3) = \text{Entropy}(D) - \left[\frac{6}{15}\text{Entropy}(D_{31}) + \frac{9}{15}\text{Entropy}(D_{32})\right]$$

$$= 0.971 - \left[\frac{6}{15} \times 0 + \frac{9}{15}\left(-\frac{3}{9}\log_2\frac{3}{9} - \frac{6}{9}\log_2\frac{6}{9}\right)\right] = 0.420 \qquad (12\text{-}14)$$

$$\text{Gain}(D, A4) = \text{Entropy}(D) - \left[\frac{5}{15}\text{Entropy}(D_{41}) + \frac{6}{15}\text{Entropy}(D_{42}) + \frac{4}{15}\text{Entropy}(D_{43})\right]$$

$$= 0.971 - \left[\frac{5}{15} \times \left(-\frac{4}{5}\log_2\frac{4}{5} - \frac{1}{5}\log_2\frac{1}{5}\right)\right.$$

$$\left. + \frac{6}{15}\left(-\frac{4}{6}\log_2\frac{4}{6} - \frac{2}{6}\log_2\frac{2}{6}\right) + \frac{4}{15}\left(-\frac{4}{4}\log_2\frac{4}{4}\right)\right]$$

$$= 0.971 - 0.608 = 0.363 \qquad (12\text{-}15)$$

可以看出，$A3$ 分支标准所带来的信息增益最大，因此被选为根结点。$A3$ 将数据集分为两个子集 D_1（$A3$ 取是）和 D_2（$A3$ 取否），由于 D_1 的分类结果都是可以贷款，所以它成为叶节点，对于 D_2，则从特征 $A1, A2, A4$ 这三个特征中重新选择特征，计算各个特征的信息增益：

$$\text{Gain}(D_2, A1) = \text{Entropy}(D_2) - \text{Entropy}(D_2 \mid A1) = 0.918 - 0.667 = 0.251$$

$$\text{Gain}(D_2, A2) = \text{Entropy}(D_2) - \text{Entropy}(D_2 \mid A2) = 0.918 \qquad (12\text{-}16)$$

$$\text{Gain}(D_2, A4) = \text{Entropy}(D_2) - \text{Entropy}(D_2 \mid A4) = 0.474$$

$\text{Gain}(D_2, A2)$ 最大，因此选择 $A2$ 作为子树节点，针对 $A2$ 是否有工作这个特征，根据样本分类结果发现有工作与无工作各自的样本都属于同一类，因此将有工作与无工作作为子树的叶节点。这样便生成如图 12-2 所示的决策树。

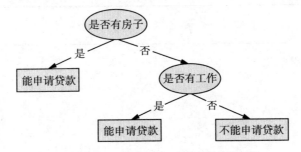

图 12-2　申请贷款问题的决策树模型

实现代码如下。

```
clc;
clear all;
close all;
```

```
%% 数据预处理
disp('正在进行数据预处理...');
%[matrix,attributes_label,attributes] = id3_preprocess();

%青年: 0, 中年: 1, 老年: 2;
%无工作: 0, 有工作: 1;
%无房子: 0, 有房子: 1;
%信贷一般: 0 , 信贷好: 1 , 信贷非常好: 2
%贷款失败: 0, 贷款成功: 1
% data={'青年','否','否','一般','否'
%          '青年','否','否','好','否'
%          '青年','是','否','好','是'
%          '青年','是','是','一般','是'
%          '青年','否','否','一般','否'
%          '中年','否','否','一般','否'
%          '中年','否','否','好','否'
%          '中年','是','是','好','是'
%          '中年','否','是','非常好','是'
%          '中年','否','是','非常好','是'
%          '老年','否','是','非常好','是'
%          '老年','否','是','好','是'
%          '老年','是','否','好','是'
%          '老年','是','否','非常好','是'
%          '老年','否','否','一般','否'}
```

主函数部分

```
matrix=[0,0,0,0,0;
    0,0,0,1,0;
    0,1,0,1,1;
    0,1,1,0,1;
    0,0,0,0,0;
    1,0,0,0,0;
    1,0,0,1,0;
    1,1,1,1,1;
    1,0,1,2,1;
    1,0,1,2,1;
    2,0,1,2,1;
    2,0,1,1,1;
```

```
    2,1,0,1,1;
    2,1,0,2,1;
    2,0,0,0,0];
attributes_label={'年龄','工作','房子','信贷','结果'}; %标签
attributes=[1,1,1,1];
%% 构造ID3决策树, 其中id3()为自定义函数
disp('数据预处理完成, 正在进行构造树...');
tree = decissiontree(matrix,attributes_label,attributes);
%% 打印并画决策树
[nodeids,nodevalues] = print_tree(tree);
tree_plot(nodeids,nodevalues);
disp('ID3算法构建决策树完成! ');
```

decissiontree 子函数

```
function [ tree ] = decissiontree(train_data,labels,activeAttributes)
%input                    train_data          训练数据
%labels                   标签
%activeAttributes         活跃属性
%output
%% 数据预处理
[m,n] = size(train_data);
disp('original data');
disp(train_data);


%%%建立决策树
%%%结构体定义
%创建树节点
if (isempty(train_data))
    error('必须提供数据! ');
end
% 常量
numberAttributes = length(activeAttributes);
numberExamples = length(train\_data(:,1));
% 如果最后一列全部为1, 则返回"true"
lastColumnSum = sum(train_data(:, numberAttributes + 1));
if (lastColumnSum == numberExamples);
    tree.value = 'true';
    tree.children = 'null';
```

```
        return
    end

% 如果最后一列全部为0，则返回"false"
if (lastColumnSum == 0);
    tree.value = 'false';
    tree.children = 'null';
    return
end

% 如果活跃的属性为空，则返回label最多的属性值
if (sum(activeAttributes) == 0);
    if (lastColumnSum >= numberExamples / 2);
        tree.value = 'true';
        tree.children = 'null';
    else
        tree.value = 'false';
        tree.children = 'null';
    end
    return
end
bestfeats = choose_bestfeat(train_data);
disp(['bestfeat:',num2str(bestfeats)]);
tree.value = labels{bestfeats};
disp(['bestfeature:',num2str(bestfeats)]);
activeAttributes(bestfeats) = 0;
featvalue = unique(train_data(:,bestfeats));
featvalue_num = length(featvalue);
filed = {'children'};
for i=0:featvalue_num-1
    example = train_data(train_data(:,bestfeats) == i,:);
    leaf = struct('value', 'null');
    % 当value = false or 0，左分支
if (isempty(example));
    if (lastColumnSum >= numberExamples / 2); % for matrix examples
        leaf.value = 'true';
        leaf.children = 'null';
    else
```

```
        leaf.value = 'false';
        leaf.children = 'null';
    end
    tree.children(i+1) = leaf;
else
    tree.children(i+1)=decissiontree(example,labels,activeAttributes);
    disp('--------------------------------------------');
end
end
%返回
return
end
```

calc_entropy 子函数

```
function [entropy] = calc_entropy(train_data)
%input                   train_data          训练数据
%output                  entropy             熵值
[m,n] = size(train_data);
%%%得到类的项并统计每个类的个数
label_value = train_data(:,n);
label = unique(label_value);
label_number = zeros(length(label),2);
label_number(:,1) = label';
for i = 1:length(label)
    label_number(i,2) = sum(label_value == label(i));
end
%% 计算熵值
label_number (:,2) = label_number(:,2) ./ m;
entropy = 0;
entropy = sum(-label_number(:,2).*log2 (label_number(:,2)));
End
```

choose_bestfeat 子函数

```
function [best_feature] = choose_bestfeat(data)
%input                   data                输入数据
%output                  bestfeature         选择特征值
[m,n] = size(data);
```

```
feature_num = n - 1;
baseentropy = calc_entropy(data);
best_gain = 0;
best_feature = 0;
%% 挑选最佳特征位
for j =1:feature_num
    feature_temp = unique(data(:,j));
    num_f = length(feature_temp);
    new_entropy = 0;
    for i = 1:num_f
        subSet = splitData(data, j, feature_temp(i,:));
        [m_s,n_s] = size(subSet);
        prob = m_s./m;
        new_entropy=new_entropy+prob*calc_entropy(subSet);
    end
    %信息增益=信息熵-条件熵
    inf_gain = baseentropy - new_entropy;
    if inf_gain > best_gain
        best_gain = inf_gain;
        best_feature = j;
    end
end
end
```

splitData 子函数

```
function [subSet] = splitData(data, j, value)
%input                  data            训练数据
%input                  j               对应第j个属性
%input                  value           第j个属性对应的特征值
subSet = data;
subSet(:,j) = [];
k = 0;
for i = 1:size(data,1)
    if data(i,j) ~= value
        subSet(i-k,:) =[];
        k = k + 1;
    end
end
end
```

```
End
```

isleaf 子函数

```
function flag = isleaf(node)
%% 是否是叶子节点
    if strcmp(node.children,'null') % 左右都为空
        flag =1;
    else
        flag=0;
    end
end
```

queue_curr_size 子函数

```
function [ length_ ] = queue_curr_size( queue )
%% 当前队列长度
length_= length(queue);
End
```

queue_pop 子函数

```
function [ item,newqueue ] = queue_pop( queue )
%% 访问队列
if isempty(queue)
    disp('队列为空，不能访问！');
    return;
end
item = queue(1); % 第一个元素弹出
newqueue=queue(2:end); % 往后移动一个元素位置
end
```

queue_push 子函数

```
function [ newqueue ] = queue_push( queue,item )
%% 进队
% cols = size(queue);
% newqueue =structs(1,cols+1);
newqueue=[queue,item];
end
```

visit 子函数

```
function visit(node,length_)
%% 访问node 节点, 并把其设置值为nodeid的节点
    global nodeid nodeids nodevalue;
%    if isleaf(node)
    if strcmp(node.children,'null')
        nodeid=nodeid+1;
        fprintf('叶子节点, node: %d\,t属性值: %s\n', ...
        nodeid, node.value);
        nodevalue{1,nodeid}=node.value;
    else  % 要么是叶子节点, 要么不是
    nodeid=nodeid+1;
    for i=1:length(node.children)
        nodeids(nodeid+length_+i)=nodeid;
%        nodeids(nodeid+length_+2)=nodeid;
        fprintf('node: %d\t属性值: %s\,t子树为节点: node%d', ...
        nodeid, node.value,nodeid+length_+i);
        fprintf('\n');
        nodevalue{1,nodeid}=node.value;
    end
```

print_tree 子函数

```
function [nodeids_,nodevalue_] = print_tree(tree)
%% 打印树, 返回树的关系向量
global nodeid nodeids nodevalue;
nodeids(1)=0; % 根节点的值为0
nodeid=0;
nodevalue={};
if isempty(tree)
    disp('空树! ');
    return ;
end
queue = queue_push([],tree);
while ~isempty(queue) % 队列不为空
    [node,queue] = queue_pop(queue); % 出队列
    visit(node,queue_curr_size(queue));
    if ~strcmp(node.children,'null')
        queue = queue_push(queue,node.children); % 进队
```

```
        end
end
%% 返回节点关系，用于treeplot画图
nodeids_=nodeids;
nodevalue_=nodevalue;
End
```

tree_plot 子函数

```
function tree_plot( p ,nodevalues)
%% 参考treeplot函数
[x,y,h]=treelayout(p);
f = find(p~=0);
pp = p(f);
X = [x(f); x(pp); NaN(size(f))];
Y = [y(f); y(pp); NaN(size(f))];
X = X(:);
Y = Y(:);
    n = length(p);
    if n < 500,
        hold on ;
        plot (x, y, 'ro', X, Y, 'r-');
        nodesize = length(x);
        for i=1:nodesize
%            text(x(i)+0.01,y(i),['node' num2str(i)]);
            text(x(i)+0.01,y(i),nodevalues{1,i});
        end
        hold off;
    else
        plot (X, Y, 'r-');
    end;
xlabel(['height = ' int2str(h)]);
axis([0 1 0 1]);
end
```

最终形成的决策树图 12-3 所示。

12.4.2　CART 算法举例 1

下面举一个简单的例子来说明 CART 算法过程，下表为银行拖欠贷款样本数据表，每

个样本包括 3 个特征：是否有房、婚姻状况、年收入，模型的分类结果为是否拖欠贷款。

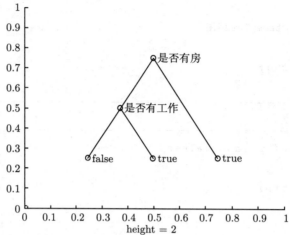

node: 1 属性值: 是否有房，子树为节点: node2   叶子节点，node: 3，属性值: true
node: 1 属性值: 是否有房，子树为节点: node3   叶子节点，node: 4，属性值: false
node: 2 属性值: 是否有工作，子树为节点: node4   叶子节点，node: 5，属性值: true
node: 2 属性值: 是否有工作，子树为节点: node5

图 12-3 本例所形成的决策树

表 12-4 拖欠贷款样本数据表

有房者	婚姻状况	年收入	拖欠贷款者
是	单身	125k	否
否	已婚	100k	否
否	单身	70k	否
是	已婚	120k	否
否	离异	95k	是
否	已婚	60k	否
是	离异	220k	否
否	单身	85k	是
否	已婚	75k	否
否	单身	90k	是

在上述表中，每个样本有 3 个特征，分别是有房情况，婚姻状况和年收入，其中有房情况和婚姻状况是离散的取值，而年收入是连续的取值。拖欠贷款者属于分类的结果。对于有房情况这个特征，按照它划分后的 Gini 指数计算如下：

	有房	无房
否	3	4
是	0	3

$\text{Gini}(t_1) = 1 - (3/3)^2 - (0/3)^2 = 0$

$\text{Gini}(t_2) = 1 - (4/7)^2 - (3/7)^2 = 0.4849$

$\text{Gini} = 0.3 \times 0 + 0.7 \times 0.4849 = 0.343$

而对于婚姻状况特征来说，它的取值有 3 种，按照每种属性值分裂后 Gini 指标计算如下：

	单身或已婚	离异
否	6	1
是	2	1

$\text{Gini}(t_1) = 1 - (6/8)^2 - (2/8)^2 = 0.375$
$\text{Gini}(t_2) = 1 - (1/2)^2 - (1/2)^2 = 0.5$
$\text{Gini} = 8/10 \times 0.375 + 2/10 \times 0.5 = 0.4$

	单身或离异	已婚
否	3	4
是	3	1

$\text{Gini}(t_1) = 1 - (3/6)^2 - (3/6)^2 = 0.5$
$\text{Gini}(t_2) = 1 - (4/4)^2 - (0/4)^2 = 0$
$\text{Gini} = 6/10 \times 0.5 + 4/10 \times 0 = 0.3$

	离异或已婚	单身
否	5	2
是	1	2

$\text{Gini}(t_1) = 1 - (5/6)^2 - (1/6)^2 = 0.2778$
$\text{Gini}(t_2) = 1 - (2/4)^2 - (2/4)^2 = 0.5$
$\text{Gini} = 6/10 \times 0.2778 + 4/10 \times 0.5 = 0.3667$

最后还有一个取值连续的特征，年收入，它的取值是连续的，那么连续的取值采用分裂点进行分裂。如表 12-5 所示。

表 12-5　连续值特征的分裂

	60		70		75		85		90		95		100		120		125		220	
	65		72		80		87		92		97		110		122		172			
	≤	>	≤	>	≤	>	≤	>	≤	>	≤	>	≤	>	≤	>	≤	>
是	0	3	0	3	0	3	1	2	2	1	3	0	3	0	3	0	3	0
否	1	6	2	5	3	4	3	4	3	4	3	4	4	3	5	2	6	1
Gini	0.400		0.375		0.343		0.417		0.400		0.300		0.343		0.375		0.400	

根据分裂规则 CART 算法就能完成建树过程，最终的决策树如图 12-4 所示。

12.4.3　CART 算法举例 2

决策树算法作为一种非常成熟的机器学习算法，在 MATLAB 中已经有对应函数支持，使用 MATLAB 自带函数可以大大简化编程的过程。下面以鸢尾花数据集分类问题为例，说明如何使用 MATLAB 自带函数建立决策树。鸢尾花卉数据集（IRIS）由 Fisher 收集整理，共包含 150 个数据样本，分为 setosa, versicolor, virginica 三类，每类 50 个数据样本，每个样本包含 4 个属性：花萼长度，花萼宽度，花瓣长度，花瓣宽度，部分数据如下表所示。对 IRIS 数据集采用 CART 算法建立分类决策树。

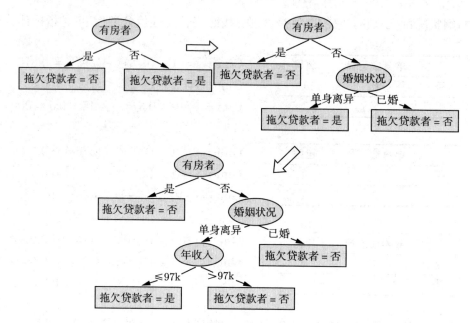

图 12-4　银行贷款问题的决策树模型

表 12-6　部分 IRIS 数据集样本数据表

花萼长度	花萼宽度	花瓣长度	花瓣宽度	类别
5.1	3.5	1.4	0.2	setosa
4.9	3	1.4	0.2	setosa
4.7	3.2	1.3	0.2	setosa
5	3.3	1.4	0.2	versicolor
7	3.2	4.7	1.4	versicolor
6.4	3.2	4.5	1.5	versicolor
7.7	2.8	6.7	2	virginica
6.3	2.7	4.9	1.8	virginica
6.7	3.3	5.7	2.1	virginica

代码如下。

```
%risi数据, 其数据类别分为3类: setosa, versicolor, virginica.
%每类植物有50个样本, 共150个。
load fisheriris  % 导入数据
ctree = fitctree(meas,species); % 建立CART分类决策树
view(ctree) %
view(ctree,'Mode','graph');%生成树图
```

最终生成的决策树如图 12-5 所示。

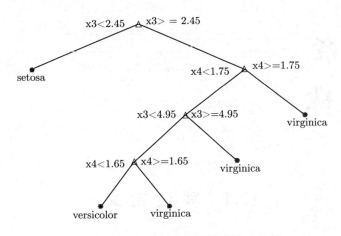

图 12-5　鸢尾花数据集分类决策树

参 考 文 献

[1] Menzies T, Hu Y. Data Mining For Very Busy People. IEEE Computer, October 2003, pp. 18-25.

[2] Comley J W, Dowe D L. Minimum Message Length and Generalized Bayesian nets with Asymmetric Languages//Grunwald P D, Myung I J, Pitt M A (eds). Advances in Minimum Description Length Theory and Applications. The MIT Press, 2005, pp. 265-294.

[3] Tan P J, Dowe D L. MML Inference of Oblique Decision Trees. Springer-Verlag, 2004, pp. 1082-1088.

[4] 周志华. 机器学习 [M]. 北京: 清华大学出版社, 2016.

[5] Witten I H, Frank E, Hall M A. Data Mining: Practical Machine Learning Tools and Techniques. 2nd Edition. Morgan Kaufmann, 2005.

[6] Decision Tree Algorithm With Hands On Example. https://medium.com/datadriveninvestor/decision-tree-algorithm-with-hands-on-example-e6c2afb40d38.

习　　题

使用 sklearn 完成鸢尾花分类任务。鸢尾花数据集是一类多重变量分析的数据集。通过花萼长度、花萼宽度、花瓣长度、花瓣宽度 4 个属性预测鸢尾花卉属于 (Setosa，Versicolour，Virginica) 三个种类中的哪一类 (其中分别用 0，1，2 代替)。

第13章
随机森林

13.1 算 法 定 义

随机森林是一种由决策树构成的集成算法，由很多决策树构成，不同决策树之间没有关联。随机森林能够纠正决策树容易过拟合的问题。本章将介绍随机森林的基本概念、构造步骤、优缺点和应用方向。

在分类时，随机森林的输出由每个决策树输出的类别的总数决定。当有新的输入样本进入，就让森林中的每一棵决策树分别进行判断和分类，每个决策树会得到一个自己的分类结果，决策树的分类结果中哪一个分类最多，那么随机森林就会把这个结果当作最终的结果，如图 13-1 所示。

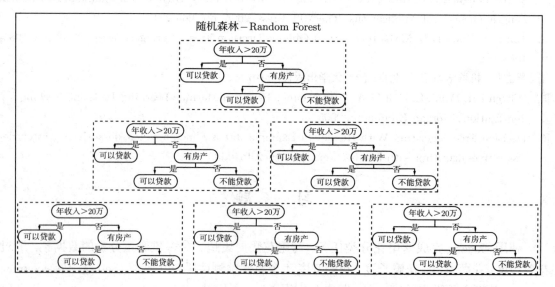

图 13-1　随机森林示意图

图 13-2 为随机森林算法的示意图。

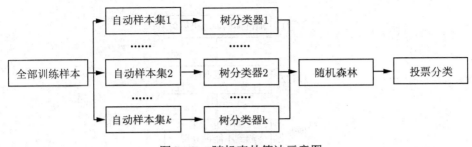

图 13-2　随机森林算法示意图

13.2　算法原理

13.2.1　随机森林的生成步骤

第一步：如果训练集大小为 N，对于每棵树而言，随机且有放回地从训练集中抽取 N 个训练样本（bootstrap 抽样方法），作为该树的训练集；每棵树的训练集都是不同的，但里面包含重复的训练样本；

第二步：如果每个样本的特征维度为 M，指定一个常数 m，且 $m < M$，随机地从 M 个特征中选取 m 个特征子集，每次树进行分裂时，从这 m 个特征中选择最优的；

第三步：每棵树都尽可能最大程度地生长，并且没有剪枝过程。

假如有 N 个样本，则有放回的随机选择 N 个样本（每次随机选择一个样本，然后返回继续选择）。用这选择好了的 N 个样本来训练一个决策树，作为决策树根节点处的样本。

当每个样本有 M 个属性时，在决策树的每个节点需要分裂时，随机从这 M 个属性中选取出 m 个属性，满足条件 $m \ll M$。然后从这 m 个属性中采用某种策略（比如信息增益）来选择 1 个属性作为该节点的分裂属性。

决策树形成过程中每个节点都要按照步骤二来分裂（如果下一次该节点选出来的那一个属性是刚刚其父节点分裂时用过的属性，则该节点已经达到了叶子节点，无须继续分裂）。一直到不能够再分裂为止。整个决策树形成过程中没有进行剪枝。

按照步骤 1~3 建立大量的决策树，这样就构成随机森林。如图 13-3 所示。

在建立每一棵决策树的过程中，有两点需要注意，分别是"随机且有放回采样"与"完全分裂"。

首先是两个随机采样的过程，随机森林对输入的数据要进行行、列的采样。对于行采样，采用有放回的方式，也就是在采样得到的样本集合中，可能有重复的样本。假设输入样本为 N 个，那么采样的样本也为 N 个。这样使得在训练的时候，每一棵树的输入样本都不是全部的样本，使得相对不容易出现过拟合。然后进行列采样，从 M 个特征中，选择 m 个 $(m \ll M)$。

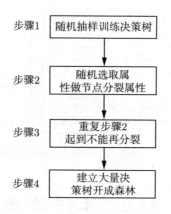

图 13-3　随机森林的生成步骤

步骤1　随机抽样训练决策树

步骤2　随机选取属性做节点分裂属性

步骤3　重复步骤2起到不能再分裂

步骤4　建立大量决策树开成森林

有放回抽样是指每次随机选择一个样本后，将其放回数据集中继续选择。如果不是有放回地抽样，那么每棵树的训练样本都是不同的，都是没有交集的，那么每棵树训练出来都是有很大的差异的；而随机森林最后分类取决于多棵树（弱分类器）的投票表决，这种表决应该是"求同"，因此使用完全不同的训练集来训练每棵树这样对最终分类结果是没有帮助的。

在进行随机且有放回采样后，就可以对采样之后的数据使用完全分裂的方式建立出决策树，这样决策树的某一个叶子节点要么是无法继续分裂的，要么里面的所有样本的都是指向的同一个分类。一般很多的决策树算法都一个重要的步骤-剪枝，但是这里不进行剪枝。这是因为之前的两个随机采样的过程保证了随机性，所以就算不剪枝，也不会出现过拟合。按这种算法得到的随机森林中的每一棵决策树都是弱分类器，但是很多决策树组合起来就可以得到很好的结果。

13.2.2　影响分类效果的参数

随机森林的分类效果（即错误率）与以下两个因素有关：

（1）森林中任意两棵树的相关性：相关性越大，错误率越大；

（2）森林中每棵树的分类能力：每棵树的分类能力越强，整个森林的错误率越低。

减小特征选择个数 m，树的相关性和分类能力也会相应的降低；增大 m，两者也会随之增大。所以关键问题是如何选择最优的 m（或者是 m 的范围），这也是随机森林唯一的一个参数。

13.2.3　袋外误差率

选择最优的特征个数 m 主要依据袋外错误率 OOB error（out-of-bag error）。

先来解释什么是袋外数据。对于一个样本，它在某一次含 N 个样本的训练集的随机采样中，每次被采集到的概率是 $\frac{1}{N}$。不被采集到的概率为 $1 - \frac{1}{N}$。如果 N 次采样都没有被采集到，这个事件发生的概率是 $\left(1-\dfrac{1}{N}\right)^N$，当 $N \to \infty$ 时，$\left(1-\dfrac{1}{N}\right)^N \to \dfrac{1}{\varepsilon} \simeq 0.368$。也就是说，在 bagging 的每轮随机采样中，训练集中大约有 36.8% 的数据没有被采集到。这部分大约 36.8% 的没有被采样到的数据，常常称之为袋外数据（out of bag，OOB）。这些数据没有参与训练集模型的拟合，因此可以用来检测模型的泛化能力。

袋外错误率（OOB error）可以用下述方式计算：

1）对每个样本计算它作为 OOB 样本时得到的决策树对它的分类情况；

2）以简单多数投票作为该样本的分类结果；

3）最后用误判样本个数占样本总数的比率作为随机森林的 OOB 误分率。

随机森林有很多优点，比如它可以处理很高维度（特征很多）的数据，并且不用降维，无需做特征选择；它可以判断特征的重要程度；可以判断出不同特征之间的相互影响；不容易过拟合；训练速度比较快，容易做成并行方法；实现起来比较简单；对于不平衡的数据集来说，它可以平衡误差。

但随机森林也有缺点。随机森林已经被证明在某些噪声较大的分类或回归问题上会过拟合。对于有不同取值的属性的数据，取值划分较多的属性会对随机森林产生更大的影响，所以随机森林在这种数据上产出的属性权值是不可信的。

13.3　算法实现及应用

随机森林在构造决策树时需要尝试很多个决策树变量，因此可以检查变量在每棵树中表现的是最佳还是最糟糕。所以随机森林可以用来进行特征选择。当一些树使用一个变量，而其他的树不使用这个变量，就可以对比信息的丢失或增加。此外，随机森林可用来进行分类、聚类、回归和异常检测，如图 13-4 所示。

图 13-4　随机森林的主要研究方向

13.3.1　随机森林分类器应用举例 —— 乳腺癌的诊断

（1）问题描述

根据乳腺癌患者的基本身体情况的指标因素，采用随机森林分类器算法对其进行预测。

（2）数据集

采用的数据集中，共计含有 569 个样本数据，样本分布如表 13-1 所示。描述每一位患者患病情况中采用 32 组数据，其中包含患者的 32 种身体指标因素，以及是否患病情况。

表 13-1   样 本 分 布

	良性病例人数	恶性病例人数	合计病例总人数
训练集	315	185	500
测试集	42	27	69

（3）实验效果

根据使用随机森林分类器得到的正确分类样本和错误分类样本，对其性能进行了分析，并实验比较了决策树棵树对随机森林分类器性能的影响，如图 13-5 所示。

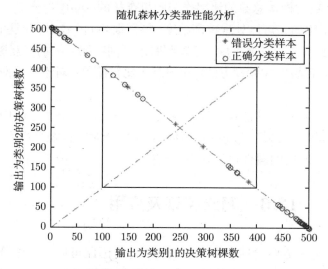

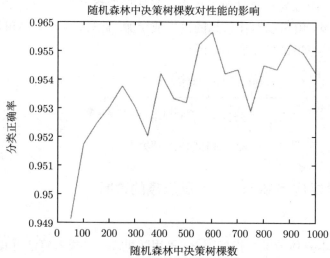

扫码看彩图

图 13-5   随机森林性能分析

实验结果数据如表 13-2 所示。

表 13-2　实验结果数据

设置为默认值 trees = 500 并且 mtry = 5			
	确诊人数	误诊人数	确诊率（训练网络正确率）
良性乳腺肿瘤确诊	41	1	97.619%
恶性乳腺肿瘤确诊	25	2	92.5926%

（4）实验代码实现部分

随机森林训练

```
function model=classRF_train(X,Y,ntree,mtry, extra_options)
  DEFAULTS_ON =0;
  TRUE=1;
  FALSE=0;
  orig_labels = sort(unique(Y));
  Y_new = Y;
  new_labels = 1:length(orig_labels);
  for i=1:length(orig_labels)
    Y_new(find(Y==orig_labels(i)))=Inf;
    Y_new(isinf(Y_new))=new_labels(i);
  end
  Y = Y_new;
  if exist('extra_options','var')
     if isfield(extra_options,'DEBUG_ON');  DEBUG_ON = extra_options.
        DEBUG_ON;     end
     if isfield(extra_options,'replace');  replace = extra_options.
        replace;        end
     if isfield(extra_options,'classwt');  classwt = extra_options.
        classwt;        end
     if isfield(extra_options,'cutoff');   cutoff = extra_options.
        cutoff;         end
     if isfield(extra_options,'strata');   strata = extra_options.
        strata;         end
     if isfield(extra_options,'sampsize');  sampsize = extra_options.
        sampsize;          end
     if isfield(extra_options,'nodesize');  nodesize = extra_options.
        nodesize;          end
     if isfield(extra_options,'importance');  importance = extra_
        options.importance;         end
     if isfield(extra_options,'localImp');  localImp = extra_options.
```

```
            localImp;          end
     if isfield(extra_options,'nPerm');  nPerm = extra_options.nPerm;
             end
     if isfield(extra_options,'proximity');  proximity = extra_options
         .proximity;         end             .
     if isfield(extra_options,'oob_prox');  oob_prox = extra_options.
         oob_prox;         end
     %if isfield(extra_options,'norm_votes');  norm_votes = extra_
         options.norm_votes;         end
     if isfield(extra_options,'do_trace');  do_trace = extra_options.
         do_trace;         end
     %if isfield(extra_options,'corr_bias');  corr_bias = extra_
         options.corr_bias;         end
     if isfield(extra_options,'keep_inbag');  keep_inbag = extra_
         options.keep_inbag;         end
end
keep_forest=1; % save the trees
%set defaults if not already set
if ~exist('DEBUG_ON','var')       DEBUG_ON=FALSE; end
if ~exist('replace','var');       replace = TRUE; end
%if ~exist('classwt','var');        classwt = []; end %will handle
    these three later
%if ~exist('cutoff','var');         cutoff = 1; end
%if ~exist('strata','var');         strata = 1; end
if ~exist('sampsize','var');
    if (replace)
        sampsize = size(X,1);
    else
        sampsize = ceil(0.632*size(X,1));
    end;
end
if ~exist('nodesize','var');       nodesize = 1; end %classification
    =1, regression=5
if ~exist('importance','var');   importance = FALSE; end
if ~exist('localImp','var');      localImp = FALSE; end
if ~exist('nPerm','var');         nPerm = 1; end
%if ~exist('proximity','var');     proximity = 1; end  %will handle
    these two later
```

```
%if ~exist('oob_prox','var');      oob_prox = 1; end
%if ~exist('norm_votes','var');      norm_votes = TRUE; end
if ~exist('do_trace','var');      do_trace = FALSE; end
%if ~exist('corr_bias','var');     corr_bias = FALSE; end
if ~exist('keep_inbag','var');   keep_inbag = FALSE; end
if ~exist('ntree','var') | ntree<=0
                ntree=500;
    DEFAULTS_ON=1;
end
if ~exist('mtry','var') | mtry<=0 | mtry>size(X,2)
    mtry =floor(sqrt(size(X,2)));
end
addclass =isempty(Y);
if (~addclass && length(unique(Y))<2)
    error('need atleast two classes for classification');
end
[N D] = size(X);
if N==0; error(' data (X) has 0 rows');end
if (mtry <1 || mtry > D)
    DEFAULTS_ON=1;
end
mtry = max(1,min(D,round(mtry)));

if DEFAULTS_ON
    fprintf('\tSetting to defaults %d trees and mtry=%d\n',ntree,
            mtry);
end
if ~isempty(Y)
    if length(Y)~=N,
        error('Y size is not the same as X size');
    end
    addclass = FALSE;
else
    if ~addclass,
        addclass=TRUE;
    end
    error('have to fill stuff here')
end
```

```matlab
if ~isempty(find(isnan(X)));   error('NaNs in X');    end
if ~isempty(find(isnan(Y)));   error('NaNs in Y');    end
if exist ('extra_options','var') && isfield(extra_options,'
    categories')
    ncat = extra_options.categories;
else
    ncat = ones(1,D);
end

maxcat = max(ncat);
if maxcat >32
    error('Can not handle categorical predictors with more than 32
        categories');
end

nclass = length(unique(Y));
if ~exist('cutoff','var')
    cutoff = ones(1,nclass)* (1/nclass);
else
  if sum(cutoff)>1 || sum(cutoff)<0 || length(find(cutoff<=0))>0 ||
      length(cutoff)~=nclass
        error('Incorrect cutoff specified');
  end
end
if ~exist('classwt','var')
    classwt = ones(1,nclass);
    ipi=0;
else
  if length(classwt)~=nclass
        error('Length of classwt not equal to the number of classes')
  end
  if ~isempty(find(classwt<=0))
        error('classwt must be positive');
  end
  ipi=1;
end

if ~exist('proximity','var')
```

```
    proximity = addclass;
    oob_prox = proximity;
 end

 if ~exist('oob_prox','var')
    oob_prox = proximity;
 end

 if localImp
    importance = TRUE;
%        impmat = zeors(D,N);
 else
%        impmat = 1;
 end
 if importance
    if (nPerm<1)
        nPerm = int32(1);
    else
        nPerm = int32(nPerm);
    end
    %classRF
%        impout = zeros(D,nclass+2);
%        impSD  = zeros(D,nclass+1);
   else
%        impout = zeros(D,1);
%        impSD =   1;
   end

   if addclass
%        nsample = 2*n;
   else
%        nsample = n;
   end
   Stratify = (length(sampsize)>1);
   if (~Stratify && sampsize>N)
       error('Sampsize too large')
   end
   if Stratify
```

```
    if ~exist('strata','var')
        strata = Y;
    end
    nsum = sum(sampsize);
    if ( ~isempty(find(sampsize<=0)) || nsum==0)
        error('Bad sampsize specification');
    end
else
    nsum = sampsize;
end

if Stratify
    strata = int32(strata);
else
    strata = int32(1);
end
Options = int32([addclass, importance,localImp,proximity,oob_prox,do
    _trace, keep_forest, replace, Stratify, keep_inbag]);
    if DEBUG_ON
        %print the parameters
        fprintf('size(x) %d\n',size(X));
        fprintf('size(y) %d\n',size(Y));
        fprintf('nclass %d\n',nclass);
        fprintf('size(ncat) %d\n',size(ncat));
        fprintf('maxcat %d\n',maxcat);
        fprintf('size(sampsize) %d\n',size(sampsize));
        fprintf('sampsize[0] %d\n',sampsize(1));
        fprintf('Stratify %d\n',Stratify);
        fprintf('Proximity %d\n',proximity);
        fprintf('oob_prox %d\n',oob_prox);
        fprintf('strata %d\n',strata);
        fprintf('ntree %d\n',ntree);
        fprintf('mtry %d\n',mtry);
        fprintf('ipi %d\n',ipi);
        fprintf('classwt %f\n',classwt);
        fprintf('cutoff %f\n',cutoff);
        fprintf('nodesize %f\n',nodesize);
    end
```

```
[nrnodes , ntree , xbestsplit , classwt , cutoff , treemap , nodestatus ,
    nodeclass ,bestvar ,ndbigtree ,mtry.
   outcl , counttr , prox , impmat , impout , impSD , errtr , inbag] ...
   = mexClassRF_train(X',int32(Y_new),length(unique(Y)),ntree,mtry,
       int32(ncat), ...
           int32(maxcat),int32(sampsize),strata,Options,int32(ipi),...
           classwt , cutoff , int32(nodesize),int32(nsum));
   model.nrnodes=nrnodes;
   model.ntree=ntree;
   model.xbestsplit=xbestsplit;
   model.classwt=classwt;
   model.cutoff=cutoff;
   model.treemap=treemap;
   model.nodestatus=nodestatus;
   model.nodeclass=nodeclass;
   model.bestvar = bestvar;
   model.ndbigtree = ndbigtree;
model.mtry = mtry;
model.orig_labels=orig_labels;
model.new_labels=new_labels;
model.nclass = length(unique(Y));
model.outcl = outcl;
model.counttr = counttr;
if proximity
    model.proximity = prox;
else
    model.proximity = [];
end
model.localImp = impmat;
model.importance = impout;
model.importanceSD = impSD;
model.errtr = errtr';
model.inbag = inbag;
model.votes = counttr';
model.oob_times = sum(counttr)';
    clear mexClassRF_train


function [Y_new , votes , prediction_per_tree]=classRF_predict(X,model,
```

```
    extra_options)

if nargin<2
            error('need atleast 2 parameters,X matrix and model');
end

if exist('extra_options','var')
    if isfield(extra_options,'predict_all')
        predict_all = extra_options.predict_all;
    end
end

if ~exist('predict_all','var'); predict_all=0;end

[Y_hat,prediction_per_tree,votes] =
mexClassRF_predict(X',model.nrnodes,model.ntree,model.xbestsplit,model
    .classwt,model.cutoff,model.treemap,model.nodestatus,model.
    nodeclass,model.bestvar,model.ndbigtree,model.nclass,
predict_all);
votes = votes';

clear mexClassRF_predict

    Y_new = double(Y_hat);
    new_labels = model.new_labels;
orig_labels = model.orig_labels;

for i=1:length(orig_labels)
    Y_new(find(Y_hat==new_labels(i)))=Inf;
    Y_new(isinf(Y_new))=orig_labels(i);
end
```

随机森林测试

```
%% I.清空环境变量
clear all
clc
warning off
```

```
%%II. 导入数据
load data.mat


%%
% 1. 随机产生训练集/测试集
a = randperm(569);
Train = data(a(1:500),:);
Test = data(a(501:end),:);


%%
% 2. 训练数据
P_train = Train(:,3:end);
T_train = Train(:,2);


%%
% 3. 测试数据
P_test = Test(:,3:end);
T_test = Test(:,2);


%% III. 创建随机森林分类器
model = classRF_train(P_train,T_train);


%% IV. 仿真测试
[T_sim,votes] = classRF_predict(P_test,model);


%% V. 结果分析
count_B = length(find(T_train == 1));
count_M = length(find(T_train == 2));
total_B = length(find(data(:,2) ==1));
total_M = length(find(data(:,2) == 2));
number_B = length(find(T_test == 1));
```

主函数部分

```
number_M = length(find(T_test == 2));
number_B_sim = length(find(T_sim == 1 & T_test == 1));
number_M_sim = length(find(T_sim == 2 & T_test == 2));
disp(['病例总数: ' num2str(569)...
    ' 良性: ' num2str(total_B)...
```

```
                  '  恶性: ' num2str(total_M)]);
disp(['训练集病例总数: ' num2str(500)...
          '  良性: ' num2str(count_B)...
          '  恶性: ' num2str(count_M)]);
disp(['测试集病例总数: ' num2str(69)...
          '  良性: ' num2str(number_B)...
          '  恶性: ' num2str(number_M)]);
disp(['良性乳腺肿瘤确诊: ' num2str(number_B_sim)...
          '  误诊: ' num2str(number_B - number_B_sim)...
          '  确诊率p1=' num2str(number_B_sim/number_B*100) '%']);
disp(['恶性乳腺肿瘤确诊: ' num2str(number_M_sim)...
          '  误诊: ' num2str(number_M - number_M_sim)...
          '  确诊率p2=' num2str(number_M_sim/number_M*100) '%']);

%% VI. 绘图
figure

index = find(T_sim ~= T_test);
plot(votes(index,1),votes(index,2),'r*')
hold on

index = find(T_sim == T_test);
plot(votes(index,1),votes(index,2),'bo')
hold on

legend('错误分类样本','正确分类样本')

plot(0:500,500:-1:0,'r-.')
hold on

plot(0:500,0:500,'r-.')
hold on

line([100 400 400 100 100],[100 100 400 400 100])

xlabel('输出为类别1的决策树棵数')
ylabel('输出为类别2的决策树棵数')
title('随机森林分类器性能分析')
```

```matlab
%%VII. 随机森林中决策树棵数对性能的影响
Accuracy = zeros(1,20);
for i = 50:50:1000
    i
    %每种情况，运行100次，取平均值
    accuracy = zeros(1,100);
    for k = 1:100
        % 创建随机森林
        model = classRF_train(P_train,T_train,i);
        % 仿真测试
        T_sim = classRF_predict(P_test,model);
        accuracy(k) = length(find(T_sim == T_test)) / length(T_test);
    end
     Accuracy(i/50) = mean(accuracy);
end

%%
% 1. 绘图
figure
plot(50:50:1000,Accuracy)
xlabel('随机森林中决策树棵数')
ylabel('分类正确率')
title('随机森林中决策树棵数对性能的影响')
```

13.3.2 随机森林回归应用举例 —— 随机森林预测房屋价格

当用于分类，随机森林从每棵树中得到类别投票，接着采用多数投票来分类。随机森林不仅可以进行分类，还可以用于回归预测。在应用于回归问题时，需要用均方误差（MSE）或绝对平均误差（MAE）替换信息熵或基尼增益，并以每棵决策树输出的均值为最终结果。

（1）问题描述

采用随机森林算法对 house_dataset 数据集进行回归分析，数据集中包含 12 个不同变量因素，例如地理位置条件、使用时间等。分析 12 种变量因素对房屋价格的影响。

（2）实验效果

本例中分析了各个输入变量（样本属性）对于预测房屋价格问题的重要性、回归模型以及决策树个数对回归模型性能的影响，如图 13-6 所示。

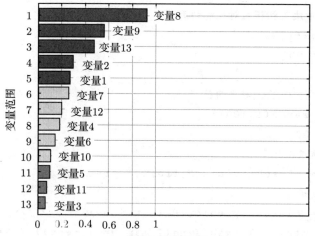

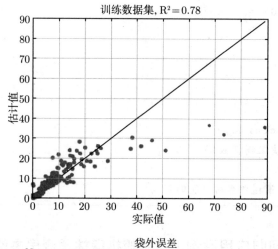

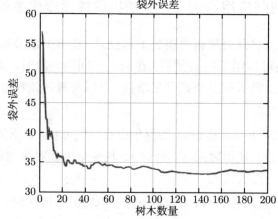

图 13-6　实验效果图

（3）实验代码部分

随机森林进行回归预测算法代码部分

```
%训练随机森林，TreeBagger使用内容，以及设置随机森林参数
tic
leaf=5;
ntrees=200;
fboot=1;
surrogate='on';
disp('Training the tree bagger')
b = TreeBagger(...
    ntrees,...
    In,Out,...
    'Method','regression',...
    'oobvarimp','on',...
    'surrogate',surrogate,...
    'minleaf',leaf,...
    'FBoot',fboot,...
    'Options',paroptions...
    );
toc

%-------------------------------------------------------------
% Estimate Output using tree bagger
%使用训练好的模型进行预测
disp('Estimate Output using tree bagger')
x=Out;
y=predict(b, In);
name='Bagged Decision Trees Model';
toc

%-------------------------------------------------------------
% calculate the training data correlation coefficient
%计算相关系数
cct=corrcoef(x,y);
cct=cct(2,1);

%-------------------------------------------------------------
% Create a scatter Diagram
```

```
disp('Create a scatter Diagram')

% plot the 1:1 line
plot(x,x,'LineWidth',3);

hold on
scatter(x,y,'filled');
hold off
grid on

set(gca,'FontSize',10)
xlabel('实际值','FontSize',13)
ylabel('估计值','FontSize',13)
title(['训练数据集，R^2='num2str(cct^2,2)],'FontSize',15)

drawnow

fn='ScatterDiagram';
fnpng=[fn,'.png'];
print('-dpng',fnpng);

%----------------------------------------------------------------
% Calculate the relative importance of the input variables
tic
disp('Sorting importance into descending order')
weights=b.OOBPermutedVarDeltaError;
[B,iranked] = sort(weights,'descend');
toc

%----------------------------------------------------------------
disp(['Plotting a horizontal bar graph of sorted labeled weights.'])

%----------------------------------------------------------------
figure
barh(weights(iranked),'g');
xlabel('输入变量重要性','FontSize',12,'Interpreter','latex');
ylabel('变量范围','FontSize',12,'Interpreter','latex');
title(...
```

```
    ['估计过程中输入变量的相对重要性'],...
    'FontSize',15,'Interpreter','latex'...
    );
hold on
barh(weights(iranked(1:10)),'y');
barh(weights(iranked(1:5)),'r');


%-------------------------------------------------------------
grid on
xt = get(gca,'XTick');
xt_spacing=unique(diff(xt));
xt_spacing=xt_spacing(1);
yt = get(gca,'YTick');
ylim([0.25 length(weights)+0.75]);
xl=xlim;


xlim([0 2.5*max(weights)]);


%-------------------------------------------------------------
% Add text labels to each bar
for ii=1:length(weights)
    text(...
        max([0 weights(iranked(ii))+0.02*max(weights)]),ii,...
        ['变量'num2str(iranked(ii))],'Interpreter','latex','FontSize',11);
end


%-------------------------------------------------------------
set(gca,'FontSize',10)
set(gca,'XTick',0:2*xt_spacing:1.1*max(xl));
set(gca,'YTick',yt);
set(gca,'TickDir','out');
set(gca, 'ydir', 'reverse' )
set(gca,'LineWidth',2);
drawnow


%-------------------------------------------------------------
fn='相关重要输入变量';
fnpng=[fn,'.png'];
```

```
print('-dpng',fnpng);

%---------------------------------------------------------------
% Ploting how weights change with variable rank
disp('袋外误差与树木数量的关系图')

figure
plot(b.oobError,'LineWidth',2);

xlabel('树木数量','FontSize',13)
ylabel('袋外误差','FontSize',13)
title('袋外误差','FontSize',15)
set(gca,'FontSize',10)
set(gca,'LineWidth',2);
grid on
drawnow
fn='EroorAsFunctionOfForestSize';
fnpng=[fn,'.png'];
print('-dpng',fnpng);
```

参 考 文 献

[1] Breiman, L. Random Forests. Machine Learning. volume 45, 5–32 (2001).

[2] Breiman, L., J. H. Friedman, R. A. Olshen, and C. J. Stone. Classification and Regression Trees. Chapman and Hall, New York.

[3] 统计学习方法 ——CART, Bagging, Random Forest, Boosting http://blog.csdn.net/abcjennifer/article/details/8164315.

[4] 周志华. 机器学习 [M]. 北京: 清华大学出版社, 2016.

习　　题

使用 sklearn 提供的随机森林分类器 RandomForestClassifier 类，对 Sklearn 中自带的手写数字数据集，完成手写数字识别任务。

第14章
支持向量机（SVM）

14.1 算法定义

支持向量机（support vector machine，SVM）是一种分类模型，其基本模型定义为特征空间上的间隔最大的线性分类器，其学习策略便是使类间间隔最大化，最终可转化为一个凸二次规划问题的求解。

14.2 算法原理

14.2.1 拉格朗日乘子法和 KKT 条件

首先来了解拉格朗日乘子法。拉格朗日乘子法一般用来解决带约束条件的组合优化问题。对于没有约束条件的凸问题，可使用拉格朗日法，对优化目标函数进行求导，并令导数等于零的方法（求极值点）求解。在有约束条件的情况下，由于不能直接求导，需要使用拉格朗日乘子法将约束乘以一个系数加到目标函数中去，然后再对新的包含约束条件的目标函数使用求导的方法求解。

当约束条件是不等式时，需要使用更一般化的拉格朗日乘子法，即 KKT 条件来解决。KKT 条件的定理是指：如果一个优化问题在转变完后变成

$$L(x, \alpha, \beta) = f(x) + \sum \alpha_i g_i(x) + \sum \beta_i h_i(x) \tag{14-1}$$

其中 g 是不等式约束（一般转换为 $\leqslant 0$ 的形式），h 是等式约束（一般转换为 $=0$ 的形式）。那么函数的最优值必定满足下面条件：

（1）L 对各个 x 求导为零；

（2）$h(x) = 0$；

（3）$\sum \alpha_i g_i(x) = 0, \alpha_i \geqslant 0$

上述 3 个条件中，前两个条件好理解，如何理解第三个条件呢？首先因为 $g(x) <= 0$，如果要满足第三个条件，必须 $a = 0$ 或者 $g(x) = 0$。

对于不等式约束来说，$g(x) \leqslant 0$ 是一个区域，而不是一条线，更准确地说，是很多条等高线堆叠而成的区域，我们把这块区域称为可行域。如果不考虑边界，不等式约束有两种情况，一种是目标函数 $f(x)$ 的极值点落在可行域内；另一种是极值点落在可行域外，如图 14-1 所示。

第一种情况（目标函数极值点落在可行域内）相当于约束条件是多余的，直接求 $f(x)$ 的极值即可。$f(x)$ 的极值一定是符合约束的，它落在 $g(x) \leqslant 0$ 的可行域内，此种情况对应 $a = 0$。

第二种情况才是真正需要考虑的。$f(x)$ 本身的极值点落在 $g(x)$ 外，这时候 $g(x)$ 起了作用，需要考虑 $f(x)$ 在可行域内的极值点。$g(x) = 0$ 表示极值位于可行域边界。在达到极值点时，$f(x)$ 和 $g(x)$ 的梯度平行，只不过这次是 $g(x)$ 的梯度和 $f(x)$ 的负梯度方向相同。此种情况对应 $g = 0$，$a \neq 0$。

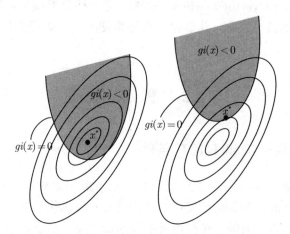

图 14-1 可行域与目标函数极值点的关系

也就是说，若某个 $g(x)$ 在为最优解起作用，那么它的系数值（可以）不为 0。如果某个 $g(x)$ 没有为最优解 x 的获得起作用，那么它的系数就必须为 0，这就是第三个约束条件的含义。

14.2.2 对偶问题

假设我们现在的优化问题是

$$\begin{aligned} \min \quad & f(x) \\ \text{s.t.} \quad & h(x) = 0 \end{aligned} \tag{14-2}$$

用拉格朗日乘子法求解可得当拉格朗日乘子为 α^* 时，这个问题的局部最优解是 x^*。则其对

应的对偶问题

$$\max W(\alpha) \tag{14-3}$$

在 α^* 处有局部最优解。即

$$W(\alpha) = L(x(\alpha), \alpha), x(\alpha) = \arg\min_x L(x, \alpha) \tag{14-4}$$

上述理论不太好理解。我们举个简单的例子来看一下。

假设我们的初始问题是

$$\min_{x_1, x_2} x_1^2 + x_2^2$$
$$\text{s.t. } x_1 + x_2 = 1 \tag{14-5}$$

那么它对应的对偶问题是

$$\max_\alpha W(\alpha) \tag{14-6}$$

其中

$$W(\alpha) = \min_{x_1, x_2} (s_1^2 + x_2^2) + \alpha(x_1 + x_2 - 1) \tag{14-7}$$

注意原始问题的拉格朗日方程是

$$L(x_1, x_2, \alpha) = (x_1^2 + x_2^2) + \alpha(x_1 + x_2 - 1) \tag{14-8}$$

所以

$$W(\alpha) = \min_{x_1, x_2} L(x_1, x_2, \alpha) \tag{14-9}$$

用拉格朗日方法求解原始问题可得

$$\frac{\partial L}{\partial x_1} = 2x_1 + \alpha = 0 \Rightarrow x_1 = -\frac{\alpha}{2},$$
$$\frac{\partial L}{\partial x_2} = 2x_2 + \alpha = 0 \Rightarrow x_2 = -\frac{\alpha}{2} \tag{14-10}$$

于是在原始问题取得最小值时，对应的对偶问题为

$$W(\alpha) = \left(-\frac{\alpha}{2}\right)^2 + \left(-\frac{\alpha}{2}\right)^2 + \alpha\left(-\frac{\alpha}{2} - \frac{\alpha}{2} - 1\right) = -\frac{\alpha^2}{2} - \alpha \tag{14-11}$$

这个对偶问题的最优解是当 $W(\alpha)$ 取最大值时得到的，即

$$\max_\alpha W(\alpha) \tag{14-12}$$

此时

$$\frac{\partial W}{\partial \alpha} = 0 \Rightarrow -\alpha - 1 = 0 \Rightarrow \alpha^* = -1 \tag{14-13}$$

于是原始问题的最优解为 $x_1^* = x_2^* = \frac{1}{2}$。

14.2.3　SVM 的理论基础

拉格朗日乘子法和 KKT 条件为 SVM 的求解奠定了基础。假设现在有一个简单的二分类问题如图 14-2 所示。

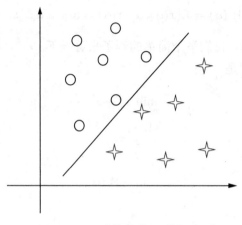

图 14-2　一个简单的二分类问题

希望找到一个决策面使得两类分开,这个决策面一般表示成 $W^T X + b = 0$,现在的问题是如何找到对应的 W 和 b 使得分割最好。在机器学习的逻辑回归算法中,是根据每一个样本的输出值与目标值的误差不断的调整权值 W 和 b 来求得最终的最优解的。SVM 中求最优解的方式有所不同。

假设已经知道对应最优决策面的权重 W 和 b,那么在这两个类中,总是能找到距离决策面最近的点,如图 14-3 所示。

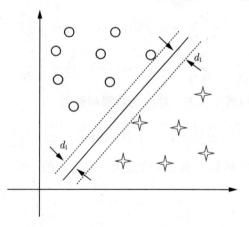

图 14-3　支撑向量与决策面的关系

设距离决策面最近的点到决策面的距离分别为 d_1 和 d_2。那么 SVM 找最优权值的策略就是,先找到离决策面最近的点,再找这些点与决策面的距离之和 $D = d_1 + d_2$,然后求解

D 的最大值，按照这个策略即可以实现最优分类。

继续假设已经找到了这样一个决策面 $\boldsymbol{W}^{\mathrm{T}}\boldsymbol{X}+\boldsymbol{b}=\boldsymbol{0}$，可以得到通过离它最近的两类点且平行于决策面的两条虚线，如图 14-3 中的虚线所示。这样真实的决策面应该位于这两条虚线的中间（$d_1 = d_2$）。因为决策面方程为 $\boldsymbol{W}^{\mathrm{T}}\boldsymbol{X}+\boldsymbol{b}=\boldsymbol{0}$，可把两个虚线方程分别设置为 $\boldsymbol{W}^{\mathrm{T}}\boldsymbol{X}+\boldsymbol{b}=\boldsymbol{1}$ 和 $\boldsymbol{W}^{\mathrm{T}}\boldsymbol{X}+\boldsymbol{b}=-\boldsymbol{1}$。则根据二维平面上求两条直线间距离的公式：

$$d = \frac{|c_2 - c_1|}{\sqrt{w_1^2 + w_2^2}} = \frac{1}{\|\boldsymbol{W}\|} \tag{14-14}$$

其中向量 $\|\boldsymbol{W}\|^2 = \boldsymbol{W}^{\mathrm{T}}\boldsymbol{W}$。则有

$$D = d_1 + d_2 = \frac{2}{\|\boldsymbol{W}\|} = \frac{2}{\sqrt{\boldsymbol{W}^{\mathrm{T}}\boldsymbol{W}}} \tag{14-15}$$

要使 D 最大，就要使分母最小，这样优化问题就变为 $\min(\boldsymbol{W}^{\mathrm{T}}\boldsymbol{W})$。

我们知道，如果一个一次函数为 $\boldsymbol{W}^{\mathrm{T}}\boldsymbol{X}+\boldsymbol{b}=\boldsymbol{0}$，那么这个一次函数表达的直线上方的点 x 可以使得 $\boldsymbol{W}^{\mathrm{T}}\boldsymbol{X}+\boldsymbol{b}>\boldsymbol{0}$，下方的点 x 可以使得 $\boldsymbol{W}^{\mathrm{T}}\boldsymbol{X}+\boldsymbol{b}<\boldsymbol{0}$，那么对于上界面虚线以上的点就有 $\boldsymbol{W}^{\mathrm{T}}\boldsymbol{X}+\boldsymbol{b}>\boldsymbol{1}$，下界面虚线以下的点就有 $\boldsymbol{W}^{\mathrm{T}}\boldsymbol{X}+\boldsymbol{b}<-\boldsymbol{1}$。现在再假设上界面以上的点的分类标签为 1，下界面以下的点的分类标签为 -1。那么这两个不等式再分别乘以他们的标签就可以统一为 $y_i(\boldsymbol{W}^{\mathrm{T}}\boldsymbol{x}_i + \boldsymbol{b}) \geqslant \boldsymbol{1}$ 了（所以在 SVM 中需要把两类标签设置为 $+1$ 和 -1，而不是 0 和 1）。则最终的带约束的优化问题转化为

$$\begin{aligned} &\min \frac{1}{2}\boldsymbol{W}^{\mathrm{T}}\boldsymbol{W} \\ &\text{s.t.} \ \ \boldsymbol{y}_i(\boldsymbol{W}^{\mathrm{T}}\boldsymbol{x}_i + \boldsymbol{b}) \geqslant \boldsymbol{1} \end{aligned} \tag{14-16}$$

将约束条件改写为不等式约束条件的标准形式：

$$\text{s.t.} \ \ \boldsymbol{1} - \boldsymbol{y}_i(\boldsymbol{W}^{\mathrm{T}}\boldsymbol{x}_i + \boldsymbol{b}) \leqslant \boldsymbol{0} \tag{14-17}$$

需要说明的是，这个约束条件是一组约束条件，对每个样本 $\boldsymbol{x}_i$ 都有一个这样的不等式。

因为 $\boldsymbol{W}^{\mathrm{T}}\boldsymbol{W}$ 肯定是一个凸函数，所以可以用上述拉格朗日乘子法和 KKT 条件求解。引入拉格朗日乘子后，优化的目标函数变为

$$\begin{aligned} L(\boldsymbol{W}, \boldsymbol{b}, \boldsymbol{\alpha}) &= \frac{1}{2}\boldsymbol{W}^{\mathrm{T}}\boldsymbol{W} + \alpha_1 h_1(\boldsymbol{x}) + \cdots + \boldsymbol{\alpha}_n h_n(\boldsymbol{x}) \\ &= \frac{1}{2}\boldsymbol{W}^{\mathrm{T}}\boldsymbol{W} - \alpha_1[\boldsymbol{y}_1(\boldsymbol{w}\boldsymbol{x}_1 + \boldsymbol{b}) - 1] - \cdots - \alpha_n[\boldsymbol{y}_n(\boldsymbol{W}\boldsymbol{x}_n + \boldsymbol{b}) - 1] \\ &= \frac{1}{2}\boldsymbol{W}^{\mathrm{T}}\boldsymbol{W} - \sum_{i=1}^{N}\alpha_i \boldsymbol{y}_i(\boldsymbol{W}\boldsymbol{x}_i + \boldsymbol{b}) + \sum_{i=1}^{N}\alpha_i \end{aligned} \tag{14-18}$$

对这个目标函数通过求导求最优解：

$$\frac{\partial L}{\partial \boldsymbol{W}} = \boldsymbol{W} - \sum_{i=1}^{N}\alpha_i \boldsymbol{y}_i \boldsymbol{x}_i = 0, \Rightarrow \boldsymbol{W} = \sum_{i=1}^{N}\alpha_i \boldsymbol{y}_i \boldsymbol{x}_i \tag{14-19}$$

$$\frac{\partial L}{\partial \boldsymbol{b}} = -\sum_{i=1}^{N} \alpha_i \boldsymbol{y}_i = 0, \Rightarrow \sum_{i=1}^{N} \alpha_i \boldsymbol{y}_i = 0 \tag{14-20}$$

将上述结论带入 $L(\boldsymbol{W}, \boldsymbol{b}, \boldsymbol{\alpha})$，可得

$$
\begin{aligned}
W(\alpha) = L(\boldsymbol{W}, \boldsymbol{b}, \boldsymbol{\alpha}) &= \frac{1}{2} \left(\sum_{i=1}^{N} \alpha_i \boldsymbol{y}_i \boldsymbol{x}_i \right)^{\mathrm{T}} \left(\sum_{j=1}^{N} \alpha_j \boldsymbol{y}_j \boldsymbol{x}_j \right) \\
&\quad - \sum_{i=1}^{N} \alpha_i \boldsymbol{y}_i \left(\left(\sum_{i=1}^{N} \alpha_i \boldsymbol{y}_i \boldsymbol{x}_i \right) x_i + \boldsymbol{b} \right) + \sum_{i=1}^{N} \alpha_i \\
&= \frac{1}{2} \left(\sum_{i,j=1}^{N} \alpha_i \boldsymbol{y}_i \alpha_j \boldsymbol{y}_j \boldsymbol{x}_i \boldsymbol{x}_j \right) - \sum_{i,j=1}^{N} \alpha_i \boldsymbol{y}_i \alpha_j \boldsymbol{y}_j \boldsymbol{x}_i \boldsymbol{x}_j + b \sum_{i=1}^{N} \alpha_i \boldsymbol{y}_i + \sum_{i=1}^{N} \alpha_i \\
&= -\frac{1}{2} \left(\sum_{i,j=1}^{N} \alpha_i \boldsymbol{y}_i \alpha_j \boldsymbol{y}_j \boldsymbol{x}_i \boldsymbol{x}_j \right) + \sum_{i=1}^{N} \alpha_i
\end{aligned}
\tag{14-21}
$$

这样，原始的求最小值问题到这里就变成求解 W 的最大值，因为使用了拉格朗日乘子法后，原问题就变为其对偶问题。则经过上述转化，最终的问题为

$$
\begin{aligned}
\max W(\alpha) &= -\frac{1}{2} \left(\sum_{i,j=1}^{N} \alpha_i \boldsymbol{y}_i \alpha_j \boldsymbol{y}_j \boldsymbol{x}_i \boldsymbol{x}_j \right) + \sum_{i=1}^{N} \alpha_i \\
\text{s.t.} \quad & \alpha_i \geqslant 0 \\
& \sum_{i=1}^{N} \alpha_i \boldsymbol{y}_i = 0
\end{aligned}
\tag{14-22}
$$

其中 $\alpha_i \geqslant 0$，来源于上节说到的 KKT 条件。

14.2.4　引入松弛变量的 SVM

目前为止我们所有的分析都建立在数据完全线性可分、且决策面能够将两类完全分开的基础上。如果正负两类的最远点没有明显的分界面，甚至两类数据部分混合，这种情况下是不可能找到将它们完全分开的分界面的。SVM 考虑到这种情况，在上下分界面上加入松弛变量 ε_i，如果正类中有点到上界面的距离小于 ε_i，那么认为这是正常的点，哪怕它在上界面稍微偏下一点的位置，下界面同理。还是以上面的情况，理想的分界面应该是图 14-4 所示的情况。

如果按照这种分界面会有 4 个离群点，它们到自己对应分界面的距离如图 14-5 所示。理论上讲，每一个点都应该有一个自己的松弛变量 ε_i，当求出一个分界面后，比较这个点到自己对应的界面（上界面或下界面）的距离是不是小于这个值（松弛变量 ε_i），如果小于这个值，就认为这个分界面可以接受，比如上图中 ε_3 这个点，虽然看到明显偏离了正轨，但是计算发现它到自己的分界面的距离 d 小于等于预先设定的松弛变量，那么这个分界面可以

接受。再比如点 ε_{10}，它与界面的距离大于预设的松弛变量，但这个点是分类正确的点，所以不需要调整分界面。需要调整分界面的情况只是当类似 ε_3 这样的点的距离大于 ε_3 的时候。

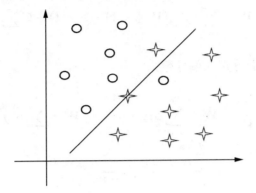

图 14-4　数据部分重叠时理想的分界面

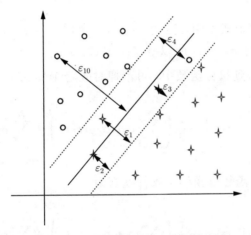

图 14-5　离群点到对应分界面的距离

上面解释了为什么引入松弛变量，但是引入松弛变量后如何求解呢？对于上界面以上的点，满足的条件是：$\boldsymbol{W}^{\mathrm{T}}x_i+\boldsymbol{b} \geqslant 1-\varepsilon_i, y_i = 1$，而下界面以下的点，满足的条件是：$\boldsymbol{W}^{\mathrm{T}}x_i+\boldsymbol{b} \leqslant -1+\varepsilon_i, y_i = -1$，并且 $\varepsilon_i \geqslant 0$。统一在一起，整个问题就变成

$$\min \frac{1}{2}\boldsymbol{W}^{\mathrm{T}}\boldsymbol{W} + C\sum_{i=1}^{N}\varepsilon_i$$
$$\text{s.t.}\quad 1 + \varepsilon_i - y_i(\boldsymbol{W}x_i+\boldsymbol{b}) \leqslant 0 \tag{14-23}$$
$$\varepsilon_i \geqslant 0$$

目标函数中常数 C 决定了松弛变量之和的影响程度。C 值越大，则松弛变量影响越严重，那么在优化的时候会更多的注重所有点到分界面的距离，优先保证松弛变量的和比较小。

这样引入了松弛变量后，优化问题就变成

$$L(\boldsymbol{x}, \boldsymbol{\alpha}, \boldsymbol{\beta}) = \frac{1}{2}\boldsymbol{W}^{\mathrm{T}}\boldsymbol{W} - \sum_{i=1}^{N}\alpha_i(y_i(\boldsymbol{W}x_i + \boldsymbol{b}) + \varepsilon_i - 1) + C\sum_{i=1}^{N}\varepsilon_i - \sum_{i=1}^{N}r_i\varepsilon_i \qquad (14\text{-}24)$$

然后对上式中的 W, b, ε 分别求偏导数：

$$\frac{\partial L}{\partial \boldsymbol{W}} = \boldsymbol{W} - \sum_{i=1}^{N}\alpha_i y_i x_i = 0 \Rightarrow \boldsymbol{W} = \sum_{i=1}^{N}\alpha_i y_i x_i$$

$$\frac{\partial L}{\partial \boldsymbol{b}} = -\sum_{i=1}^{N}\alpha_i y_i = 0 \Rightarrow \sum_{i=1}^{N}\alpha_i y_i = 0$$

$$\frac{\partial L}{\partial \varepsilon_i} = 0 \Rightarrow C - \alpha_i - r_i = 0 \qquad (14\text{-}25)$$

在公式 (14-25) 第三个式子中，因为 $r_i \geqslant 0$，所以 $C - \alpha_i \geqslant 0 \Rightarrow \alpha_i \leqslant C$，前面公式 (14-22) 中已给出约束条件 $\alpha_i \geqslant 0$，所以 $0 \leqslant \alpha_i \leqslant C$。

把这三个导数结果带到目标函数中，可消掉对应的 W, b, r_i 以及 ε_i，可得目标函数

$$W(\boldsymbol{\alpha}) = -\frac{1}{2}\left(\sum_{i,j=1}^{N}\alpha_i y_i \alpha_j y_j x_i x_j\right) + \sum_{i=1}^{N}\alpha_i \qquad (14\text{-}26)$$

这样，带松弛变量的优化函数以及约束条件就变为

$$W(\boldsymbol{\alpha}) = -\frac{1}{2}\left(\sum_{i,j=1}^{N}\alpha_i y_i \alpha_j y_j x_i x_j\right) + \sum_{i=1}^{N}\alpha_i$$

$$\text{s.t.} \quad 0 \leqslant \alpha_i \leqslant C \qquad (14\text{-}27)$$

$$\sum_{i=1}^{N}\alpha_i y_i = 0$$

14.2.5 SVM 处理非线性问题

如果引入松弛变量的方法仍然不能得到线性的分界面将数据分开，那么对于这样的非线性问题，需要采用核函数的方法，即使用合适的方法将原始数据映射到高维空间后，在高维空间进行处理，如图 14-6 所示。这时对映射到高维空间中的数据点，再用前面的 SVM 算法去处理。

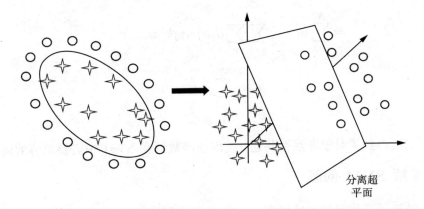

图 14-6　将非线性问题通过映射转化为线性可分问题

关于核函数 k 与某种映射 Φ 之间的计算关系已在前面章节中详细描述，此处不再解释。那么映射后，我们的优化问题变为

$$\min \quad L(\boldsymbol{W}, \boldsymbol{b}, \boldsymbol{\alpha}) = \frac{1}{2} \boldsymbol{W}^{\mathrm{T}} \boldsymbol{W} - \sum_{i=1}^{N} \alpha_i [y_i(\boldsymbol{w}^{\mathrm{T}} \Phi(x_i) + \boldsymbol{b}) - 1]$$

$$\text{s.t.} \quad \alpha_i \geqslant 0 \tag{14-28}$$

目标函数分别对 $\boldsymbol{W}$ 和 $\boldsymbol{b}$ 求导数，可得

$$\frac{\partial L}{\partial \boldsymbol{W}} = 0 \Rightarrow W(\alpha) = \sum_{i=1}^{N} \alpha_i y_i \Phi(x_i)$$

$$\frac{\partial L}{\partial \boldsymbol{b}} = 0 \Rightarrow \sum_{i=1}^{N} \alpha_i y_i = 0 \tag{14-29}$$

此时

$$\boldsymbol{W}^{\mathrm{T}} \boldsymbol{W} = \left(\sum_{i=1}^{N} \alpha_i y_i \Phi(x_i)^{\mathrm{T}} \right) \left(\sum_{i=1}^{N} \alpha_i y_i \Phi(x_i) \right)$$

$$= \sum_{i=1}^{N} \sum_{j=1}^{N} \alpha_i \alpha_j y_i y_j \Phi(x_i)^{\mathrm{T}} \Phi(x_i) = \sum_{i=1}^{N} \sum_{j=1}^{N} \alpha_i \alpha_j y_i y_j k(x_i, x_j) \tag{14-30}$$

$$\boldsymbol{W}^{\mathrm{T}} \Phi(x_i) = \left(\sum_{i=1}^{N} \alpha_i y_i \Phi(x_i)^{\mathrm{T}} \right) \Phi(x_i) = \sum_{i=1}^{N} \alpha_i y_i k(x_i, x_j) \tag{14-31}$$

则式 (14-28) 中的优化问题的对偶问题为

$$\max \quad W(\boldsymbol{\alpha}) = L(w(\boldsymbol{\alpha}), \boldsymbol{b}, \boldsymbol{\alpha}) = \frac{1}{2} \boldsymbol{W}^{\mathrm{T}} \boldsymbol{W} - \sum_{i=1}^{N} \alpha_i [y_i(\boldsymbol{W}^{\mathrm{T}} \Phi(x_i) + \boldsymbol{b}) - 1]$$

$$= \sum_{i=1}^{N} \alpha_i - \frac{1}{2} \sum_{i=1}^{N} \sum_{j=1}^{N} \alpha_i \alpha_j y_i y_j k(x_i, x_j) \tag{14-32}$$

$$\text{s.t.} \quad \sum_{i=1}^{N} \alpha_i y_i = 0$$

$$\alpha_i \geqslant 0$$

这样我们就得到了对于非线性问题、使用核函数后在 SVM 中需要求解的问题。

14.2.6 求解 SVM 问题

接下来的问题是如何找到最优解 α_i。上节讨论到解 SVM 问题最终演化为求式 (14-32) 所示的带约束条件的优化问题,问题的解就是找到一组 α_i 使得 $\boldsymbol{W}$ 最大。

最初的约束条件为

$$1 - y_i(\boldsymbol{W}^{\mathrm{T}} x_i + \boldsymbol{b}) \leqslant 0 \tag{14-33}$$

KKT 条件的形成就是使

$$\alpha_i(1 - y_i(\boldsymbol{W}^{\mathrm{T}} x_i + \boldsymbol{b})) = 0 \tag{14-34}$$

由于 $\alpha_i \geqslant 0$,而后面括号里的部分小于等于 0,所以它们中间至少有一个为 0。对于分类正确的点,显然满足 $y_i(\boldsymbol{W}^{\mathrm{T}} x_i + \boldsymbol{b}) > 1$,然后还得满足 $\alpha_i(1 - y_i(\boldsymbol{W}^{\mathrm{T}} x_i + \boldsymbol{b})) = 0$,那么显然它们的 $\alpha_i = 0$。对于那些在边界内的点,显然 $y_i(\boldsymbol{W}^{\mathrm{T}} x_i + \boldsymbol{b}) \leqslant 1$,那么取这些约束条件的极限情况,也就是 $y_i(\boldsymbol{W}^{\mathrm{T}} x_i + \boldsymbol{b}) = 1$,在这些极限约束条件下,会得到一组新的权值 $\boldsymbol{W}$ 与 $\boldsymbol{b}$,也就是改善后的解。这时既然这些点的 $y_i(\boldsymbol{W}^{\mathrm{T}} x_i + \boldsymbol{b}) = 1$,那么它们对应的 α_i 就可以不为 0 了。总结如下。

第一种情况:$\alpha_i = 0$,此时 $y_i(\boldsymbol{W}^{\mathrm{T}} x_i + \boldsymbol{b}) > 1$,对应的样本位于上下边界之外,是分类正确的样本;

第二种情况:$0 < \alpha_i < C$,此时 $y_i(\boldsymbol{W}^{\mathrm{T}} x_i + \boldsymbol{b}) = 1$,对应的样本正好位于上下边界,这些样本就是支持向量,分界面只由这些支持向量决定;

第三种情况:$\alpha_i = C$,此时 $y_i(\boldsymbol{W}^{\mathrm{T}} x_i + \boldsymbol{b}) < 1$,这样的样本位于上下边界之间,是引入松弛变量后允许存在的点。

那么如何得到这些 $0 < \alpha_i < C$ 的 α_i 呢?观察式 (14-32) 可以发现,$W(\boldsymbol{\alpha})$ 是一个二次型优化问题(quadratic problem),因此可使用 quadprog 函数求解。对于可写成下面形式的优化问题:

$$\min_{x} \frac{1}{2} \boldsymbol{x}^{\mathrm{T}} \boldsymbol{H} \boldsymbol{x} + \boldsymbol{f}^{\mathrm{T}} \boldsymbol{x}$$

$$\text{s.t.} \begin{cases} \boldsymbol{A} \cdot \boldsymbol{x} \leqslant \boldsymbol{b} \\ \boldsymbol{A}_{\mathrm{eq}} \cdot \boldsymbol{x} = \boldsymbol{b}_{\mathrm{eq}} \\ \mathbf{lb} \leqslant \boldsymbol{x} \leqslant \mathbf{ub} \end{cases} \tag{14-35}$$

其中 $\boldsymbol{H}$，$\boldsymbol{A}$，$\boldsymbol{A}_{\text{eq}}$ 是矩阵；$\boldsymbol{f}$，$\boldsymbol{b}$，$\boldsymbol{b}_{\text{eq}}$，$\textbf{lb}$，$\textbf{ub}$，$\boldsymbol{x}$ 是向量。可使用下面方式调用 quadprog 函数求解：

x = quadprog(H, f)

x = quadprog(H, f, A, b)

x = quadprog(H, f, A, b, Aeq, beq)

x = quadprog(H, f, A, b, Aeq, beq, lb, ub)

x = quadprog(H,f,A,b,Aeq,beq,lb,ub,x0)

x = quadprog(H,f,A,b,Aeq,beq,lb,ub,x0,options)

关于 quadprog 函数在调用时的具体参数设置，可查阅帮助文档或手册。下面我们举一个例子来看如何使用。

假设我们现在的优化问题可写成：

$$f(x) = \frac{1}{2}x_1^2 + x_2^2 - x_1 x_2 - 2x_1 - 6x_2$$

$$\text{s.t.} \begin{cases} x_1 + x_2 \leqslant 2 \\ -x_1 + 2x_2 \leqslant 2 \\ 2x_1 + x_2 \leqslant 3 \\ 0 \leqslant x_1, 0 \leqslant x_2 \end{cases} \tag{14-36}$$

为了能够使用 quadprog 函数求解，我们把 $f(x)$ 改写成

$$f(\boldsymbol{x}) = \frac{1}{2}\boldsymbol{x}^{\text{T}}\boldsymbol{H}\boldsymbol{x} + \boldsymbol{f}^{\text{T}}\boldsymbol{x} \tag{14-37}$$

的形式。这样，$\boldsymbol{H} = \begin{bmatrix} 1 & -1 \\ -1 & 2 \end{bmatrix}$，$\boldsymbol{f} = \begin{bmatrix} -2 \\ -6 \end{bmatrix}$，$\boldsymbol{A} = \begin{bmatrix} 1 & 1 \\ -1 & 2 \\ 2 & 1 \end{bmatrix}$，$\boldsymbol{b} = \begin{bmatrix} 2 \\ 2 \\ 3 \end{bmatrix}$，$\textbf{lb} = \begin{bmatrix} 0 \\ 0 \end{bmatrix}$，

则接下来就可以调用 quadprog 函数求解最优解 $\boldsymbol{x} = \begin{bmatrix} x_1 \\ x_2 \end{bmatrix}$。

求解出 $0 < \alpha_i < C$ 的 α_i 后，就可以根据公式 (14-19) 用这些 α_i 计算得到 $\boldsymbol{W}$，但是一个分界面 $\boldsymbol{W}^{\text{T}}\Phi(\boldsymbol{x}) + \boldsymbol{b} = \boldsymbol{0}$ 是由 $\boldsymbol{W}$ 和 $\boldsymbol{b}$ 共同决定的。那么如何计算得到 $\boldsymbol{b}$ 呢？此时我们需要利用支持向量，即对应 $0 < \alpha_i < C$ 的那些样本，这些支持向量位于上下界面上，因此有

$$\boldsymbol{W}^{\text{T}}\Phi(\boldsymbol{x}^*) + \boldsymbol{b} = \boldsymbol{y}^* \tag{14-38}$$

$$\boldsymbol{b} = \boldsymbol{y}^* - \boldsymbol{W}^{\text{T}}\Phi(\boldsymbol{x}^*) = \boldsymbol{y}^* - \sum_{i=1}^{N} \alpha_i y_i \Phi(x_i)^{\text{T}}\Phi(\boldsymbol{x}^*) = \boldsymbol{y}^* - \sum_{i=1}^{N} \alpha_i y_i k(x_i, \boldsymbol{x}^*) \tag{14-39}$$

求出分界面方程后，就得到了 SVM 的模型。当有新的测试样本 x_{new} 时，将其带入分界面方程：

$$\boldsymbol{W}^{\mathrm{T}}\varPhi(\boldsymbol{x}_{\mathrm{new}}) + \boldsymbol{b} = \sum_{i=1}^{N}\alpha_i y_i \varPhi(\boldsymbol{x}_i)^{\mathrm{T}}\varPhi(\boldsymbol{x}_{\mathrm{new}}) + \boldsymbol{b} = \sum_{i=1}^{N}\alpha_i y_i k(\boldsymbol{x}_i, \boldsymbol{x}_{\mathrm{new}}) + \boldsymbol{b} \tag{14-40}$$

根据式 (14-40) 的计算结果的正负，即可判断该样本属于哪一类。

14.3　应 用 举 例

14.3.1　线性分类原理实验

本例中使用产生随机数的方式生成自定义数据集，进行线性分类，使用 quadprog 函数求解 SVM 问题。程序代码如下。

```
clc
clear
close all

%数据构建
data_n = 50;
randn('state',6);%可以保证每次产生的随机数一样
x1 = randn(2,data_n);       %2行N列矩阵
y1 = ones(1,data_n);        %1*N个1
x2 = 5+randn(2,data_n);     %2*N矩阵
y2 = -ones(1,data_n);       %1*N个-1

figure(1);
plot(x1(1,:),x1(2,:),'bx',x2(1,:),x2(2,:),'k.');
axis([-3 8 -3 8]);
xlabel('x');
ylabel('y');
```

样本数据分布如图 14-7 所示，SVM 分类结果如图 14-8 所示。

图 14-8 中标出了真实分界面（红色实线），其斜率为 -1.0219；对应黑色点样本的上分界面（黑色实线），其 $b = 8.0460$；对应蓝色点样本的下分界面（蓝色实线），其 $b = 3.6251$；以及支撑向量（红色圆圈表示）。同时可以看到，真实的分界面可以将两种样本完全分开。

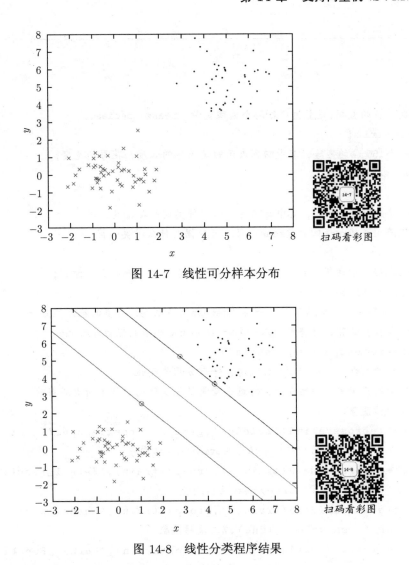

图 14-7　线性可分样本分布

图 14-8　线性分类程序结果

14.3.2　非线性分类原理实验

如果在原始空间中数据不能用一个直线分类面划分类别，那么意味着我们遇到了原始特征空间中的非线性样本，需要把非线性样本映射到高维空间变成线性样本，再去把变化后的线性样本用上述方法分类，就达到了把非线性样本分开的目的。

SVM 作为一种非常成熟、广泛使用的机器学习算法，已经被 MATLAB 支持并有工具箱对应。如果使用 MATLAB 中的 SVM 工具箱函数，则可直接得到训练好的模型，不必使用 quadprog 函数求解 SVM 问题。本例中使用 Fisher Iris 数据集，直接调用 MATLAB 中的 SVM 工具箱函数，对数据进行非线性分类。程序代码如下。

```
close all
clear
clc
%加载待识别的花的数据,该数据包括两个返回变量: meas和species;
load fisheriris ;
%该变量是一个150×4的矩阵, 其中四列表示的是花萼的长度, 花萼的宽度,
%花瓣的长度, 花瓣的宽度;
vari1=meas ;
%该变量是一个150×1的矩阵, 其中每50行表示一种类别的花, 共三类;
%这个类别矩阵用来指示返回变量meas中每一行数据是什么种类的花;
vari2=species ;
%用来取出meas矩阵中的第一列和第二列 (为简化实验, 让观测值为二维) ;
data=[meas(:,1),meas(:,2)];
%取出species矩阵中的花分为两类, 一类是setosa (多刚毛) 种类的花儿, 另一
%类是非setosa种类的花; 并将结果以一个boolean值矩阵形式保存在groups中;
groups=ismember(species ,'setosa') ;
%将数据平均分为两部分, 一部分用作训练, 一部分用作测试;
%用cp保存实验的正确率等评估变量, cp这个变量随着实验的进行不断更新当前
%的正确率等评估变量;
[train,test]=crossvalind('holdOut',groups);  cp=classperf(groups);
%%SVM的训练函数, 并将最后训练结果保存在svmStruct结构中
%svmStruct=svmtrain(data(train,:),groups(train),'Kernel_Function','
    linear','showplot',true);%线性核函数
%svmStruct=svmtrain(data(train,:),groups(train),'Kernel_Function','
    quadratic','showplot',true);%二次核函数
%svmStruct=svmtrain(data(train,:),groups(train),'Kernel_Function',
        'rbf','showplot',true);%高斯核函数
svmStruct=svmtrain(data(train,:),groups(train),'Kernel_Function','
    polynomial','showplot',true);%多项式核函数
%%SVM的分类函数
classes=svmclassify(svmStruct ,data(test ,:),'showplot',true);
classperf(cp,classes ,test);%用于显示SVM对数据测试的正确率
cp.CorrectRate
```

程序运行分类结果如图 14-9 所示。

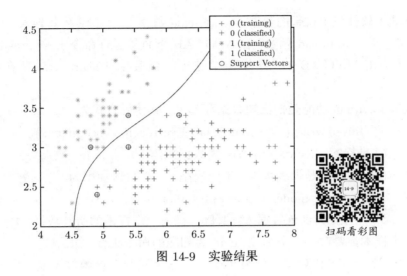

图 14-9 实验结果

14.3.3 LIBSVM 的简单使用：分类与回归

本节简单介绍 LIBSVM 的使用方法。LIBSVM 可从http://www.csie.ntu.edu.tw/~cjlin/libsvm/下载。目前最新版本是 2019 年 9 月 11 日发布的 3.24 版。LIBSVM 可用于分类问题（C-SVC，nu-SVC）、回归问题（epsilon-SVR，nu-SVR）和分布估计问题（One-Class SVM），它还提供了用于 C-SVC 分类的自动模型选择工具。并且支持多分类问题。

从http://www.csie.ntu.edu.tw/~cjlin/libsvm/下载下来的软件包包括 C++ 和 Java 库的源代码，以及用于扩展训练数据的简单程序。提供了具有详细说明的自述文件。对于 Microsoft Windows 用户，zip 文件中有一个包含二进制可执行文件的子目录。还包括预编译的 Java 类归档文件。并提供了与 Python、MATLAB 等软件的接口。软件包里提供了测试数据集 heart_scale，和 readme 说明文件，其中有 LIBSVM 的参数说明，建议阅读，其中例子是在 Windows 命令行窗口运行的。在软件网站上还以图形界面的形式给出了演示 SVM 分类和回归的简单小程序。

下面介绍在 MATLAB 上安装和使用 LIBSVM 的过程。首先将下载的 zip 文件解压到 MATLAB/toolbox 文件夹中。如果解压到其他位置，在使用时需要先将 MATLAB 工作路径调至该软件包的解压位置。点击进入其中 MATLAB 平台，直接运行里面的 make.m 函数。正常情况下如果本机 MATLAB 软件中含有编译平台的话直接就可以运行了，如果 MATLAB 中没有编译平台，还需要选择一个平台，选择编译平台可使用命令 mex -setup，可使用 MATLAB 中免费提供的 MinGW-w64 C/C++ 编译器，具体安装过程此处略过。编译完成后出现 4 个后缀为.mexw64 的文件：libsvmread，Libsvmwrite，svmtrain（与 MATLAB 自带的 SVM 工具箱中函数重名），svmpredict。

函数 libsvmread 的功能是读取数据。这里的数据不是 MATLAB 下的.mat 数据，而是.txt，.data 等外部数据，这些数据需要使用 libsvmread 函数转化为 MATLAB 可识别的数据。以 LIBSVM 软件包中自带的数据 –heart_scale 数据 —— 为例，将其导入 MATLAB 有两种方式：一种使用 libsvmread 函数，在 MATLAB 下直接运行命令 libsvmread(heart_scale)；另一种方式为点击 MATLAB 的"导入数据"按钮，然后导向 heart_scale 所在位置，直接选择就可以了。

函数 libsvmwrite 的功能是把已知数据存起来。其使用方式为

$$\text{libsvmwrite ("filename", label\_vector, instance\_matrix)}$$

其中 label_vector 是标签，instance_matrix 为数据矩阵。

函数 svmtrain 的功能是训练数据、生成模型。一般直接使用为

$$\text{model = svmtrain (label, data, cmd)}$$

其中 label 为标签，data 为训练数据（数据每一行为一个样本的所有数据，每一列代表一个特征），每一个样本都要对应一个标签。cmd 为相应的命令集合，如 –v, –t,–g,–c, 等，不同的参数代表不同的含义。比如对于分类问题，–t 表示选择的核函数类型；–t = 0 表示使用线性核；–t = 1 表示使用多项式核；–t = 2 表示使用径向基函数（高斯核）；–t = 3，表示使用 sigmod 核函数。–g 表示核函数的参数系数，–c 是惩罚因子系数，–v 是交叉验证的个数，默认为 5。使用 –v 这个参数时，svmtrain 得到的结果是训练模型的准确率，为一个数值；不使用 –v 时，得到的结果是一个模型，可以在 svmpredict 中直接使用。上述为一般情况下较重要的几个参数，其他参数可参考网站上的说明。

函数 svmpredict 的功能是使用训练好的模型去预测新样本的数据类型。使用方式为

[predicted_label, accuracy, decision_values / prob_estimates] = svmpredict(testing_label_vector, testing_instance_matrix,model,'libsvm_options')

或者

[predicted_label]= svmpredict (testing_label_vector, testing_instance_matrix, model, 'libsvm_options')

使用第一种会输出得到三个参数，分别是预测的类型、准确率、评估值（回归问题）。输入的第一个参数是测试样本的真实目标值，用模型预测出来的值会与这个真实值做比较，得出准确率 accuracy。第二个输入参数是输入待测样本数据。最后是参数值，这里的参数值只有两种选择，–p 和 –b 参数，在训练模型时用到的参数，如 –g 等，不必在使用模型进行预测时出现，因为这些参数已经包含在训练好、将要使用的模型中。

下面以 LIBSVM 软件包中自带的数据集 heart_scale 为例，给出 LIBSVM 的标准使用方法。首先将 LIBSVM 软件包中的数据集 heart_scale 复制到 Libsvm\MATLAB 文件夹中，并将 MATLAB 工作路径切换至该文件夹。后续的操作都在该文件夹下进行。接下来在 MATLAB 的命令行窗口中依次输入下列命令并运行即可：

[heart_scale_label,heart_scale_inst]=libsvmread('heart_scale');

model = svmtrain(heart_scale_label,heart_scale_inst) ;

[predict_label,accuracy,dec_values] = svmpredict(heart_scale_label,heart_scale_inst,model);

上面的例子我们直接调用 libsvmread 函数读入 heart_scale 数据，能够这样做是因为 heart_scale 数据集是已经处理好的符合 LIBSVM 处理格式的数据。如果我们现在的数据就是普通的没有经过处理的原始数据，这个时候就需要进行数据预处理，将数据整理成符合 LIBSVM 格式的数据。LIBSVM 中也给出了处理普通样本数据时的推荐步骤。

第一步：转换数据至 SVM 格式；

第二步：对数据进行归一化；

第三步：考虑核函数问题，如使用径向基核函数；

第四部：使用交叉检验找到最优的参数；

第五步：使用最优的参数进行整个数据集的训练；

第六步：测试。

其中第一步转换数据至 SVM 格式需要一个具备宏的转换文件 FormatDataLibsvm.xls，这个转换文件可以从链接 http://pan.baidu.com/s/1eSKebYU 处下载。这个文件中的宏有两种功能：FormatDataFromLibsvm 和 FormatDataToLibsvm。转换数据至 SVM 格式应选择 FormatDataToLibsvm 功能。此时输入数据的最后一列为标签（样本目标值），转换完成后，标签转至第一列。转换完成后将表格另存为 txt 文本文件。接下来需执行数据归一化。将转换好的 txt 文本复制到 libsvm/windows 文件夹（即含有 svm-scale.exe 的文件夹）中，然后在 windows 命令行中运行 svm-scale.exe 可执行程序，运行完成后，会在该文件目录下生成归一化的.txt 文件，默认归一化范围（−1,1）。最后将归一化好的.txt 文件复制到 libsvm\MATLAB 目录下，就可以调用 libsvmread、svmtrain、svmpredict 函数进行常规处理了。

下面分别给出用 LIBSVM 进行处理分类和回归问题的具体例子。

（1）分类问题

生成 200 个非线性数据，代码如下。

```
%% 产生非线性数据2类200个
clc
clear
close all
num = 100;
data1 = rand(1,1000)*4 - 2;
data2 = rand(1,1000)*4 - 2;
circle_inx = data1;
circle_iny = data2;
r_in = circle_inx.^2 + circle_iny.^2;
index_in = find(r_in<1.1);
data_in = [data1(index_in(1:num));data2(index_in(1:num));-1*ones
        (1,num)];
data1 = rand(1,1000)*4 - 2;
```

```
data2 = rand(1,1000)*4 - 2;
circle_inx = data1 ;
circle_iny = data2 ;
r_in = circle_inx.^2 + circle_iny.^2;
index_out = find((r_in>0.9)&(r_in<4));
data_out = [data1(index_out(1:num));data2(index_out(1:num));
            ones(1,num)];
data = [data_in,data_out];
 save data_test1.mat data
```

使用 LIBSVM 对上面生成的非线性数据集进行分类

```
clc
clear
close all
data = load('data_test1.mat');
data = data.data';
%选择训练样本个数
num_train = 80;
%构造随机选择序列
choose = randperm(length(data));
train_data = data(choose(1:num_train),:);
gscatter(train_data(:,1),train_data(:,2),train_data(:,3));
label_train = train_data(:,end);
test_data = data(choose(num_train+1:end),:);
label_test = test_data(:,end);
predict = zeros(length(test_data),1);
%% ----训练模型并预测分类
model = svmtrain(label_train,train_data(:,1:end-1),'-t 2');
% -t = 2 选择径向基函数核
true_num = 0;
for i = 1:length(test_data)
    predict(i) = svmpredict(1,test_data(i,1:end-1),model);
end
%%显示结果
figure;
index1 = find(predict==1);
data1 = (test_data(index1,:))';
plot(data1(1,:),data1(2,:),'or');
```

```
hold on
index2 = find(predict==-1);
data2 = (test_data(index2,:))';
plot(data2(1,:),data2(2,:),'*');
hold on
indexw = find(predict~=(label_test));
dataw = (test_data(indexw,:))';
plot(dataw(1,:),dataw(2,:),'+g','LineWidth',3);
accuracy = length(find(predict==label_test))/length(test_data);
title(['测试数据的准确性 :',num2str(accuracy)]);
```

实验结果如图 14-10 所示。

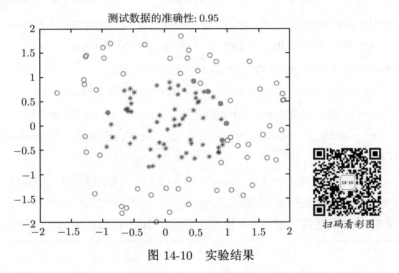

图 14-10　实验结果

2）回归实验

可以看到分类问题的输出是样本所属于的类。而回归问题不像分类问题，回归问题相当于根据训练样本训练出一个拟合函数，可以根据这个拟合函数预测一个给定样本的输出值。典型的回归应用如股票预测、人口预测等等此类需要预测出一个数值的问题。

LIBSVM 也可以使用 SVM 进行回归预测，所需要改变的只是使用时的参数设置。LIBSVM 的官网上已经给出了参数的详细介绍。

options:

-s svm_type : set type of SVM (default 0)

  0 – C-SVC

  1 – nu-SVC

  2 – one-class SVM

3 – epsilon-SVR

4 – nu-SVR

-t kernel_type : set type of kernel function (default 2)

0 – linear: u'*v

1 – polynomial: (gamma*u'*v + coef0) degree

2 – radial basis function: exp(-gamma*|u-v| 2)

3 – sigmoid: tanh(gamma*u'*v + coef0)

-d degree : set degree in kernel function (default 3)

-g gamma : set gamma in kernel function (default 1/num_features)

-r coef0 : set coef0 in kernel function (default 0)

-c cost : set the parameter C of C-SVC, epsilon-SVR, and nu-SVR (default 1)

-n nu : set the parameter nu of nu-SVC, one-class SVM, and nu-SVR (default 0.5)

-p epsilon : set the epsilon in loss function of epsilon-SVR (default 0.1)

-m cachesize : set cache memory size in MB (default 100)

-e epsilon : set tolerance of termination criterion (default 0.001)

-h shrinking: whether to use the shrinking heuristics, 0 or 1 (default 1)

-b probability_estimates: whether to train a SVC or SVR model for probability estimates, 0 or 1 (default 0)

-wi weight: set the parameter C of class i to weight*C, for C-SVC (default 1)

其中，-s svm_type 控制的就是训练类型，而当 -s 等于 3 或 4 的时候，就是回归模型 SVR。-s 3 就是常用的带惩罚项的 SVR 模型。下面给出使用 LIBSVM 进行回归预测的代码。

```
close all;
clear;
clc;
%%
% 生成待处理的数据
x = (-1:0.1:1)';
y = -100*x.^3 + x.^2 - x + 1;
% 加噪
y = y+ 20*rand(length(y),1);
% 采用交叉验证选择参数
mse = 10^7;
for log2c = -10:0.5:3,
    for log2g = -10:0.5:3,
        % -v 交叉验证参数：在训练的时候需要，测试的时候不需要
```

```
            cmd = ['-v 3 -c ', num2str(2^log2c),'-g',num2str(2^log2g), ' -
                s 3 -p 0.4 -t 3'];
            cv = svmtrain(y,x,cmd);
            if (cv < mse),
                mse = cv; bestc = 2^log2c; bestg = 2^log2g;
            end
        end
end
%开始训练
cmd = ['-c ', num2str(2^bestc), ' -g ', num2str(2^bestg), ' -s 3  -p
    0.4 -n 0.1'];
% 0 -- 线性核函数:  K(u,v)=u'*v
% 1 -- 多项式核函数: K(u,v)=(gamma*u'*v + coef0)^d
% 2 -- RBF核函数: K(u,v)=exp(-gamma*||u-v||^2)
% 3 -- sigmoid核函数: K(u,v)=tanh(gamma*u'*v + coef0)
% 4 -- 自定义核函数
model = svmtrain(y,x,cmd);
% 利用建立的模型看其在训练集合上的回归效果
[py,~,~] = svmpredict(y,x,model);
figure;
plot(x,y,'o');
hold on;
plot(x,py,'g+');
%下面用新的样本进行预测
%新的样本为[-1 1]的随机数
testx = -2+(2-(-2))*rand(10,1);
testy = zeros(10,1);
[ptesty,~,~] = svmpredict(testy,testx,model);
hold on;
plot(testx,ptesty,'r*');
legend('原始数据','回归数据','新数据');
grid on;
% title('t=0:线性核')
% title('t=1:多项式核')
% title('t=2:径向基函数（高斯）')
title('t=3:sigmod核函数')
```

这里随机生成一个 3 次函数的随机数据，测试了几种不同 svm 里面的核函数，结果如

图 14-11 所示。

因为我们的数据是由三次函数模拟生成的，所以可以看到，在这种情况下使用线性核 t=0 时候效果更好，然而实际情况下一般并不知道数据的分布函数，所以在选择核函数的时候还是需要多实验，找到最适合自己数据的核函数。

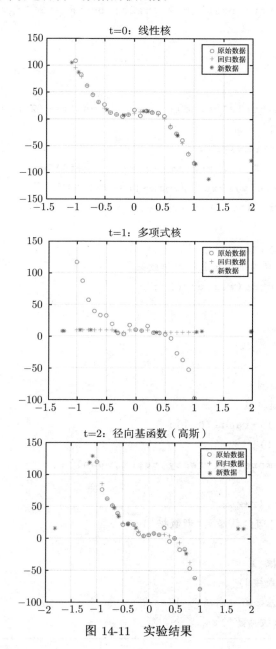

图 14-11　实验结果

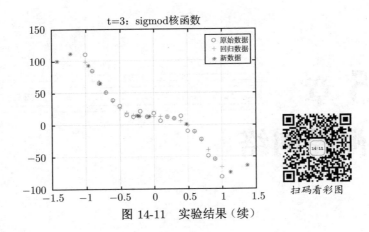

图 14-11　实验结果（续）

参 考 文 献

[1] José Luis Rojo-Álvarez, Manel Martínez-Ramón, Jordi Muñoz-Marí, Gustau Camps-Valls. Support Vector Machine and Kernel Classification Algorithms//Digital Signal Processing with Kernel Methods, IEEE, 2018, pp.433-502.

[2] Asoke K. Nandi, Hosameldin Ahmed. Support Vector Machines (SVMs)//Condition Monitoring with Vibration Signals: Compressive Sampling and Learning Algorithms for Rotating Machines, IEEE, 2019, pp.259-277.

[3] 周志华. 机器学习 [M]. 北京: 清华大学出版社, 2016.

[4] 李航. 统计学习方法 [M]. 北京: 清华大学出版社, 2012: 第七章, pp.95-135.

[5] Nello Cristianini, John Shawe-Taylor 著李国正, 王猛, 曾华军译. 支持向量机导论. 北京: 电子工业出版社,2004.

[6] 邓乃扬, 田英杰. 数据挖掘中的新方法: 支持向量机 [M]. 北京: 科学出版社, 2004.

[7] Burges C J. A Tutorial on Support Vector Machines for Pattern Recognition. Data Mining and Knowledge Discovery, 1998, (2), pp 121–167.

[8] Chang C C, Lin C J. LIBSVM : a library for support vector machines. ACM Transactions on Intelligent Systems and Technology, 2011, (2): 1–27.

[9] Fan R E, Chen P H, Lin C J. Working set selection using the second order information for training SVM. Journal of Machine Learning Research 6, 1889-1918, 2005.

习　　题

采用 sklearn 中的 SVM 模型，训练一个对 digits 数据集进行分类的模型。digits 数据集中包含大量的数字图片，给定其中的一张图片，能识别图中代表的数字。这是一个分类问题，数字 0～9 代表 10 个分类，目标是希望能正确估计图中样本属于哪一个数字类别。

digits 数据集可以通过以下命令导入：

```
fromsklearnimport datasets
digits =datasets.load_digits()
```

第 15 章
人工神经网络

神经网络（neural networks）是一种运算模型，由大量的节点之间相互联接构成。卷积神经网络（convolutional neural networks，CNN）是一种专门用来处理具有类似网络结构的数据的神经网络。例如图像数据（可以看作二维的像素网格）。随着对人工神经网络的深入研究，其在模式识别、智能机器人、自动控制、生物、医学、经济等领域已成功地解决了许多现代计算机难以解决的实际问题，表现出了良好的智能特性。

15.1　神经元模型

神经网络方面的研究很早就已经出现。它是一种模仿动物神经网络行为特征，进行分布式并行信息处理的数学模型。

神经元（neuron）是神经网络的基本信息处理单位。如图 15-1 所示，1943 年，McCulloch and Pitts[1] 将生物神经网络抽象为简单模型，即 "M-P 神经元模型"。该模型包括三种基本元素：突触权重，加法器以及激活函数。具体来说，输入神经元的信号被乘以突触权重，并通

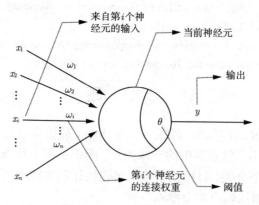

图 15-1　M-P 神经元模型

过加法器进行求和后与神经元的阈值进行比较，最后通过"激活函数"（activation function）得到神经元模型的输出。

图 15-2 是两种基本的激活函数。图 15-2（a）是阈值函数，此函数将输入值映射为"0"或"1"。图 15-2（b）是 sigmoid 激活函数，此函数的图形是"S"形的，是在构造人工神经网络时最常用的激活函数，它将输入的信号值压缩至 $(0,1)$ 范围内。还要注意到，sigmoid 函数是可微分的，而阈值函数不是。

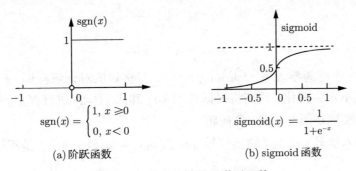

$$\text{sgn}(x) = \begin{cases} 1, & x \geqslant 0 \\ 0, & x < 0 \end{cases}$$

$$\text{sigmoid}(x) = \frac{1}{1+e^{-x}}$$

(a) 阶跃函数　　　　　　(b) sigmoid 函数

图 15-2　基本的神经元激活函数

15.2　感知机与多层网络

感知机（perceptron）是由两层神经元组成，如图 15-3 所示，包含一个输入层和一个输出层。输出层通常是由 M-P 神经元构成。通过输入层接受信号，并将信息传递给输出层。

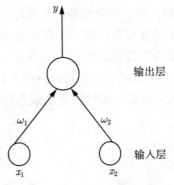

图 15-3　两个输入神经元的感知机网络结构示意图

如图 15-3 所示，x_1，x_2 为输入信号值，y 为输出信号，ω_1，ω_2 为权重值。当输入信号送入神经元时，分别乘以权重。进而神经元会计算传入信号的总和，当该总和值超过某个阈值，记为 θ，输出信号值 $y = 1$。因此有如下计算公式：

$$y = \begin{cases} 0 & (\omega_1 x_1 + \omega_2 x_2 \leqslant \theta) \\ 1 & (\omega_1 x_1 + \omega_2 x_2 > \theta) \end{cases}$$

对于一般情形，给定训练集 $x_i (i = 1, 2, \cdots, n)$，感知机的多个输入信号都有各自固有的权重 $\omega_i (i = 1, 2, \cdots, n)$，这些权重发挥着控制各个信号的重要性的作用。也就是说，权重越大，信号的重要性就越高。阈值 θ 可以看作一个固定输入为 -1.0 的"哑结点"(dummy node)所对应的连接权重 ω_{n+1}。因此，权重和阈值的学习就可统一为权重的学习。

感知机学习算法采用随机梯度下降法更新权重。对训练样例 (x, y)，若当前感知机的输出为 $\hat{y}$，则感知机权重这样调整：

$$\omega_i \longleftarrow \omega_i + \Delta\omega_i \tag{15-1}$$

$$\Delta\omega_i = \eta(y - \hat{y})x_i \tag{15-2}$$

其中 $\eta \in (0, 1)$ 称为学习率（learning rate）。若感知机对训练样例 (x, y) 预测正确，即 $\hat{y} = y$，则感知机不发生变化，否则将根据式 (15-1) 和式 (15-2) 进行权重的调整。

感知机能够实现逻辑与、或、非问题。

对于两个输入信号 x_1, x_2，输出信号 $y = f(\omega_1 x_1 + \omega_2 x_2 - \theta)$，$f$ 是阈值函数。分为以下三种情况。

（1）"与"$(x_1 \wedge x_2)$：当输入信号 x_1, x_2 均为 1 时，输出信号 $y = 1$，其余输出信号均为 0。因此需要学习满足上述条件的 ω_1, ω_2, θ。例如，f 为阈值函数时，$(\omega_1, \omega_2, \theta) = (0.5, 0.5, 0.7)$ 即可成立。

（2）"或"$(x_1 \vee x_2)$：只要输入信号 x_1, x_2 有一个为 1，输出信号 $y = 1$。

（3）"非"$(\neg x_1)$：当输入信号 x_1, x_2 均为 1 时，输出信号 $y = 0$，其余输出信号均为 1。例如，f 为阈值函数时，$(\omega_1, \omega_2, \theta) = (-0.5, -0.5, -0.7)$ 即可成立。

感知机是一种线性分类模型，属于判别模型。上述的与、或、非问题都是线性可分 (linearly separable) 问题。要解决非线性可分问题，就要考虑多层神经网络。每层神经元与下一层神经元全互联，不存在同层及跨层连接，如图 15-4 所示，这样的神经网络通常称为"多层前馈神经网络"（multi-layer feedforward neural network），其中输入层神经元仅是接受输入，隐层与输出层神经元对信号进行"加工"，最终结果由输出层神经元输出。因此图 15-4(a) 通常

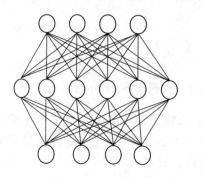
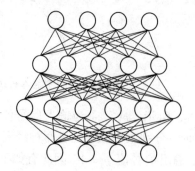

(a) 单隐层前馈网络　　　　(b) 多隐层前馈网络

图 15-4　多层前馈神经网络结构示意图

被称为" 两层网络"。神经网络的学习过程，本质上是通过对训练数据的训练，调整突触权重和每个功能神经元阈值的过程。

15.3　反向传播算法

反向传播算法（backpropagation algorithm），简称 BP 算法，是计算神经网络参数梯度的算法，其依据微积分中的链式法则，沿着输出层到输入层的方向依次计算各层参数的梯度。

如图 15-5 所示，以三层前馈神经网络（只含有一个隐藏层）为例介绍 BP 算法具体过程。给定训练集 $\boldsymbol{D} = \left(\boldsymbol{x}^{(1)}, \boldsymbol{y}^{(1)}\right), \left(\boldsymbol{x}^{(2)}, \boldsymbol{y}^{(2)}\right), \cdots, \left(\boldsymbol{x}^{(m)}, \boldsymbol{y}^{(m)}\right), \boldsymbol{x}^{(i)} \in \mathbb{R}^d, \boldsymbol{y}^{(i)} \in \mathbb{R}^l$，即输入实例是 d 维的，输出数据是 l 维的。

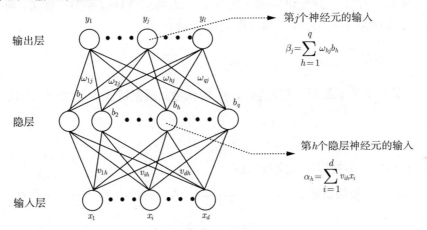

图 15-5　BP 网络算法中的变量符号示意图

表 15-1 为 BP 算法计算过程的符号说明。

表 15-1　BP 算法符号表示

θ_j	输出层第 j 个神经元的阈值
γ_h	隐层第 h 个神经元的阈值
v_{ih}	输入层第 i 个神经元与隐层第 h 个神经元之间连接权
ω_{hj}	隐层第 h 个神经元与输出层第 j 个神经元之间的连接权
α_h	隐层第 h 个神经元接收到的输入
b_h	隐层第 h 个神经元的输出
β_j	输出层第 j 个神经元接收的输入

首先是信息前向传播。对训练列 $\left(\boldsymbol{x}^{(k)}, \boldsymbol{y}^{(k)}\right)$，若激活函数采用 Sigmoid 激活函数，则隐层神经元输出值 b_h 可以通过以下公式计算得到：

$$b_h = f\left(\sum_{i=1}^{d} v_{ih}x_i - \gamma_h\right) \tag{15-3}$$

信息继续前向传播，采用上述相同的计算公式可以得到输出 $\hat{\boldsymbol{y}}^{(k)}$，$\hat{\boldsymbol{y}}^{(k)} = (\hat{y}_1^k, \hat{y}_2^k, \cdots \hat{y}_l^k)$：

$$\hat{y}_j^k = f\left(\sum_{h=1}^{q} \omega_{hj} b_h - \theta_j\right) \tag{15-4}$$

接下来进行误差反向传播。则网络对于训练数据 $(\boldsymbol{x}^{(k)}, \boldsymbol{y}^{(k)})$，计算的均方误差为

$$E_k = \frac{1}{2}\|\hat{\boldsymbol{y}}^{(k)} - \boldsymbol{y}^{(k)}\| = \frac{1}{2}\sum_{j=1}^{l}\left(\hat{y}_j^k - y_j^k\right)^2 \tag{15-5}$$

因此对于训练集中所有样本的平均误差可以计算为

$$E_{\text{total}} = \frac{1}{m}\sum_{k=1}^{m} E_k \tag{15-6}$$

下面以图 15-5 中隐层到输出层的连接权 ω_{hj} 为例来进行推导 BP 算法。对式 (15-5) 给的误差 E_k，给定学习率 η，可以得到权重变化 $\Delta\omega_{hj}$

$$\Delta\omega_{hj} = -\eta\frac{\partial E_k}{\partial\omega_{hj}} \tag{15-7}$$

其中 E_k 是一个关于最后一层的输出 $\hat{y}_j^k$ 的函数，根据链式求导法则，上式可以变化为

$$\frac{\partial E_k}{\partial\omega_{hj}} = \frac{\partial E_k}{\partial\hat{y}_j^k}\cdot\frac{\partial\hat{y}_j^k}{\partial\beta_j}\cdot\frac{\partial\beta_j}{\partial\omega_{hj}} \tag{15-8}$$

下面对式 (15-8) 中的每一项进行求解。

当采用 sigmoid 激活函数时，$f(x) = \dfrac{1}{1 + \mathrm{e}^{-x}}$，并且有 $f'(x) = f(x)(1 - f(x))$，所以

$$\frac{\partial E_k}{\partial\hat{y}_j^k} = -\left(y_j^k - \hat{y}_j^k\right) \tag{15-9}$$

$$\frac{\partial\hat{y}_j^k}{\partial\beta_j} = f(\beta_j)(1 - f(\beta_j)) = \hat{y}_j^k(1 - \hat{y}_j^k) \tag{15-10}$$

又因为 β_j 表示第 j 个神经元接收到的输入，即 $\beta_j = \sum_{h=1}^{q}\omega_{hj}b_h$，所以

$$\frac{\partial\beta_j}{\partial\omega_{hj}} = b_h \tag{15-11}$$

分别将式 (15-9) 至式 (15-11) 带入 (15-8)，可以得到

$$\Delta\omega_{hj} = \eta\left(y_j^k - \hat{y}_j^k\right)\hat{y}_j^k(1 - \hat{y}_j^k)b_h \tag{15-12}$$

令 $g_j = \hat{y}_j^k\left(y_j^k - \hat{y}_j^k\right)\left(1 - \hat{y}_j^k\right)$ 则式 (15-8) 可以化简为

$$\Delta\omega_{hj} = \eta g_j b_h \tag{15-13}$$

对于权重 v_{ih} 的计算过程为

$$\Delta v_{ih} = -\eta \frac{\partial E_k}{\partial v_{ih}} \tag{15-14}$$

根据求导的链式法则，可以得到

$$\frac{\partial E_k}{\partial v_{ih}} = \frac{\partial E_k}{\partial \hat{y}_j^k} \cdot \frac{\partial \hat{y}_j^k}{\partial \beta_j} \cdot \frac{\partial \beta_j}{\partial b_h} \cdot \frac{\partial b_h}{\partial \alpha_h} \cdot \frac{\partial \alpha_h}{\partial v_{ij}} \tag{15-15}$$

对式 (15-15) 中的每一部分分别进行计算，可得

$$\frac{\partial E_k}{\partial v_{ih}} = b_h (1-b_h) \sum_{j=1}^{l} w_{hj} \hat{y}_j^k \left(y_j^k - \hat{y}_j^k\right) (1-\hat{y}_j^k) x_i \tag{15-16}$$

令 $e_h = b_h (1-b_h) \sum_{j=1}^{l} w_{hj} g_j$ 带入式 (15-14)，

$$\Delta v_{ih} = \eta e_h x_i \tag{15-17}$$

同理，根据上述推导过程可以得到输出层第 j 个神经元的阈值 θ_j 和隐层第 h 个神经元的阈值 γ_h 的更新公式

$$\Delta \theta_j = -\eta g_j \tag{15-18}$$

$$\Delta \gamma_h = -\eta e_h \tag{15-19}$$

15.4　神经网络的实现

在训练神经网络之前一般需要对数据进行预处理，一种重要的预处理的方法是归一化处理。倘若不进行归一化处理，数据范围可能特别大，导致神经网络收敛慢、训练时间长。同样神经网络输出层的激活函数的值域是有限制的，因此需要将网络训练的目标数据映射到激活函数的值域。根据误差反向传播原理得到 BP 神经网络算法的流程，如表 15-2 所示。

表 15-2　BP 神经网络算法的流程

算法 1　BP 神经网络算法的流程

Require:

　训练集 $D = \{(\boldsymbol{x}^{(k)}, \boldsymbol{y}^{(k)})\}_{k=1}^{m}$

　学习率为 η

训练过程:

1: 在 (0,1) 范围内随机初始化网络中所有连接权和阈值

2: **repeat**

3: **for** $(\boldsymbol{x}^{(k)}, \boldsymbol{y}^{(k)}) \in \boldsymbol{D}$ **do**

4: 　根据当前参数计算当前样本的输出 $\hat{\boldsymbol{y}}^{(k)}$

5: 　更新连接权 ω_{hj}, v_{ih}

6: 　更新阈值 θ_j, γ_h

7: **end for**

8: **until** 达到停止条件

Ensure:　连接权与阈值确定的多层前馈神经网络

15.5　卷积神经网络

顾名思义，卷积神经网络中至少有一层使用卷积运算来替代一般的矩阵乘法运算。本节我们先介绍卷积运算，接着详细介绍卷积神经网络的输入层、隐藏层和输出层。

15.5.1　卷积

卷积（convolution）是对两个实变函数的一种数学运算，通常定义为：设 $x(t)$ 和 $\omega(t)$ 是两个可积函数，则卷积计算可以定义为 $s(t) = \int x(a)\omega(t-a)\mathrm{d}a$。通常用 $*$ 表示，即 $s(t) = (x * \omega)(t)$。

当用计算机处理数据时，时间会被离散化。所以此时的时刻 t 只能取整数值。假设 x 和 ω 是定义在整数时刻 t 上，由此定义离散形式的卷积：

$$s(t) = (x * \omega)(t) = \sum_{a=-\infty}^{\infty} x(a)\omega(t-a) \tag{15-20}$$

在机器学习的应用中，我们通常假设存储了数值的有限点集外，这些函数的值都为零。这意味着在实际操作中，我们可以通过对有限个数组元素的求和来实现无限的求和。通常我们还会在多个维度上进行卷积运算。例如，如果把一张二维的图像 I 作为输入，并且使用一个二维的核 K：

$$S(i,j) = (I * K)(i,j) = \sum_{m} \sum_{n} I(m,n)K(i-m,j-n) \tag{15-21}$$

如图 15-6 所示，为二维张量上的卷积运算的例子。

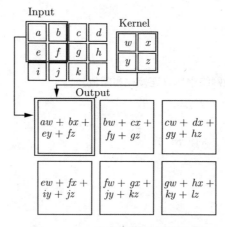

图 15-6　二维张量卷积运算实例

15.5.2　卷积神经网络的结构

（1）输入层

卷积神经网络的输入层可以处理多维数据。常见地，一维卷积神经网络的输入层接受一维或二维数组；三维卷积神经网络的输入层接受四维数组。由于卷积神经网络在计算机视觉领域应用较广，因此许多研究在介绍其结构时预先假设三维输入数据，即平面上的二维像素点和 RGB 通道。

与其他神经网络算法类似，由于使用梯度下降算法进行学习，因此卷积神经网络的输入特征需要标准化处理，且输入特征的标准化有利于提升卷积神经网络的学习效率和表现。

（2）隐藏层

卷积神经网络的隐藏层包含卷积层、池化层和全连接层。其中卷积层和池化层是卷积神经网络特有。并且卷积层中的卷积核包含权重系数，而池化层不包含权重系数。

卷积层的功能是对输入数据进行特征提取，其内部包含多个卷积核，卷积层的参数包含卷积核的大小、步长和填充。三者共同决定了卷积层输出特征图（feature map）的尺寸。卷积核大小可以指定为小于输入图像尺寸的任意值，卷积核越大，可提取的输入特征越复杂。卷积步长定义了卷积核相邻两次扫描特征图时位置的距离，卷积步长为 1，卷积核会逐个扫过特征图的元素。根据卷积计算公式可以得到，随着卷积层的堆叠，特征图的尺寸会逐步减小。例如：16×16 的输入图像在经过单位步长、无填充的操作之后，输出一个 12×12 的特征图。因此，通常通过填充的操作，使得卷积前后特征图的大小不变。卷积层通常包含激活函数，用来学习非线性特征。常见的激活函数有线性整流函数（rectified linear unit，ReLU）。在 ReLU 出现之前，sigmoid 函数和双曲正切函数（hyperbolic tangent）也常被使用。

在卷积层进行特征提取后，输出的特征图会被传递至池化层进行特征选择和信息过滤。常见的池化操作有平均池化和最大池化。池化层选取池化区域与卷积核扫描特征图的步骤相同，由池化大小、步长和填充控制。

全连接层位于卷积神经网络隐藏层的最后部分，并只向其他全连接层传递信号。特征图在全连接层中会失去空间拓扑结构，被展开为向量并通过激活函数。按表征学习观点，卷积神经网络中的卷积层和池化层能够对输入数据进行特征提取，全连接层的作用则是对提取的特征进行非线性组合以得到输出，即全连接层本身不被期望具有特征提取能力，而是试图利用现有的高阶特征完成学习目标。

（3）输出层

卷积神经网络中输出层的上游通常是全连接层，因此其结构和工作原理与传统前馈神经网络中的输出层相同。对于图像分类问题，输出层使用逻辑函数或归一化指数函数（softmax function）输出分类标签。在物体识别（object detection）问题中，输出层可设计为输出物体的中心坐标、大小和分类。在图像语义分割中，输出层直接输出每个像素的分类结果。

15.6　经典深度神经网路

15.6.1　LeNet 网络

LeNet 模型是一种用来识别手写数字的最经典的卷积网络，它是 Yann LeCun [7] 在 1998 年设计并提出的。当时大多数银行就是用其来识别支票上面的手写数字的，识别准确性非常高。从那时起，卷积神经网络的基本框架就定下来了：卷积层、池化层、全连接层。

如图 15-7 所示为 LeNet 的网络模型框架。最早的 LeNet 有 7 层网络，包括 3 个卷积层、2 个池化层、2 个全连接层，输入图像的尺寸为 32×32。

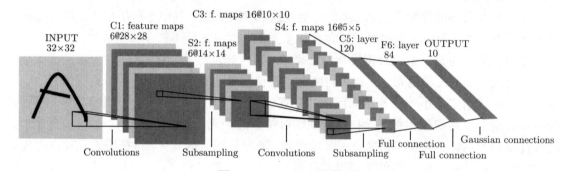

图 15-7　LeNet 网络模型

第一层：C1 卷积层。由 6 个特征图（feature map）构成，有 6 个 5×5 的卷积核，原始图像送入卷积层，因此生成了 6 个 28×28 的特征图。所以 C1 层共有 156 个训练参数。通过该层的卷积运算，可以使原始信号增强，并且降低噪声，同时不同的卷积层可以提取图像中不同的特征。

第二层：S2 池化层。所用到的是 2×2 的最大化池化来进行降维，可以减少数据处理的同时保留有用信息，从而降低了网络训练的参数和模型的过拟合过程。

第三层：C3 层是第二个卷积层。有 16 个卷积核，所以就存在 16 个特征图。每一个卷积模板是 5×5，每一个模板有 6 个通道。但是这一层并不是全连接，而是与 S2 层部分连接。如图 15-8 所示为 C3 中的每个特征图与 S2 中哪些特征图具体相连。表示本层的特征是上一层提取到的特征的不同组合。

由图 15-8 可以看出，C3 的前 6 个特征图以 S3 中 3 个相邻的特征图为输入。接下来 6 个特征图以 S2 中的 4 个相邻特征图为输入，下面 3 个特征图以不相邻的 4 个特征图为输入。最后一个特征图以 S2 中所有的特征图为输入。

第四层：S4 层为池化层。与 S2 层相同，2×2 最大池化，与 C1 和 S2 之间的连接一样。得到 16 个 5×5 的特征图。送入 sigmoid 激活函数送入下一层。

	0	1	2	3	4	5	6	7	8	9	10	11	12	13	14	15
0	X				X	X	X			X	X	X	X		X	X
1	X	X				X	X	X			X	X	X	X		X
2	X	X	X				X	X	X			X		X	X	X
3		X	X	X				X	X	X	X		X		X	X
4			X	X	X				X	X	X	X		X	X		X
5				X	X	X				X	X	X	X	X		X	X

图 15-8　非全连接图

第五层：C5 层为卷积层。有 120 个特征图。每个单元与 S4 层的全部 16 个特征图的 5×5 邻域相连。

第六层：F6 层为全连接层。有 84 个神经元，与 C5 层的 120 个 1×1 的特征图进行全连接。如同经典神经网络，F6 层计算输入向量和权重向量之间的点积，再加上一个偏置。然后将其传递给 sigmoid 函数。最后利用 84 维特征向量进行分类预测。

第七层：输出层由欧式径向基函数（euclidean radial basis function）单元组成，每类一个单元，每个有 84 个输入，输出 $y^{(i)}$ 由以下公式计算得到。

$$y^{(i)} = \sum_j \left(\boldsymbol{x}^{(j)} - \boldsymbol{w}_{ij} \right)^2 \tag{15-22}$$

其中 $\boldsymbol{x}^{(j)}$ 表示输入向量，$\boldsymbol{w}_{ij}$ 表示参数向量。

15.6.2　AlexNet 网络

AlexNet 是 2012 年 ILSVRC（ImageNet Large Scale Visual Recognition Challenge）竞赛冠军 [9]，其分类准确率由传统的 70% 提升至 80%。该网络是由 Hinton 和他的学生 Alex Krizhevsky 设计的。

如图 15-9 所示，为 AlexNet 网络结构。可以看出，该网络结构使用了两块 GPU 进行并行训练，所有上下两部分的结构是一样的。经过卷积或池化后的矩阵的大小为

$$N = (W - F + 2P)/S + 1 \tag{15-23}$$

其中 W 为输入图片大小，F 是卷积核或池化核大小，P 为矩阵上下左右补 0 的参数，S 为步距。因此可根上述公式得到经过每一层后的特征矩阵的大小。根据图 15-9 来分析网络结构。

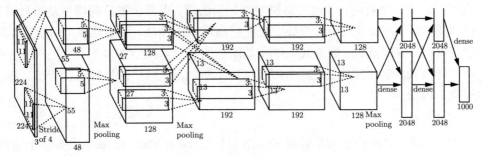

图 15-9　AlexNet 网络结构

第一个卷积层：输入图片大小为 $224 \times 224 \times 3$，第一个卷积层的上下两部分共有 $48 \times 2 = 96$ 个卷积核，并且卷积核的大小为 11×11，Stride 表示该层的步长为 4。在卷积后紧跟 ReLU 激活函数。因此输出特征图的大小为 $55 \times 55 \times 96$ 同时在其后紧跟 LRN（local response normalization）层，特征矩阵的尺寸大小不变。其后为最大池化层（max pooling），核大小为 3×3，步长为 2，输出特征矩阵的大小为 $13 \times 13 \times 256$。

第二个卷积层：将第一个卷积层最终输出的特征矩阵作为第二个卷积层的输入，使用 ReLU 激活函数，紧跟 LRN 层，同样使用最大池化层，因此最终特征矩阵的大小为 $13 \times 13 \times 256$。

第三层至第五层卷积层：输入特征矩阵大小为 $13 \times 13 \times 256$，第三层和第四层卷积核均为 $192 \times 2 = 384$ 个，卷积核的大小为 3×3，第五层卷积核共 256 个。在每一层后分别使用 ReLU 激活函数。第五层后的最大池化层核大小为 3×3，步长为 2，因此最终输出的特征矩阵的大小为 $6 \times 6 \times 256$。

第六层至第八层为全连接层：最后一层由于在在该竞赛中最终需要分为 100 类，因此输出的节点个数对应于分类任务的类别个数。

整个网络训练使用的 GPU 加速神经网络的训练。AlexNet 网络使用 ReLU 激活函数替代传统的 sigmoid 函数，其使得网络的训练速度更快，同时解决 sigmoid 激活函数在训练较深的网络中出现的梯度消失的问题。

在传统的 CNN 中普遍使用的平均池化层，AlexNet 全部使用了最大池化层，避免了平均池化层中的模糊化的效果，提高了特征的丰富性。对局部神经元的活动创建了竞争机制，使得其中相应比较大的值变得相对更大，并抑制其他反馈较小的神经元，增强了网络模型的泛化能力。

15.6.3 残差网络（ResNet）

残差网络（ResNet）[12] 是何恺明等人提出的，它在 2015 年 ImageNet 图像识别挑战赛中获得冠军，深刻影响了后来的深度神经网络的设计。

（1）深度网络的退化问题

让我们先思考一个问题：对神经络模型添加新的层，充分训练后的模型是否只可能更有效地降低训练误差？理论上，增加层数一定能提高网络的性能，因为原模型解空间是新模型解空间的子空间。也就是说，如果我们能将新添加的层训练成恒等映射 $f(x) = x$，新模型和原模型将同样有效。但在实践中，随着网络深度不断加深，网络的性能反而降低，即出现深度网络退化的问题。

（2）残差模块

如图 15-10 所示，左边主要是针对于网络层数较少（ResNet-18 和 ResNet-34）的网络使用的残差结构（BasicBlock），右边是针对层数较多的网络使用的残差结构（BottleNeck）。

　　先看左边的结构，主线是输入特征矩阵通过两个 3 × 3 的卷积层得到结果，在这个主线的右边是有一个从输入到输出的结构，被称为跳跃连接（shortcut），整个的结构的意思是在主线上经过一系列的卷积层之后得到的特征矩阵再与输入特征矩阵进行一个相加的操作（两个分支的矩阵在相同的维度上做的相加的操作），相加之后通过激活函数输出。注意：主分支与跳跃连接输出的特征矩阵维度必须是相同的。

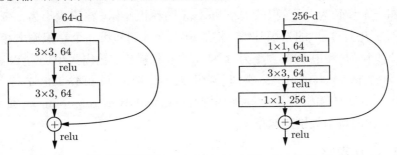

图 15-10　两种残差模块：BasicBlock（左），BottleNeck（右）。

　　右边结构与左边结构的不同是在输入和输出上加了一个 1×1 的卷积层，1×1 卷积层改变维度的同时可以降低网络参数量，这也是为什么更深层的网络采用 BottleNeck 而不是 BasicBlock 的原因。由图中可以知道这个输入矩阵的深度是 256，通过第一层的卷积层之后，这个输入矩阵的长和宽时不变的，但是通道数由原来的 256 变成了 64。（第一层的卷积层是起到降维的作用）。到第三层的时候通道数变成了 256 ，此时输出和输入的维数是一样的，可以进行相加。

（3）RensNet 的结构

　　如图 15-11 所示，堆叠的残差模块的块数不同，ResNet 的深度也不同。

　　假设输入图像的维度为 224 × 224 × 3，以 ResNet-18 为例介绍 RensNet 的网络架构。

layer name	output size	18-layer	34-layer	50-layer	101-layer	152-layer
conv1	112×112	7×7, 64, stride 2				
		3×3 max pool, stride 2				
conv2_x	56×56	$\begin{bmatrix}3×3, 64\\3×3, 64\end{bmatrix}×2$	$\begin{bmatrix}3×3, 64\\3×3, 64\end{bmatrix}×3$	$\begin{bmatrix}1×1, 64\\3×3, 64\\1×1, 256\end{bmatrix}×3$	$\begin{bmatrix}1×1, 64\\3×3, 54\\1×1, 256\end{bmatrix}×3$	$\begin{bmatrix}1×1, 64\\3×3, 64\\1×1, 256\end{bmatrix}×3$
conv3_x	28×28	$\begin{bmatrix}3×3, 128\\3×3, 128\end{bmatrix}×2$	$\begin{bmatrix}3×3, 128\\3×3, 128\end{bmatrix}×4$	$\begin{bmatrix}1×1, 128\\3×3, 128\\1×1, 512\end{bmatrix}×4$	$\begin{bmatrix}1×1, 128\\3×3, 128\\1×1, 512\end{bmatrix}×4$	$\begin{bmatrix}1×1, 128\\3×3, 128\\1×1, 512\end{bmatrix}×8$
conv4_x	14×14	$\begin{bmatrix}3×3, 256\\3×3, 256\end{bmatrix}×2$	$\begin{bmatrix}3×3, 256\\3×3, 256\end{bmatrix}×6$	$\begin{bmatrix}1×1, 256\\3×3, 256\\1×1, 1024\end{bmatrix}×6$	$\begin{bmatrix}1×1, 256\\3×3, 256\\1×1, 1024\end{bmatrix}×23$	$\begin{bmatrix}1×1, 256\\3×3, 256\\1×1, 1024\end{bmatrix}×36$
conv5_x	7×7	$\begin{bmatrix}3×3, 512\\3×3, 512\end{bmatrix}×2$	$\begin{bmatrix}3×3, 512\\3×3, 512\end{bmatrix}×3$	$\begin{bmatrix}1×1, 512\\3×3, 512\\1×1, 2048\end{bmatrix}×3$	$\begin{bmatrix}1×1, 512\\3×3, 512\\1×1, 2048\end{bmatrix}×3$	$\begin{bmatrix}1×1, 512\\3×3, 512\\1×1, 2048\end{bmatrix}×3$
	1×1	average pool, 1000-d fc, softmax				
FLOPs		$1.8×10^9$	$3.6×10^9$	$3.8×10^9$	$7.6×10^9$	$11.3×10^9$

图 15-11　ResNet 网络结构

conv1：采用步长为 2、卷积核大小为 7×7 的卷积操作，输出大小为 112×112×64。池化单元采用 3x3 大小、步长为 2，输出大小为 56×56×64。

conv2_x：两个相同的残差模块，每个残差模块采用两个步长为 1、卷积核大小为 3×3 的卷积操作，输出大小为 56×56×64。

conv3_x：两个不同的残差模块。第一个残差模块采用一个步长为 2、卷积核大小为 3×3 的卷积操作和一个步长为 1、卷积核大小为 3×3 的卷积操作，输出大小为 28×28×128，然后将原来的输入 x 进行 1×1 的卷积升维，将通道维度升到和第二个卷积输出相同。第二个残差块采用两个步长为 1、卷积核大小为 3 × 3 的卷积操作，输出大小仍为 28×28×128。

conv4_x 和 conv5_x 与 conv3_x 类似，输出大小分别为 14×14×256、7×7×512。

最后对 conv5_x 的输出进行全局平均池化（global average pooling），通过全连接层和 softmax 操作后输出每个类别的概率。

15.6.4　U-Net 网络

典型的卷积神经网络分类任务，输出只是单纯一个类标签。但是，在医学图像处理过程中，输出应该包括定位：类标签应该分配个每个像素。除此之外，医学中的训练图像较难获取。因此，目前很多研究致力于利用滑动窗口训练网络，通过在该像素周围提供局部区域（patch）作为输入来预测每个像素的类别标签。这个方法有两个优点：（1）它能定位；（2）以 patch 为训练数据，相比于训练图片的数量多得多。

如图 15-12 所示为 U-Net 的网络结构 [8]。U-Net 包括两部分，它由收缩路径（左侧）和扩张路径（右侧）两部分组成的。在收缩路径上遵循卷积网络的典型结构，为特征提取部分；接下来在扩张路径进行上采样操作。由于网络结构像 U 型，所以称为 U-Net 网络。

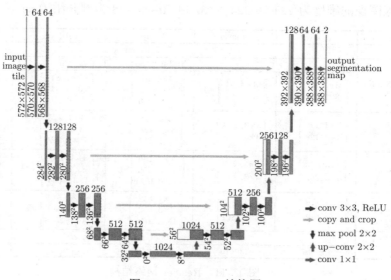

图 15-12　U-Net 结构图

在特征提取部分中，收缩路径上是两个 3×3 的卷积层后会跟一个 2×2 的最大池化层（maxpooling layer）。并且每个卷积后面采用 ReLU 激活函数来对原始图片进行下采样操作，除此之外，每一次降采样都会增加一倍通道数（feature channel）。

在扩展路径的向上采样（deconvolution）中，每个步骤都包括的特征图进行上采样，每一步都会有一个 2×2 的卷积层，这样会减半通道数。通过跳跃连接（skip connection）将编码器与解码器之间大小相等的特征图进行通道连接从而达到特征融合的目的，然后是 2 个 3×3 卷积。每一个卷积后采用 ReLU 激活函数。由于每次卷积会丢失图像边缘，所以裁剪是有必要的。最后是一个 1×1 的卷积，以及 Sigmoid 激活操作，得到输入图像对应的每一个像素点的预测概率图。

U-Net 网络常用于医学图像分割。通常情况下医学图像具有边界模糊、梯度复杂，需要较多的高分辨率的信息；但人体内部结构相对固定，分割目标在人体图像中的分布具有一定的规律性，因此低分辨率的信息就可以简单的定位。而 U-Net 的下采样过程是从高分辨率（浅层特征）到低分辨率（深层特征）的过程。并且 U-Net 的特点是通过上采样过程中的跳跃连接，使得浅层特征和深层特征结合起来。对于医学图像来说，U-Net 能用深层特征用于定位，浅层特征用于精确分割，因此 U-Net 常用于医学图像分割的任务。

15.6.5　YOLO 模型

YOLO[10] 为一种新的目标检测方法，该方法的特点是实现快速检测的同时还达到较高的准确率。将目标检测任务看作目标区域预测和类别预测的回归问题。该方法采用单个神经网络直接预测物品边界和类别概率，实现端到端的物品检测。同时，该方法检测速非常快；与当前最好系统相比，YOLO 目标区域定位误差更大，但是背景预测的假阳性优于当前最好的方法。YOLO 将目标区域预测和目标类别预测整合于单个神经网络模型中，实现在准确率较高的情况下快速目标检测与识别。

如图 15-13 所示，YOLO 模型采用卷积神经网络结构，开始的卷积层用来提取图像特征，全连接层预测输出概率。

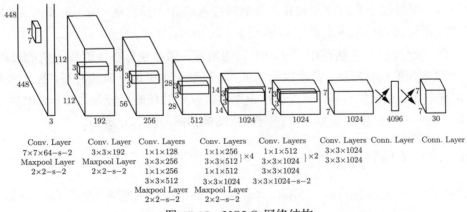

图 15-13　YOLO 网络结构

如图 15-14，YOLO 将输入的图像划分为 $S \times S$ 个格子，若某个物体的中心位置的坐标落入到某个格子，那么这个格子就负责检测出这个物体。

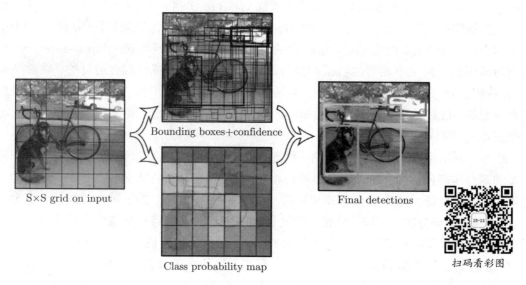

S×S grid on input

Bounding boxes+confidence

Class probability map

Final detections

扫码看彩图

图 15-14　YOLO 例子

针对上述划分的网格，每个网格要预测 B 个 bounding boxes，以及 C 个类别概率 Pr。C 是指网络分类总数，由训练时决定。在 YOLO 中，每个格子只属于 C 个类别中的一个，相当于忽略了 B 个 bounding boxes，每个格子只判断一次类别，该方法是简单粗暴的。

对于 B 个 bounding boxes 除了要回归到自身的位置外，还要附带预测一个 confidence 值。该值表示所预测的 box 中含有目标的置信度和这个 bounding boxes 预测的有多准两重信息。因此每个 bounding box 都包含了 5 个预测量：$(x, y, w, h, \text{confidence})$，其中 (x, y) 代表预测 box 相对于格子的中心，(w, h) 为预测 box 相对于图片的 width 和 height 比例，confidence 为置信度。其中 x, y, w 和 h 都是经过归一化的。

由于输入图像被分为 $S \times S$ 网格，每个网格包括 5 个预测量：$(x, y, w, h, \text{confidence})$ 和一个 C 类，所以网络输出大小是 $S \times S \times (5 \times B + C)$。

YOLO 网络的优点包括使用了 GPU 训练网络，速度快；在训练和识别的过程中能够"看到"整张图像的整体特征，背景误检率低；可以学习到更加一般的特征，对艺术类作品中的检测同样适用，泛化能力强。缺点包括识别物体位置的精确性较差；由于输出层为全连接层，因此在检测时，YOLO 模型只支持与训练图像相同的输入分辨率。

15.6.6　GAN 网络

GAN 网络（generative adversarial networks），即生成对抗网络，是由 Lan Goodfellow[11] 在 2014 年提出，发表在 NIPS 会议（神经信息处理系统大会）上。

如图 15-15 所示为 GAN 网络的基本形式，其由两个网络组合而成，包含生成网络和判别网络。

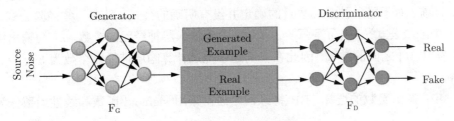

图 15-15　GAN 网络结构

生成网络（generator）：输入为随机数据，输出为生成数据（通常是图像）。通常情况下，该网络选用普通多层随机网络即可。网络太深容易引起梯度消失。

判别网络（discriminator）：判断图像的真伪，而非图像的类别。将生成网络生成的图片输入到识别网络后，只需判断该图片是否来源于真实数据集。该网络的实现可用最基本的多层神经网络等。

15.7　神经网络的应用

经典的人工神经网络本质上是解决两大问题：分类和回归。当然目前还有图像分割、数据生成等问题。但图像分割可以归为分类问题、数据生成归为回归问题。

分类是给定不同的数据划定分解，如：人脸识别，输入 x 为人脸照片，输出 y 是人的 ID 号，这个值是一个整数。在将神经网络用于分类时，一般来说，网络的输出层的节点数量与数据分类的类别数量有关，与隐藏节点无关。例如，对于二分类问题，单个输出节点的神经网络已经足够，因为输入数据可以通过神经网络的输出值大于或小于阈值来分类。并且在二分类问题中神经网络一般使用交叉熵函数作为损失函数，使用 sigmoid 函数作为隐藏节点和输出节点的激活函数。二元分类问题用 "0" 和 "1" 区分两类数据，而多元分类则需要更多的位数进行区分。因此多元分类器经常采用 Softmax 函数作为输出节点的激活函数。

回归问题要解决的是数据拟合，如：人脸年龄预测，输入 x 仍为人脸照片，但输出的 y 是人的年龄，这个值是一个连续的浮点数。

例 15.1　大数据分析与预测。

根据表 15-3 中给出的运动员成绩，预测 15 号运动员的跳高成绩。

第一步：进行数据整理，将 14 组国内跳高运动员的各项指标作为输入，对应的跳高成绩作为输出。由于每一个输入样本对应 6 个特征值，因此输入神经元个数为 6。一共 14 组数据，因此输入训练集的组数为 14。

第二步：输入层和输出层的设计：将每组数据的各项素质指标作为输入，以跳高成绩作为输出。因此输出层的节点数为 1。

隐层的设计：在网络设计中，隐层神经元数的确定十分重要。隐层神经元个数过多，会加大网络计量并容易产省过拟合问题；神经元的个数过少，会影响网络的性能，达不到预期的效果。目前，对于隐层神经元数目的确定并没有明确的公式，只有一些经验公式。但通常可参考一个经验公式 $l = \sqrt{n+m} + a$，其中 n 为输入层神经元的个数，m 为输出层神经元个数，a 为 $[1,10]$ 之间的常数。因此在本例题中经过计算隐层神经元个数为 $3 \sim 12$ 个，因此选择为 6。

第三步：激活函数的选择：BP 神经网络通常采用 sigmoid 函数和线性函数作为网络激活函数。

第四步：模型的实现。此例题的预测模型可以利用 MATLAB 工具箱函数来进行求解，最终得到预测结果。

表 15-3　运动员成绩

序号	跳高	30 米行进跑	立定三级跳	助跑摸高	负重深蹲杠铃	100 米跑	抓举
1	2.24	3.2	9.6	3.45	140	11.0	50
2	2.33	3.2	10.3	3.75	120	10.9	70
3	2.24	3.0	9.0	3.5	140	11.4	50
4	2.32	3.2	10.3	3.65	150	10.8	80
5	2.20	3.2	10.1	3.5	80	11.3	50
6	2.27	3.4	10.0	3.4	130	11.5	60
7	2.20	3.2	9.6	3.55	130	11.8	65
8	2.26	3.0	9.0	3.5	100	11.3	40
9	2.20	3.2	9.6	3.55	130	11.8	65
10	2.24	3.2	9.2	3.5	140	11.0	50
11	2.24	3.2	9.5	3.4	115	11.9	50
12	2.20	3.9	9.0	3.1	80	13.0	50
13	2.20	3.1	9.5	3.6	90	11.1	70
14	2.35	3.2	9.7	3.45	130	10.85	70
15		3.0	9.3	3.3	100	11.2	50

例 15.2 生成图像数据集。

GAN 网络可以用于生成各种图像，比如人脸照片、现实照片、动画角色等，还能进行图像转换，比如换脸、文字转图片、白天景观转为夜晚景观、黑白图片转彩色图片等。如图 15-16 所示，是由 GAN 生成的各种图像数据集。

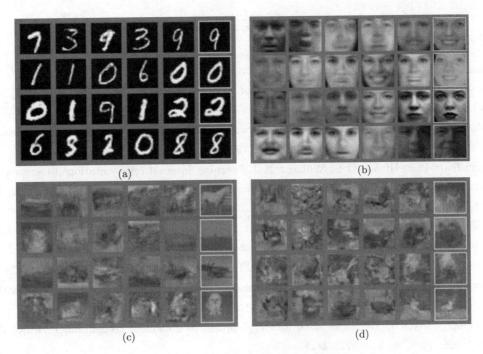

图 15-16　GAN 生成的图像数据集

15.8　MATLAB 函数与示例

（1）数据归一化函数:mapminmax 函数。$[Y, PS] = mapminmax(X)$。其功能为通过将原矩阵每行的最小值和最大值映射到 $[YMIN, YMAX]$ 来得到规范化的矩阵。

（2）前馈网络创建函数：$net = newff(A, B, C, 'trainFun', 'BLF', 'PF')$。其中 A 为一个 $n \times 2$ 的矩阵，第 i 行元素为输入信号 X_i 的最大最小值；B 为一个 K 维行向量，其元素为网络中各个节点的数量。C 为一个 K 维字符串行向量，每一个分量为对应层的神经元的激活函数，默认为 "tansig"；trainFun: 为学习规则的采用的训练算法，默认为 "trainlm"；BLF: BP 权值/偏差学习函数，默认为 "learngdm"；PF: 性能函数，默认为 "mse"。

（3）网络学习函数：$[net, tr, YI, E] = train(net, X, Y)$。其中 X 为网络实际输入；Y 为网络应有输出；tr 为网络跟踪信息；YI 为网络实际输出；E 为误差矩阵。

（4）数据仿真函数：$Y = sim(net, X)$。其中 X 为输入给网络的 $K \times N$ 矩阵，K 为网络输入个数，N 为样本数据量；Y 为输出 $Q \times N$ 矩阵；Q 为网络输出个数。

（5）卷积运算：例如 $B = imfilter(A, h)$。该函数表示运用多维滤波器 h 过滤数组 A。输出结果 B 与 A 拥有相同的大小和类别。注：该函数使用双精度浮点数计算输出 B 的每个元素。如果 A 是整数，则该函数会自动截断超出给定范围的输出元素，并舍入小数值。

参 考 文 献

[1] 周志华. 机器学习 [M]. 北京: 清华大学出版社, 2016.

[2] McCulloch W S, Pitts W. A logical calculus of the ideas immanent in nervous activity[J]. Bulletin of Mathematical Biophysics, 1943, 5(4):115-133.

[3] Werbos P. Beyond regression: New tools for prediction and analysis in the behavior science. Ph.D. thesis, Harvard University, Cambridge, MA ,1974.

[4] Rumelhart D E, Hinton G E, Williams R J. Learning internal representations by error propagation[J]. Parallel Distributed Processing: Explorations in the Microstructure of Cognition, 1986, 1: 318-362.

[5] Chauvin Y, Rumelhart D E. Backpropagation: Theory, architecture, and applications[M]. Lawrence Erlbaum Associates, Hillsdale, NJ, 1995.

[6] Yao X. Evolving artificial neural networks[J]. Proceedings of the IEEE, 1999, 87(9): 1423-1447.

[7] Gori M, Tesi A. On the problem of local minima in backpropagation[J]. IEEE Transactions on Pattern Analysis and Machine Intelligence, 1992, 14(1):76-86.

[8] Lecun Y, Bottou L. Gradient-based learning applied to document recognition[J]. Proceedings of the IEEE, 1998, 86(11): 2278-2324.

[9] Ronneberger O, Fischer P, Brox T. U-Net: Convolutional Networks for Biomedical Image Segmentation[C]. International Conference on Medical Image Computing and Computer-Assisted Intervention. Springer, Cham, 2015.

[10] Krizhevsky A, Sutskever I, Hinton G E. ImageNet classification with deep convolutional neural networks[J]. Advances in Neural Information Processing Systems, 2012, 25: 1097-1105.

[11] Redmon J, Divvala S, Girshick R, et al. You only look once: Unified, real-Time object detection[C]. 2016 IEEE Conference on Computer Vision and Pattern Recognition (CVPR). IEEE, Las Vegas, 2015.

[12] Goodfellow I, Pouget-Abadie J, Mirza M, Xu B, Warde-Farley D, Ozair S, Courville A, Bengio Y. Generative adversarial nets[J]. Advances in Neural Information Processing Systems, 2014, 27: 2672–2680.

[13] He K, Zhang X, Ren S, et al. Deep residual learning for image recognition[C]. Proceedings of the IEEE conference on computer vision and pattern recognition. 2016: 770-778.

习　　题

1. 设计一个改进的 BP 算法，使得动态改变学习率从而提升收敛速度。

2. 分析学习率的取值对神经网络训练的影响。

3. 编程实现 Lenet 网络，并在手写字符识别数据 MNIST 上进行测试。

4. 分析 YOLO2 和 YOLO3 网络与 YOLO 网络之间的联系与区别。

第四部分
无监督学习

第16章
k-means聚类方法

在绪论中我们已经介绍了无监督学习的主要应用是实现数据的聚类，聚类是将无标签的样本数据根据某一属性相似性聚成不同的类。同一类样本数据这一属性特征相似，不同类样本数据则不相似。聚类可以分为两类：硬聚类和模糊聚类。在硬聚类中，每个样本数据只属于一个类，每个样本数据只被分配给与它有最大相似度的类中。k-means 算法是一种重要的、众所周知的硬聚类技术。在软聚类中，给出每个样本属于不同类的隶属度（或称为概率）。模糊 C 均值聚类（FCM）技术是一种非常著名的软聚类技术。

按被聚类的数据分布情况，聚类又可分为：分区聚类和镶嵌聚类。

分区聚类：把数据样本划分成不重叠的类（簇），使每个数据对象正好在一个子集中。

镶嵌聚类：把数据样本划分成镶嵌的类（簇）。图 16-1 显示的是分区聚类和镶嵌聚类。

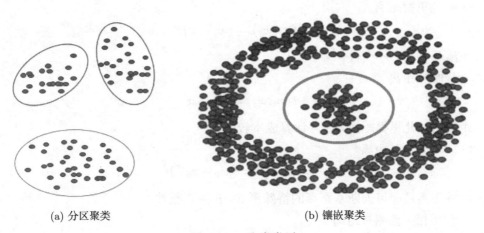

(a) 分区聚类   (b) 镶嵌聚类

图 16-1　聚类类型

k-means 聚类算法是 MacQueen 在 1967 年提出的基于优化策略的数据分类方法 [1]，是原理简单、应用范围广的一种聚类算法。本章主要介绍 k-means 聚类算法的原理、优缺点、代码的实现以及应用实例。

16.1   *k*-means 算法原理

    k-means 聚类算法是一种迭代求解的聚类分析算法，*k* 是其拟聚类的类（也称之为簇）数，*k*-means 基本思想是设定拟聚类的类数 *k*，随机给出 *k* 类的中心（质心），然后计算每个样本与 *k* 类中心之间的距离，依据样本到哪一类中心距离最小，就把这个样本分为哪类。再更新每类的中心，依据新的中心再分类。这个过程将不断重复直到满足某个终止条件。终止条件是没有（或最小数目）样本被重新分配给不同的类，没有（或最小数目）聚类中心再发生变化，或者目标函数局部最小。

    设数据样本集为 $\boldsymbol{X} = \{\boldsymbol{x}_1, \boldsymbol{x}_2, \cdots, \boldsymbol{x}_N\}$，拟聚类的 k 均值为 $\boldsymbol{c}_j\,(j = 1, 2, \cdots, k)$，计算每个样本点到 k 个聚类中心的距离，选择最近的聚类中心后收敛结果。*k*-means 的目标函数为

$$J = \sum_{i=1}^{N} \sum_{j=1}^{k} d^2(\boldsymbol{x}_i, \boldsymbol{c}_j) \tag{16-1}$$

$$\boldsymbol{c}_j = \frac{1}{N_j} \sum_{i=1}^{N_j} \boldsymbol{x}_i \tag{16-2}$$

其中，d 表示样本点 $\boldsymbol{x}_i$ 与中心点 $\boldsymbol{c}_j$ 之间的一种距离度量，$\boldsymbol{c}_j$ 是第 j 个聚类的聚类中心，也可称为质心，计算方法如式 (16-2) 所示。通过计算式 (16-1) 这个目标函数的最小化来进行优化求出最佳聚类输出。

    常用的距离（相异性）度量有如下形式。

    （1）欧几里得距离

$$d(\boldsymbol{x}_i, \boldsymbol{x}_j) = \|\boldsymbol{x}_i - \boldsymbol{x}_j\|^2 \tag{16-3}$$

该距离具有平移不变性。

    （2）曼哈顿距离

$$d(\boldsymbol{x}_i, \boldsymbol{x}_j) = |\boldsymbol{x}_i - \boldsymbol{x}_j| \tag{16-4}$$

该距离与欧几里得距离相似，计算成本较低。

    （3）闵可夫斯基距离

$$d_p(\boldsymbol{x}_i, \boldsymbol{x}_j) = (|\boldsymbol{x}_i - \boldsymbol{x}_j|^p)^{\frac{1}{p}} \tag{16-5}$$

前两种距离是闵可夫斯基距离的特殊形式，p 为正整数。

    （4）利用相关性测量距离

$$d(\boldsymbol{x}_i, \boldsymbol{x}_j) = 1 - \frac{\boldsymbol{x}_i \boldsymbol{x}_j'}{\sqrt{(\boldsymbol{x}_i \boldsymbol{x}_i')(\boldsymbol{x}_j \boldsymbol{x}_j')}} \tag{16-6}$$

$$d(\boldsymbol{x}_i, \boldsymbol{x}_j) = 1 - \frac{(\boldsymbol{x}_i - \boldsymbol{c}_i)(\boldsymbol{x}_j - \boldsymbol{c}_j)'}{\sqrt{(\boldsymbol{x}_i - \boldsymbol{c}_i)(\boldsymbol{x}_i - \boldsymbol{c}_i)'}\sqrt{(\boldsymbol{x}_j - \boldsymbol{c}_j)(\boldsymbol{x}_j - \boldsymbol{c}_j)'}} \tag{16-7}$$

以图 16-2 样本为例（见 https://www.naftaliharris.com/blog/isualizing-k-means-cluster-ing/），说明 *k*-means 算法的具体步骤。

步骤 1：确定 *k* 值，即我们希望将样本经过聚类得到 *k* 类。对图 16-2 所示例子，很显然 $k = 3$。

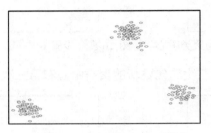

图 16-2　样本

扫码看彩图

步骤 2：随机选取 *k* 个聚类中心 $c_j (j = 1, 2, \cdots, k)$。图 16-3 显示的是选取的 3 个聚类中心。

步骤 3：计算每个样本点与每一个聚类中心的距离（如欧式距离），离哪个聚类中心近，就划分到哪个聚类中心所属的类。图 16-4 显示的是经步骤 3 获得的初始聚类结果。

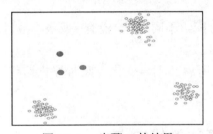

图 16-3　步骤 2 的结果

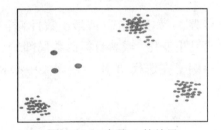

图 16-4　步骤 3 的结果

步骤 4：把所有样本归好类后，一共有 *k* 个类，然后更新每一类的聚类中心（第一次迭代）。图 16-5 显示的是第一次迭代更新的聚类中心。

步骤 5：再计算每个样本与每一个聚类中心的距离（如欧式距离），重新划分每个样本属于类。图 16-6 显示的是第一次迭代更新的聚类结果。

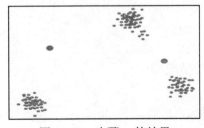

图 16-5　步骤 4 的结果

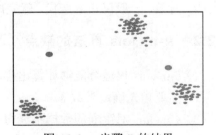

图 16-6　步骤 5 的结果

步骤 6：如果新的聚类中心和原来的聚类中心距离变化很大，则继续迭代步骤 4 和步骤 5。图 16-7 和图 16-8 显示的是第二次迭代更新的聚类中心和第二次迭代更新的聚类结果。

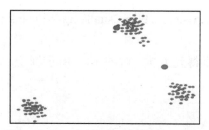 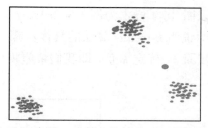

图 16-7　步骤 6 中第二次迭代更新的聚类中心　　图 16-8　步骤 6 中第二次迭代更新的聚类结果

图 16-9 和图 16-10 显示的是第三次迭代更新的聚类中心和第三次迭代更新的聚类结果。

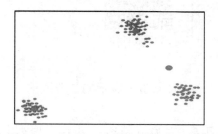 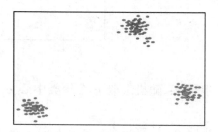

图 16-9　步骤 6 中第三次迭代更新的　　　图 16-10　步骤 6 中第三次迭代更新的
聚类中心　　　　　　　　　　　　　　　聚类结果

步骤 7：如果没有（或最小数目）样本被重新分配给不同的类，没有（或最小数目）聚类中心再发生变化，或者目标函数局部最小，停止迭代。

该例子在迭代 3 次后，聚类中心和每个样本所属类不再变化，此时停止迭代，完成聚类。

16.2　k-means 算法的优缺点

16.2.1　k-means 算法的优点

（1）简单，容易理解和实现。

（2）有效，一般仅几次迭代，就完成聚类。

16.2.2　k-means 算法的缺点及改进方法

（1）k-means 仅适合能够计算出样本聚类中心的情况。

（2）需要预先确定类数 k。

（3）k-means 对镶嵌的数据不能得到想要的结果。

图 16-11 显示的是 k-means 对镶嵌的数据的聚类结果，从中可见 k-means 对镶嵌的数据聚类效果不理想。

（4）算法对初始值敏感。

如对图 16-2 中的样本选用图 16-12 所示的初始值，就不能获得正确的聚类结果。

图 16-12 和图 16-13 显示的分别是聚类初始值（即初始的聚类中心）和得到的初始聚类结果。

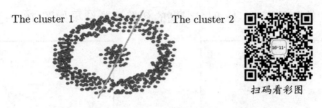

图 16-11   *k*-means 对镶嵌数据的聚类结果

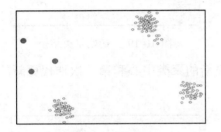

图 16-12   聚类初始值

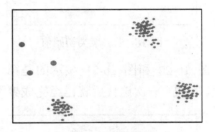

图 16-13   初始聚类结果

图 16-14 和图 16-15 显示的是第一次迭代更新的聚类中心和第一次迭代更新的聚类结果。

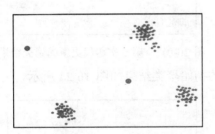

图 16-14   第一次迭代更新的聚类中心

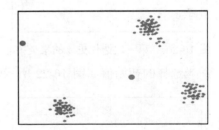

图 16-15   第一次迭代更新的聚类结果

图 16-16 和图 16-17 显示的是第二次迭代更新的聚类中心和第二次迭代更新的聚类结果。

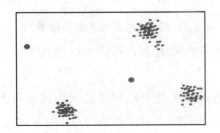

图 16-16   第二次迭代更新的聚类中心

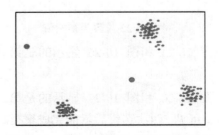

图 16-17   第二次迭代更新的聚类结果

可以发现，第二次迭代后每个样本位置不再变化，所以即使增加迭代次数也不能获得正确的聚类结果。

解决的方法是在样本中随机选 k 个样本位置作为初始聚类中心。

① 当选择的初始值如图 16-18 时，得到的初始聚类结果如图 16-19 所示。

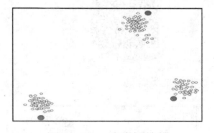 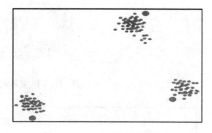

图 16-18　聚类初始值　　　　　　　　　图 16-19　　初始聚类结果

图 16-20 和图 16-21 显示的是第一次迭代更新的聚类中心和第一次迭代更新的聚类结果。可见，一次迭代后就已经完成聚类。

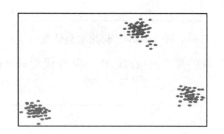 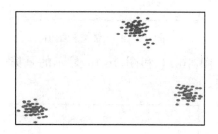

图 16-20　第一次迭代更新的聚类中心　　　　图 16-21　　第一次迭代更新的聚类结果

② 当选择的初始值如图 16-22 所示时，得到的初始聚类结果如图 16-23 所示。

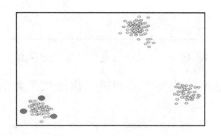 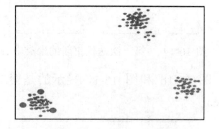

图 16-22　聚类初始值　　　　　　　　　图 16-23　　初始聚类结果

图 16-24 和图 16-25 显示的是第一次迭代更新的聚类中心和第一次迭代更新的聚类结果。

图 16-26 和图 16-27 显示的是第二次迭代更新的聚类中心和第二次迭代更新的聚类结果。可见，两次迭代后就能完成聚类。

实验结果表明在样本中随机选 k 个样本位置作为初始聚类中心，往往可以获得正确的聚类结果。

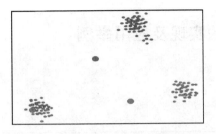

图 16-24　第一次迭代更新的聚类中心

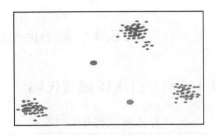

图 16-25　第一次迭代更新的聚类结果

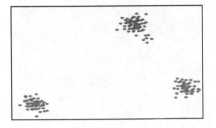

图 16-26　第二次迭代更新的聚类中心

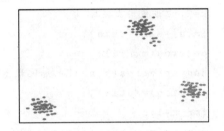

图 16-27　第二次迭代更新的聚类结果

16.3　聚类个数建议

k-means 方法需要预先设定好聚类个数，但在有些情况下，很难预先给出聚类个数。如图 16-28 所示数据，是分为 2 类还是 3 类？

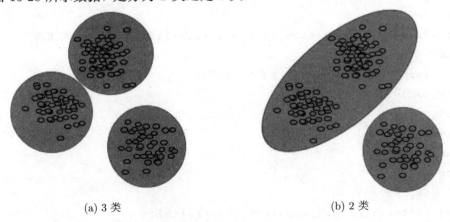

(a) 3 类　　　　　　　　　　　　　(b) 2 类

图 16-28　不同的分类方式

如何确定聚类个数，我们给出如下建议。

（1）用另一个聚类方法。

（2）使用不同的 *k* 值对数据进行测试。

（3）利用问题特征的先验知识。

（4）通过判别函数（类的个数可能会发生变化）来寻找最优的分类。

16.4 *k*-means 算法的实现及应用举例

16.4.1 MATLAB 编写代码

k-means 算法实现程序如下。①

```
1    function[center,p]=k_means(data,k)
2    k=2; %设置聚类数目
3    [m,n]=size(data);
4    p=zeros(m,n+1);
5    center=zeros(k,n);%初始化聚类中心
6    p(:,1:n)=data(:,:);
7    for x=1:k
8    center(x,:)=data( randi(300,1),:);%第一次随机产生聚类中心
9    end
10   while 1
11   distence=zeros(1,k);
12   num=zeros(1,k);
13   new_center=zeros(k,n);
14   for x=1:m
15   for y=1:k
16   distence(y)=norm(data(x,:)-center(y,:));%计算到每个类的距离
17   end
18   [~, temp]=min(distence);%求最小的距离
19   p(x,n+1)=temp;
20   end
21   kk=0;
22   for y=1:k
23   for x=1:m
24   if p(x,n+1)==y
25   new_center(y,:)=new_center(y,:)+p(x,1:n);
26   num(y)=num(y)+1;
27   end
28   end
29   new_center(y,:)=new_center(y,:)/num(y);
30   if norm(new_center(y,:)-center(y,:))<0.1
```

① 该程序的编写参考了互联网资源 https://www.bbsmax.com/A/qVdewn9QJP/和 https://www.freesion.com/article/327521647/。

```
31   kk=kk+1;
32   end
33   end
34   if kk==k
35   break;
36   else
37   center=new_center;
38   end
39   end
```

　　例子 1：利用上面 *k*-means 程序，对随机生成的高斯分布数据（如图 16-29(a) 所示）进行聚类，聚类结果如图 16-29(b)、(c) 和 (d) 所示。其中，图 16-29(b) 显示的是聚成两类的结果，图 16-29 (c) 显示的是聚成三类的结果，图 16-29(d) 显示的是聚成四类的结果。

　　产生随机高斯分布数据的 MATLAB 代码如下。

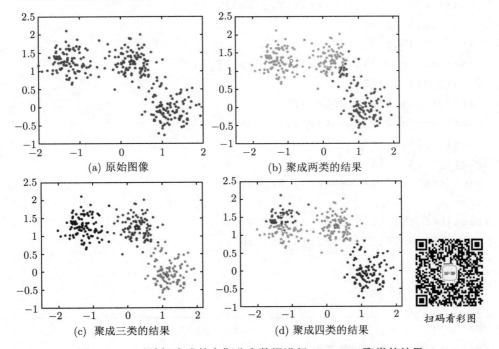

(a) 原始图像　　　　　　　(b) 聚成两类的结果

(c) 聚成三类的结果　　　　(d) 聚成四类的结果

扫码看彩图

图 16-29　对随机生成的高斯分布数据进行 *k*-means 聚类的结果

```
1    mu1=[1.25 0 ];
2    S1=[.1 0 ;0 .1];
3    data1=mvnrnd(mu1,S1,100); % 第一组高斯分布数据
4    mu2=[0.25 1.25 ];
5    S2=[.1 0 ;0 .1];
```

```
6    data2=mvnrnd(mu2,S2,100); %  第二组高斯分布数据
7    mu3=[-1.25 1.25 ];
8    S3=[.1 0 ;0 .1];
9    data3=mvnrnd(mu3,S3,100); %  第三组高斯分布数据
```

利用 k-means 算法进行聚类的程序如下。

```
1    data=[data1;data2;data3];
2    [center,p]=k_means(data,k)        %根据聚类的要求，k需设置为2、3或4。
3    [m, n]=size(p);
4    figure;
5    for i=1:m
6    if  p(i,n)==1
7    plot(p(i,1),p(i,2),'r*');
8    plot(center(1,1),center(1,2),'ko');
9    elseif  p(i,n)==2
10   plot(p(i,1),p(i,2),'g*');
11   plot(center(2,1),center(2,2),'ko');
12   elseif  p(i,n)==3
13   plot(p(i,1),p(i,2),'b*');
14   plot(center(3,1),center(3,2),'ko');
15   elseif  p(i,n)==4
16   plot(p(i,1),p(i,2),'y*');
17   plot(center(4,1),center(4,2),'ko');
18   else
19   plot(p(i,1),p(i,2),'m*');
20   plot(center(4,1),center(4,2),'ko');
21   end
22   end
23
```

16.4.2 MATLAB 自带函数

MATLAB 自带函数 kmeans，是实现 k-means 算法的函数。其用法如下。

（1）idx = kmeans(X,k)

idx = kmeans(X,k) 执行 k-means 聚类算法将 $n \times p$ 维数据矩阵 X 分为 k 类，并返回一个包含每个数据聚类索引的 $n \times 1$ 维的向量 (idx)。X 的行对应于点，列对应于变量。

默认情况下，kmeans 使用平方欧氏距离度量和 k-means++ 算法来初始化集群中心。

（2）idx = kmeans(X,k,Name,Value)

idx = kmeans(X,k,Name,Value) 返回带有附加选项的聚类索引，该索引含有一个或多个名称–数值对参数。

例如，指定余弦距离、次数，使用新的初始值或使用并行计算来重复聚类。

（3）[idx,C] = kmeans(＿＿)

[idx,C]= kmeans(＿＿) 返回由 k 个聚类中心的位置构成的 $k \times p$ 维的矩阵 C。

（4）[idx,C,sumd] = kmeans(＿＿)

[idx,C,sumd]= kmeans(＿＿) 返回由点到聚类中心距离的簇内和构成的 $k \times 1$ 维的向量 sumd。

（5）[idx,C,sumd,D] = kmeans(＿＿)

[idx,C,sumd,D]= kmeans(＿＿) 返回由每个点到每个聚类中心的距离构成的 $n \times k$ 维矩阵 D。

例子 2：利用 *k*-means 算法可以实现图像分割。图 16-30(a) 显示了一幅标准测试图像，利用 *k*-means 算法对其灰度值进行聚类，实现图像分割的结果如图 16-30(b) 所示。

(a) 标准测试图像　　　　　　　　(b) 分割结果

图 16-30　　利用 *k*-means 算法对标准测试图像进行分割的结果

实现程序如下。

```
1   clc
2   clear
3   close all
4   img=imread('camera.gif');    %读入图像
5
6   [m1,n1]=size(img);
7   img=double(img);
8   img=reshape(img,m1*n1,1);
9   data=img;                    %重组图像数据为列向量
10
```

```
11   [p,center]=kmeans(data,2);    %对重组数据进行聚类，获得聚类结果(即p)
12
13   [m, n]=size(p);
14   img1=zeros(m1*n1,1);
15   for i=1:m
16      if p(i,n)==1
17          img1(i,1)=0;
18      elseif p(i,n)==2
19          img1(i,1)=255;
20      end
21   end
22   img1=reshape(img1,m1,n1);    %重组聚类结果为矩阵，其大小与原图像大小相同
23
24   figure,imshow(img1);
25   imwrite(img1,'k2.bmp');
```

参 考 文 献

MacQueen J. Some methods for classification and analysis of multivariate observations[C]. Proc. Fifth Berkeley Sympos. Math. Statist. and Probability. 1967:281–297.

习   题

编写程序实现利用基于相关性测量距离的 k-means 算法。

第 17 章
模糊C均值（FCM）聚类

在第 16 章中，我们介绍了 k-means 聚类算法，k-means 聚类算法是一种硬聚类算法。在有重叠类的情况下，硬聚类无法实现正确的分类结果。对有重叠类的数据聚类，需要使用软聚类方式。模糊 C 均值（fuzzy c-means，FCM）聚类是一种软聚类方法，该方法把每个数据点分给不同的类。因此，每个数据点有属于不同类的隶属度（概率）。FCM 是应用最广泛且较成功的模糊聚类算法，该方法由 Dunn 于 1973 年提出 [1]，在 Bezdek 于 1981 年对其进行改进之后得到进一步发展 [2]。它通过优化目标函数得到每个样本点对所有类中心的隶属度（也称为概率），从而决定样本点的类别，以达到自动对样本数据进行聚类的目的。本章我们讲授 FCM 聚类原理、算法的实现及应用。

17.1 FCM 聚类算法原理

FCM 算法的基本思想是：求出每个样本数据点属于每一类的隶属度（概率），依据隶属度的最大值，完成对每个样本数据进行聚类的目的。

为公式化隶属度，我们做如下符号规定：

u_{ij} 为 x_i 属于第 j 类的概率；c_j 表示第 j 个聚类中心。

请看图 17-1 所示的样本。

很显然，这些样本应该聚为两类，其中样本 x_i 属于第一类的隶属度 u_{i1}，属于第二类的隶属度 u_{i2}，u_{i1} 和 u_{i2} 可通过最小化下面的目标函数求出：

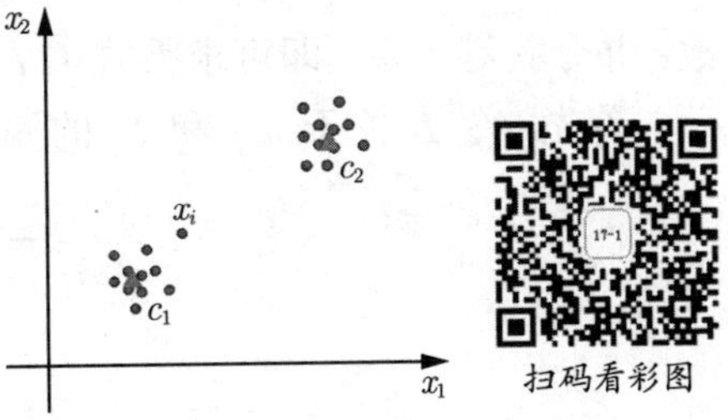

图 17-1 样本示例

$$J\left(u_{i1}, u_{i2}, c_1, c_2\right) = u_{i1}\left\|x_i - c_1\right\|^2 + u_{i2}\left\|x_i - c_2\right\|^2 \tag{17-1}$$

样本 x_i 要么属于第一类，要么属于第二类，所以 u_{i1} 和 u_{i2} 满足如下约束条件

$$u_{i1} + u_{i2} = 1 \tag{17-2}$$

公式 (17-1) 的解释如下：

如果样本 x_i 属于第一类的隶属度 u_{i1} 大，由公式 (17-1)，为目标函数小，那么 $\|x_i - c_1\|^2$ 要小；如果样本 x_i 到第二类均值中心 c_2 的距离 $\|x_i - c_2\|^2$ 大，由公式 (17-1)，为目标函数小，那么 x_i 属于第二类的隶属度 u_{i2} 就要小，符合逻辑关系。

对一般情况，N 个样本，聚类成 k 类，隶属度矩阵 $U = \{u_{ij}\}$ 满足下面约束条件

$$\sum_{j=1}^{k} u_{ij} = 1, \sum_{i=1}^{N} u_{ij} > 0, 1 \leqslant i \leqslant N, 1 \leqslant j \leqslant k \tag{17-3}$$

$$u_{ij} \in [0, 1], 1 \leqslant i \leqslant N, 1 \leqslant j \leqslant k \tag{17-4}$$

隶属度矩阵通过最小化如下目标函数来获得：

$$J(\boldsymbol{U}, \boldsymbol{C}) = \sum_{i=1}^{N} \sum_{j=1}^{k} u_{ij}^{m} \|x_i - c_j\|^2 \tag{17-5}$$

其中，$m \in [1, \infty]$ 为大于 1 的实数；$U = \{u_{ij}\}$ 为 $k \times N$ 的矩阵，称为模糊隶属度矩阵。如果样本空间维数为 S，那么 $C = \{c_1, c_2, \cdots, c_k\}$ 是由 k 个聚类中心向量构成的 $S \times k$ 的矩阵。

接下来，利用拉格朗日乘数法（Lagrange multiplier method）求解这个有约束的优化问题。

将以上有条件约束的优化问题转为无约束的优化问题，将约束条件 $\sum_{j=1}^{k} u_{ij} = 1$ 带入目标函数公式 (17-5) 中，得到

$$L(u_{ij}, c_j, \lambda_i) = \sum_{i=1}^{N} \sum_{j=1}^{k} u_{ij}'^{m} \|x_i - c_j\|^2 + \lambda_i \left(1 - \sum_{j=1}^{k} u_{ij}\right) \tag{17-6}$$

其中，λ_i 为约束条件 $\sum_{j=1}^{k} u_{ij} = 1$ 的拉格朗日乘子。通过分别计算出 L 关于 u_{ij} 和 c_j 的偏导数，并令其等于零，即可求得式 (17-5) 的极值，从而求出 u_{ij} 和 c_j。

首先，令 L 关于 u_{ij} 和 λ_i 的偏导数等于零，得

$$\frac{\partial L}{\partial u_{ij}} = m u_{ij}^{m-1} \|x_i - c_j\|^2 - \lambda_i = 0 \tag{17-7}$$

$$1 - \sum_{j=1}^{k} u_{ij} = 0 \tag{17-8}$$

由式 (17-7) 可以得出

$$u_{ij} = \left(\frac{\lambda_i}{m \|x_i - c_j\|^2}\right)^{\frac{1}{m-1}} \tag{17-9}$$

将式 (17-9) 带入到约束条件 (17-8) 中，得

$$u_{ij} = \sum_{z=1}^{k} \left(\frac{\|\boldsymbol{x}_i - \boldsymbol{c}_z\|}{\|\boldsymbol{x}_i - \boldsymbol{c}_j\|} \right)^{\frac{2}{m-1}} \tag{17-10}$$

然后，令 L 关于 $\boldsymbol{c}_j$ 的偏导数等于零，得

$$\frac{\partial L}{\partial \boldsymbol{c}_j} = -\sum_{i=1}^{N} 2u_{ij}^m (\boldsymbol{x}_i - \boldsymbol{c}_j) = 0 \tag{17-11}$$

整理式 (17-11) 得

$$\sum_{i=1}^{N} u_{ij}^m \boldsymbol{x}_i = \sum_{i=1}^{N} u_{ij}^m \boldsymbol{c}_j \tag{17-12}$$

则

$$\boldsymbol{c}_j = \frac{\displaystyle\sum_{i=1}^{N} u_{ij}^m \boldsymbol{x}_i}{\displaystyle\sum_{i=1}^{N} u_{ij}^m} \tag{17-13}$$

式 (17-10) 是隶属度 u_{ij} 的计算公式，式 (17-13) 是聚类中心 $\boldsymbol{c}_j$ 的计算公式。从这两个公式中可以看出，隶属度 u_{ij} 和聚类中心 $\boldsymbol{c}_j$ 是相互关联的，因此，在聚类的过程中，需要对隶属度设置初值，然后按公式 (17-13) 计算聚类中心，由公式 (17-10) 更新隶属度，公式 (17-13) 更新聚类中心，进行迭代计算直到满足收敛准则停止。

在求出所有的隶属度 u_{ij} 的值之后，即可得到 $k \times N$ 的隶属度矩阵：

$$\boldsymbol{U} = \begin{bmatrix} u_{11} & u_{12} & \cdots & u_{1N} \\ u_{21} & u_{22} & \cdots & u_{2N} \\ \cdots & \cdots & \cdots & \cdots \\ u_{k1} & u_{k2} & \cdots & u_{kN} \end{bmatrix} \tag{17-14}$$

对上述矩阵每一列取最大值，获得样本数据的类别。

FCM 算法的具体步骤如下。

步骤 1：设定数据类别数 $k\,(k \geqslant 2)$ 和模糊指数 $m\,(1 \leqslant m \leqslant \infty)$。

步骤 2：随机隶属度矩阵 $\boldsymbol{U}^{(0)}$，并满足式 (17-3) 和式 (17-4) 中的约束条件，设定收敛精度 $\varepsilon\,(\varepsilon > 0)$ 的值，令迭代次数 $l = 0$；

步骤 3：利用式 (17-13) 计算聚类中心 $\boldsymbol{C}^{(0)}$；

步骤 4：利用式 (17-10) 更新隶属度矩阵 $\boldsymbol{U}^{(l+1)}$；

步骤 5：利用式 (17-13) 更新聚类中心 $\boldsymbol{C}^{(l+1)}$；

步骤 6：如果满足条件 $\max\left\{\boldsymbol{J}^{(l+1)} - \boldsymbol{J}^{(l)}\right\} < \varepsilon$ 停止计算，否则令 $l = l + 1$。重复步骤 4~5。

17.2　FCM 算法实现及应用举例

17.2.1　MATLAB 代码

FCM 算法的实现程序如下。[①]

```
1    function[U, c]=fcm(data, k)
2    iter = 50;%迭代次数
3    m = 2;%指数
4    num = size(data,1);
5    U = rand(k,num);
6    col = sum(U);
7    U = U./col(ones(k,1),:); %--初始化隶属度u
8    for i = 1:iter
9    for j = 1:k
10   u_ij_m = U(j,:).^m;
11   sum_u_ij = sum(u_ij_m);
12   sum_1d = u_ij_m./sum_u_ij;
13   c(j,:) = u_ij_m*data./sum_u_ij; %更新c
14   end
15   temp1 = zeros(k,num);
16   for j = 1:k
17   for k = 1:num
18   temp1(j,k) = U(j,k)^m*(norm(data(k,:)-c(j,:)))^2; %-计算目标函数J
19   end
20   end
21   J(i) = sum(sum(temp1));
22   for j = 1:k
23   for k = 1:num
24   sum1 = 0;
25   for j1 = 1:k
26   temp = (norm(data(k,:)-c(j,:))/norm(data(k,:)-c(j1,:))).^(2/(m-1));
27   sum1 = sum1 + temp;
28   end
29   U(j,k) = 1./sum1; %更新U
30   end
```

[①] 该程序的编写参考了 https://blog.csdn.net/zxm_jimin/article/details/87938542。

```
31    end
32    end
```

例子 1：利用上面 FCM 程序，对随机生成的数据（如图 17-2(a) 所示）进行聚类，聚类结果如图 17-2(b)(c) 和 (d) 所示。其中，图 17-2(b) 显示的是聚成两类的结果，图 17-2(c) 显示的是聚成三类的结果，图 17-2(d) 显示的是聚成四类的结果。

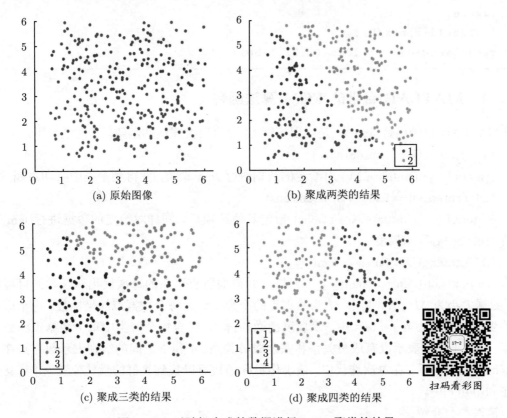

图 17-2　对随机生成的数据进行 FCM 聚类的结果

产生随机数据的 MATLAB 代码如下。

```
1    for i=1:150
2    x1(i) = rand()*5+0.5;
3    y1(i) = rand()*5+0.5;
4    x2(i) = rand()*5+1;
5    y2(i) = rand()*5+1;
6    end
7    x = [x1,x2];
8    y = [y1,y2];
```

```
9   data = [x;y];
```

利用上面的 fcm 函数，进行聚类的程序如下，

```
1   data = data';
2   k = 4;%类别数
3   [U, ç]=fcm(data, k);
4   figure;
5   [~,label] = max(U);
6   gscatter(data(:,1),data(:,2),label);
```

17.2.2　MATLAB 自带的 FCM 算法函数

MATLAB 自带函数 fcm[3]，是实现模糊 C 均值聚类算法的函数。其用法如下。

（1）[centers,U] = fcm(data,Nc)

[centers,U] = fcm(data,Nc) 对给定的数据进行 fcm 聚类，并得到聚类中心和隶属度。

（2）[centers,U] = fcm(data,Nc,options)

[centers,U] = fcm(data,Nc,options) 指定其他选项后，同样对给定的数据进行 fcm 聚类并得到聚类中心和隶属度。

（3）[centers,U,objFunc] = fcm(____)

[centers,U,objFunc] = fcm(____) 同样返回前面所有语法的每次优化迭代时的目标函数值。数据大小为 $M \times N$，其中 M 为数据点的个数，N 为每个数据点的坐标数。每个聚类中心的坐标返回到矩阵 centers 中。隶属度函数矩阵 U 包含每个聚类中每个数据点的隶属度等级：0 和 1 分别表示没有成员关系和完全成员关系。0 到 1 之间的级别表示数据点在类中具有部分成员关系。在每次迭代中，最小化目标函数可以找到集群的最佳位置，并将其值返回在 objFunc 中。

输入参数介绍：

Nc：类的数量，指定为大于 1 的整数。

Options：类选项，指定为具有以下元素的向量。

Options(1)：模糊划分矩阵 U 的指数，指定为大于 1 的标量。该选项控制聚类之间模糊重叠的数量，值越大表示重叠程度越大。如果数据集很宽，类之间有很多重叠，那么计算的类中心可能彼此非常接近。在这种情况下，每个数据点在所有类中具有大致相同的隶属度（默认值：2.0）。

Options(2)：最大迭代次数，指定为正整数（默认值：100）。

Options(3)：两个连续迭代之间目标函数的最小改进，指定为正标量（默认值：1e-5）。

Options(4)：信息开关，指示是否在每次迭代后显示目标函数值，指定为以下选项之一：0 是不显示目标函数；1 是显示目标函数（默认值：1）。

如果选项的任何元素是 N_aN，则使用该选项的默认值。当达到最大迭代次数或连续两个迭代之间的目标函数改进小于指定的最小值时，聚类过程停止。

输出参数介绍：

center：最终的类中心，是 N_c 行，列数等于被聚类数据的维数的矩阵。

U：隶属度矩阵，是 N_c 行和 N_d 列的矩阵。元素 $U(i, j)$ 表示第 i 个聚类中第 j 个数据点的隶属度。

objFunc：目标函数值。

例子 2：光学相干层析成像技术（optical coherence tomography，OCT）是一种基于相干成像系统的体内断面成像技术，被广泛应用于医学成像和临床诊断领域。图 17-3(a) 显示了一幅人眼视网膜 OCT 图像，其大小为 380 像素 ×380 像素。利用 MATLAB 自带的 FCM 函数对图 17-33(a) 的分割结果如图 17-3(b) 和图 17-3(c) 所示。其中，图 17-3(b) 显示的是将图像分割成两类，图 17-3(c) 显示的是将图像分割成四类。

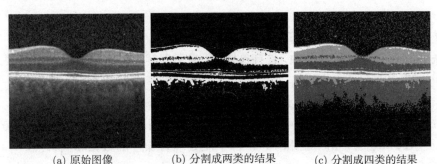

(a) 原始图像　　　　　　(b) 分割成两类的结果　　　　　(c) 分割成四类的结果

图 17-3　利用 FCM 对人眼视网膜 OCT 图像进行分割的结果

实现程序如下。

```
1    clc
2    clear all
3    I = im2double(imread('retinaOCT','jpg'));
4    I = imadjust(I);
5    figure;
6    imshow(I,[]);
7    data = [I(:)];
8    [center,U,obj_fcn] = fcm(data,2); %设定类别为2类
9    %[center,U,obj_fcn] = fcm(data,4); %设定类别为4类
10   maxU = max(U);
11   index1 = find(U(1,:) == maxU); %为每个类查找像素
12   index2 = find(U(2,:) == maxU);
13   %index3 = find(U(3,:) == maxU);
14   %index4 = find(U(4,:) == maxU);
```

```
15  fcmImage(1:length(data))=0; %通过设定每类的特定值来分配像素
16  fcmImage(index1)= 1;
17  fcmImage(index2)= 0;
18  %fcmImage(index1)= 1;
19  %fcmImage(index2)= 0.6;
20  %fcmImage(index3)= 0.3;
21  %fcmImage(index4)= 0;
22  imagNew = reshape(fcmImage,380,380);
23  figure;
24  imshow(imagNew,[]);
```

17.3　FCM 与 k-means 算法的比较

FCM 聚类算法与 k-means 算法的比较如下。

（1）k-means 算法计算速度快，具有鲁棒性，易于理解。FCM 算法的复杂度要比 k-means 算法复杂度高。

（2）两种算法的限制条件是必须提前确定聚类个数。

（3）k-means 是局部最优解，只有在定义了均值的情况下才适用；k-means 方法比 FCM 对初始值更敏感，但是 k-means 和 FCM 都不能处理有噪声的数据和离群点。

参 考 文 献

[1] Dunn J C. A fuzzy relative of the ISODATA process and its use in detecting compact well-separated clusters, Cybernet, 3 (1973): 32–57.

[2] Bezdek J C, Ehrlich R, Full W. FCM: the fuzzy c-means clustering algorithm. Comp. Geosci, 10 (1984): 191–203.

[3] Bezdec J C. Pattern Recognition with Fuzzy Objective Function Algorithms. Plenum Press, New York, 1981.

习　　题

1. 自己设计含有噪声和离群的数据集，然后应用 FCM 算法进行聚类处理？

2. 书中 FCM 算法的计算过程是先随机给出隶属度矩阵，再计算聚类中心，请你编写程序先随机给出聚类中心，再计算隶属度矩阵，对书中样本数据进行 FCM 聚类处理，观察两种初始值的选择对聚类的结果有什么不同。

3. 请实验验证 k-means 方法比 FCM 对初始值更敏感。

第18章
改进的模糊C均值聚类

在第 17 章中，我们讲授了模糊 C 均值聚类（FCM）算法，FCM 算法是应用最为广泛的聚类算法之一，广泛应用于图像分割、模式识别等领域。然而 FCM 存在着一些不足，如如何有效地确定图像中的聚类数目、初始聚类中心以及初始隶属度矩阵；如何在迭代过程中避免局部最小值；如何在高维空间或者噪声环境中保持良好的性能；如何减小大数据集聚类时的运算开销等。针对 FCM 算法中存在的缺陷，从不同角度出发对 FCM 进行改进的算法相继被提出。本章我们主要介绍三种经典的改进 FCM 算法，它们分别是可能性模糊 C 均值聚类（PFCM）、基于核函数的模糊 C 均值聚类（KFCM）和半监督模糊 C 均值聚类（SSFCM）。

18.1 PFCM 聚类算法

在 FCM 算法中，每一样本数据对所有类的隶属度（概率）之和是 1，但是有时候（比如在有噪声情况）实际上会有样本数据不属于任何类的情况。在这种情况下，每一样本数据对所有类的隶属度（概率）之和是 1，就不成立。不准确的隶属度会影响聚类中心的位置，求得的聚类中心又会反过来影响隶属度的取值。因此，当数据存在噪声的时候，FCM 算法的准确度会有所下降。

针对这一问题，Krishnapuram 和 Keller 提出了可能性 C 均值聚类算法（possibilistic c-means clustering algorithm，PCM）[1]。该算法在 FCM 算法的基础上通过去掉隶属度约束条件，使得噪声数据具有很小的隶属度值，从而抑制了噪声点对聚类中心的影响，实现了对包含噪声数据的聚类。但是，该算法的聚类结果对所用参数的依赖性相对较强，在含有大量噪声的情况下容易导致数据被误判为属于多类。

为了进一步改善聚类效果，Zhang 和 Leung 在 FCM 算法和 PCM 算法的基础上提出了可能性模糊 C 均值聚类算法（possibilistic fuzzy c-means clustering algorithm，PFCM）[2]。该算法通过结合数据隶属度和数据典型度，实现了对数据集的模糊划分和可能性划分。因为在聚类时考虑了数据典型度，所以该算法对异常值的敏感度相对较低。

18.1.1 PFCM 聚类算法原理

（1）PCM 算法

上一章我们介绍了 FCM 算法，其主要约束条件是每一数据对数据类的隶属度（概率）之和为 1，这一严格的约束条件通常会导致 FCM 算法对噪声具有较高的敏感度。

与 FCM 算法相比，PCM 算法去掉了隶属度 u_{ij} 的约束条件 $\sum_{j=1}^{k} u_{ij} = 1$，同时用典型度矩阵（或称为可能性划分矩阵）$\boldsymbol{T} = \{t_{ij}\}$ 替代 FCM 聚类中的隶属度矩阵 $\boldsymbol{U} = \{u_{ij}\}$，并且根据典型度 t_{ij} 的最大来判断样本数据的类别。PCM 算法的目标函数为

$$J_{\text{PCM}}(\boldsymbol{T}, \boldsymbol{C}) = \sum_{i=1}^{N} \sum_{j=1}^{k} t_{ij}^{m} \|\boldsymbol{x}_i - \boldsymbol{c}_j\|^2 + \sum_{j=1}^{k} \eta_j \sum_{i=1}^{N} (1 - t_{ij})^m \tag{18-1}$$

其中，第一项的作用是与 FCM 聚类公式 (17-6) 相同，就是使样本数据点到聚类中心的距离最小，以保证得到准确的聚类结果，也就是说样本数据点到聚类中心距离越大，属于这一类的可能性（典型度）越小，反之样本数据点到聚类中心距离越小，属于这一类的可能性（典型度）越大。第二项的作用是使 t_{ij} 尽可能大，以避免因 $u_{ij} = 0, \forall i, j$ 而产生的无意义的解[3]。

η_j 是用来调节第一项和第二项的参数，往往与某一类的样本数据整体大小和形状有关，其经验取值可表示为[1]

$$\eta_j = K \frac{\sum_{i=1}^{N} (t_{ij})^m \|\boldsymbol{x}_i - \boldsymbol{c}_j\|^2}{\sum_{i=1}^{N} (t_{ij})^m} \tag{18-2}$$

其中，K 通常设为 1。

通过最小化目标函数 (18-1)，就可以求出每个样本数据对每一类的典型度 $\boldsymbol{T} = \{t_{ij}\}$，然后根据典型度 t_{ij} 的最大实现聚类处理。

（2）PFCM 算法

FCM 采用隶属度 u_{ij} 实现聚类；PCM 采用典型度 t_{ij} 实现聚类。FCM 聚类和 PCM 具有各自的优势。相比 PCM 方法，FCM 可以将每个样本数据更好地分配给最接近某个聚类中心的类；相比 FCM 方法，PCM 方法可以更好地抑制异常值对聚类的不良影响。

PFCM 算法结合了 FCM 和 PCM 方法而提出，其目标函数为

$$J_{\text{PFCM}}(\boldsymbol{U}, \boldsymbol{T}, \boldsymbol{C}) = \sum_{i=1}^{N} \sum_{j=1}^{k} (p u_{ij}^m + q t_{ij}^b) \|\boldsymbol{x}_i - \boldsymbol{c}_j\|^2 + \sum_{j=1}^{k} \eta_j \sum_{i=1}^{N} (1 - t_{ij})^b$$

$$s.t. \begin{cases} \sum_{j}^{k} u_{ij} = 1, \forall i \\ 0 \leqslant u_{ij}, t_{ij} \leqslant 1, \forall i, j \end{cases} \tag{18-3}$$

其中, 隶属度 u_{ij} 的定义与 FCM 算法相同, 典型度 t_{ij} 的定义与 PCM 算法相同; $m, b \in [1, \infty]$ 是大于 1 的实数, p 和 q 是大于零的常数, 利用这四个参数可以定义隶属度和典型度在目标函数中的相对权重, 取值主要通过经验来设定。当样本数据中的噪声较高时, 可将 q 的取值设得比 p 的取值相对高一些, 这样可使聚类中心计算能更多地受到典型度的影响, 使得算法具有更好的抗噪声能力; 反之, 当噪声含量较少时可将 p 的值设得比参数 q 大一些。

通过最小化目标函数 (18-3), 就可以求出每个样本数据对每一类的隶属度 $U = \{u_{ij}\}$ 和典型度 $T = \{t_{ij}\}$, 然后依据隶属度最大完成聚类。

利用拉格朗日乘数法, 将有约束的优化问题转化为无约束的优化问题, 得到拉格朗日函数为

$$L\left(u_{ij}, t_{ij}, c_j, \lambda_i\right) = \sum_{i=1}^{N} \sum_{j=1}^{k} \left(p u_{ij}^m + q t_{ij}^b\right) \|x_i - c_j\|^2 + \sum_{j=1}^{k} \eta_j \sum_{i=1}^{N} \left(1 - t_{ij}\right)^b +$$

$$\lambda_i \left(1 - \sum_{j=1}^{k} u_{ij}\right) \tag{18-4}$$

其中, λ_i 是约束条件 $\sum_{j=1}^{k} u_{ij} = 1$ 的拉格朗日乘子。

计算 L 关于隶属度 u_{ij}、典型度 t_{ij} 和聚类中心 c_j 的偏导数, 并令其等于零, 便可获得 $J_{\text{PFCM}}(U, T, C)$ 最小化过程中 u_{ij}、t_{ij} 和 c_j 的公式, 具体的求解过程如下。

首先, 令 L 关于隶属度 u_{ij} 和 λ_i 的偏导数等于零, 即

$$\frac{\partial L}{\partial u_{ij}} = mp u_{ij}^{m-1} \|x_i - c_j\|^2 - \lambda_i = 0 \tag{18-5}$$

$$1 - \sum_{j=1}^{k} u_{ij} = 0 \tag{18-6}$$

由式 (18-5) 可以得出

$$u_{ij} = \left(\frac{\lambda_i}{mp \|x_i - c_j\|^2}\right)^{\frac{1}{m-1}} \tag{18-7}$$

将式 (18-7) 带入约束条件 (18-6) 中, 得

$$u_{ij} = \sum_{z=1}^{k} \left(\frac{\|x_i - c_z\|}{\|x_i - c_j\|}\right)^{\frac{2}{m-1}} \tag{18-8}$$

然后, 令 L 关于典型度 t_{ij} 的偏导数等于零, 即

$$\frac{\partial L}{\partial t_{ij}} = bq t_{ij}^{b-1} \|x_i - c_j\|^2 - b\eta_j \left(1 - t_{ij}\right)^{b-1} = 0 \tag{18-9}$$

由式 (18-9) 可以得出

$$(1 - t_{ij})^{b-1} = \frac{qt_{ij}^{b-1}}{\eta_j} \|\boldsymbol{x}_i - \boldsymbol{c}_j\|^2 \tag{18-10}$$

整理式 (18-10) 得到

$$1 - t_{ij} = t_{ij} \left(\frac{q}{\eta_j} \|\boldsymbol{x}_i - \boldsymbol{c}_j\|^2 \right)^{\frac{1}{b-1}} \tag{18-11}$$

最终化简得到 t_{ij} 的循环公式为

$$t_{ij} = \frac{1}{1 + \left(\dfrac{q}{\eta_j} \|\boldsymbol{x}_i - \boldsymbol{c}_j\|^2 \right)^{\frac{1}{b-1}}} \tag{18-12}$$

最后，令 L 关于聚类中心 $\boldsymbol{c}_j$ 的偏导数等于零，即

$$\frac{\partial L}{\partial c_j} = -\sum_{j=1}^{N} 2 \left(pu_{ij}^m + qt_{ij}^b \right) (\boldsymbol{x}_i - \boldsymbol{c}_j) = 0 \tag{18-13}$$

由式 (18-13) 可以得出

$$\sum_{i=1}^{N} \left(pu_{ij}^m + qt_{ij}^b \right) \boldsymbol{x}_i = \sum_{i=1}^{N} \left(pu_{ij}^m + qt_{ij}^b \right) \boldsymbol{c}_j \tag{18-14}$$

即

$$\boldsymbol{c}_j = \frac{\displaystyle\sum_{i=1}^{N} \left(pu_{ij}^m + qt_{ij}^b \right) \boldsymbol{x}_i}{\displaystyle\sum_{i=1}^{N} \left(pu_{ij}^m + qt_{ij}^b \right)} \tag{18-15}$$

式 (18-8) 是隶属度 u_{ij} 的计算公式，式 (18-12) 是典型度 t_{ij} 的计算公式，式 (18-15) 是聚类中心 $\boldsymbol{c}_j$ 的计算公式。从这三个公式中可以看出，隶属度 u_{ij}、典型度 t_{ij} 都与聚类中心 $\boldsymbol{c}_j$ 是相关联的。因此，在聚类的过程中，需要对隶属度和典型度设置初值，然后按公式 (18-15) 计算聚类中心，然后根据公式 (18-8) 和公式 (18-12) 更新迭代隶属度矩阵和典型度矩阵，在满足收敛条件时迭代停止。

PFCM 算法的具体步骤如下。

步骤 1：设定数据类别数 $k\,(k \geqslant 2)$、参数 $m\,(1 \leqslant m < \infty)$ 和参数 $b\,(1 \leqslant b < \infty)$。

步骤 2：对隶属度矩阵 $\boldsymbol{U}^0$ 和典型度矩阵 $\boldsymbol{T}^0$ 进行初始化，并使其满足约束条件；然后根据式 (18-2) 估算出 η_j，设定收敛精度 $\varepsilon\,(\varepsilon > 0)$ 的值，令迭代次数 $l = 0$；

步骤 3：利用式 (18-15) 计算聚类中心 $\boldsymbol{C}^0$；

步骤 4：利用式 (18-3) 计算目标函数值，如果满足条件 $\max \left\{ J^{(l+1)} - J^{(l)} \right\} < \varepsilon$ 停止计算，否则令 $l = l + 1$，进入步骤 5。

步骤 5：利用式 (18-8) 更新隶属度矩阵 $U^{(l+1)}$，利用式 (18-12) 更新典型度矩阵 $T^{(l+1)}$，利用式 (18-15) 更新聚类中心 $C^{(l+1)}$，重复步骤 4，直至满足条件 $\max\{J^{(l+1)} - J^{(l)}\} < \varepsilon$，循环终止。

步骤 6：计算出了隶属度矩阵 $U = \{u_{ij}\}$ 和典型度矩阵 $T = \{t_{ij}\}$ 后，依据隶属度的最大值，完成聚类。

18.1.2　PFCM 算法的实现

PFCM 算法的 MATLAB 程序如下。[①]

```
1    function[T, U, c]= PFCM (data, k)
2    iter = 20; %迭代次数
3    m = 2; %隶属度指数
4    b = 2; %典型度指数
5    p = 0.5;
6    q = 0.5;
7    num = size(data,1);      %样本个数
8    num_d = size(data,2);     %样本维度
9    U = rand(k,num); %% 初始化隶属度矩阵，条件是每一列和为1
10   col = sum(U);
11   U = U./col (ones(k,1),:);
12   T = rand(k,num); %% 初始化典型度矩阵
13   for i = 1:iter
14   for j = 1:k
15   for k = 1:num
16   u_ij_m = U(j,:).^m;
17   sum_u_ij = sum(u_ij_m);
18   sum_1d = u_ij_m./sum_u_ij;
19   t_ij_b = T(j,:).^b;
20   sum_t_ij = sum(t_ij_b);
21   sum_2d = t_ij_b./sum_t_ij;
22   ut_ij_m = U(j,:).^m + T(j,:).^p;
23   sum_ut_ij = sum(ut_ij_m);
24   sum_d = ut_ij_m./sum_ut_ij;
25   c(j,:) = ut_ij_m*data./sum_ut_ij;
26   r(j,:) = k*ut_ij_m*(norm(data(k,:)-c(j,:)))^2./sum_ut_ij;
27   end
```

[①] 该程序的编写参考了互联网资源 https://blog.csdn.net/qq_42666791/article/details/107553861?spm=1001.2014.3001.5502。

```
28  end
29  %%  计算目标函数J
30  temp1 = zeros(k,num);
31  for j = 1:k
32  for k = 1:num
33  temp1(j,k) = (p*U(j,k)^m+q*T(j,k)^b)*(norm(data(k,:)-c(j,:)))^2;
34  end
35  end
36  J1(i) = sum(sum(temp1));
37  temp2 = zeros(k,num);
38  for j = 1:k
39  for k = 1:num
40  temp2(j,k) = (1-U(j,k))^b;
41  end
42  temp2(j,k) = r(j,k)* temp2(j,k);
43  end
44  J2(i) = sum(sum(temp2));
45  J(i) = J1(i) +J2(i);
46  %%  更新隶属度矩阵和典型度矩阵
47  for j = 1:k
48  for k = 1:num
49  sum1 = 0;
50  for j1 = 1:k
51  temp = (norm(data(k,:)-c(j,:))/norm(data(k,:)-c(j1,:))).^(2/(m-1));
52  sum1 = sum1 + temp;
53  end
54  T(j,k) = 1./(1+(q*((norm(data(k,:)-c(j,:))).^2./r(j,k)).^(1/(b-1)));
55  U(j,k) = 1./sum1;
56  end
57  end
58  end
```

18.2 KFCM 聚类算法

PFCM 算法通过结合 FCM 算法和 PCM 算法而提出。在前面对章中我们讲授了 kernel 方法，以及基于 kernel 的 KPCA、KLDA 以及基于 kernel 的线性回归。这里我们把 kernel 方法引入模糊 C 均值聚类算法中，讲授基于核函数的模糊 C 均值聚类算法 [4] （kernel-based fuzzy c-means clustering algorithm，KFCM）。KFCM 也是一种经典的改进的 FCM 算法，该算法通过 kernel 方法将样本数据映射到高维特征空间中，增加了类别之间的差异度，使得数据特征可以更好地被识别，从而减少孤立点和噪声点对聚类的影响，解决了 FCM 算法对模糊类别不好处理的问题，实现了更加准确的聚类。

18.2.1　KFCM 聚类算法原理

KFCM 算法的基本思想很简单，就是先将样本数据先进行 kernel 变换，再进行 FCM 聚类。

KFCM 算法采用径向基函数（radial basis function，RBF）为核函数，其定义为

$$K\left(\boldsymbol{x}_i, \boldsymbol{x}_j\right) = \Phi\left(\boldsymbol{x}_i\right) \cdot \Phi\left(\boldsymbol{x}_j\right) = \exp\left(-\frac{\|\boldsymbol{x}_i - \boldsymbol{x}_j\|^2}{2\sigma^2}\right) \tag{18-16}$$

基于核函数的欧几里得距离可以通过下式 [5] 计算

$$\begin{aligned}
d^2\left(\Phi\left(\boldsymbol{x}_i\right), \Phi\left(\boldsymbol{x}_j\right)\right) &= \|\Phi\left(\boldsymbol{x}_i\right) - \Phi\left(\boldsymbol{x}_j\right)\|^2 \\
&= \left(\Phi\left(\boldsymbol{x}_i\right) - \Phi\left(\boldsymbol{x}_j\right)\right)^{\mathrm{T}} \left(\Phi\left(\boldsymbol{x}_i\right) - \Phi\left(\boldsymbol{x}_j\right)\right) \\
&= \Phi\left(\boldsymbol{x}_i\right)^{\mathrm{T}} \Phi\left(\boldsymbol{x}_i\right) - \Phi\left(\boldsymbol{x}_j\right)^{\mathrm{T}} \Phi\left(\boldsymbol{x}_i\right) - \\
&\quad \Phi\left(\boldsymbol{x}_i\right)^{\mathrm{T}} \Phi\left(\boldsymbol{x}_j\right) + \Phi\left(\boldsymbol{x}_j\right)^{\mathrm{T}} \Phi\left(\boldsymbol{x}_j\right) \\
&= K\left(\boldsymbol{x}_i, \boldsymbol{x}_i\right) - 2K\left(\boldsymbol{x}_i, \boldsymbol{x}_j\right) + K\left(\boldsymbol{x}_j, \boldsymbol{x}_j\right)
\end{aligned} \tag{18-17}$$

KFCM 算法的目标函数 [4] 为

$$\begin{aligned}
J_{\mathrm{KFCM}}\left(\boldsymbol{U}, \boldsymbol{C}\right) &= \sum_{i=1}^{N} \sum_{j=1}^{k} u_{ij}^m \|\Phi\left(\boldsymbol{x}_i\right) - \Phi\left(\boldsymbol{c}_j\right)\|^2 \\
&= \sum_{i=1}^{N} \sum_{j=1}^{k} u_{ij}^m \left[K\left(\boldsymbol{x}_i, \boldsymbol{x}_i\right) - 2K\left(\boldsymbol{x}_i, \boldsymbol{c}_j\right) + K\left(\boldsymbol{c}_j, \boldsymbol{c}_j\right)\right]
\end{aligned} \tag{18-18}$$

根据公式 (18-16)，可得

$$K\left(\boldsymbol{x}_i, \boldsymbol{x}_i\right) = K\left(\boldsymbol{c}_j, \boldsymbol{c}_j\right) = 1 \tag{18-19}$$

所以公式 (18-18) 表达为

$$J_{\mathrm{KFCM}}\left(\boldsymbol{U}, \boldsymbol{C}\right) = \sum_{i=1}^{N} \sum_{j=1}^{k} u_{ij}^m \left(2 - 2K\left(\boldsymbol{x}_i, \boldsymbol{c}_j\right)\right) \tag{18-20}$$

其中的隶属度矩阵满足下面约束条件

$$\sum_{j=1}^{k} u_{ij} = 1, \sum_{i=1}^{N} u_{ij} > 0, 1 \leqslant i \leqslant N, 1 \leqslant j \leqslant k \tag{18-21}$$

$$u_{ij} \in [0, 1], 1 \leqslant i \leqslant N, 1 \leqslant j \leqslant k$$

利用拉格朗日乘数法，将有约束的优化问题转化为无约束的优化问题，得到拉格朗日函数为

$$L\left(u_{ij}, \boldsymbol{c}_j, \lambda_i\right) = \sum_{i=1}^{N} \sum_{j=1}^{k} u_{ij}^m \left(2 - 2K\left(\boldsymbol{x}_i, \boldsymbol{c}_j\right)\right) + \lambda_i \left(1 - \sum_{j=1}^{k} u_{ij}\right) \tag{18-22}$$

其中，λ_i 为约束条件 $\sum\limits_{j=1}^{k} u_{ij} = 1$ 的拉格朗日乘子。

计算 L 关于隶属度 u_{ij} 和聚类中心 $\boldsymbol{c}_j$ 的偏导数，并令其等于零，便可获得 $J_{\mathrm{KFCM}}\left(\boldsymbol{U}, \boldsymbol{C}\right)$ 最小化过程中 u_{ij} 和 $\boldsymbol{c}_j$ 的循环公式，具体的求解过程如下。

首先，令 L 关于 u_{ij} 和 λ_i 的偏导数等于零，即

$$\frac{\partial L}{\partial u_{ij}} = 2mu_{ij}^{m-1}\left(1 - K\left(\boldsymbol{x}_i, \boldsymbol{c}_j\right)\right) - \lambda_i = 0 \tag{18-23}$$

$$1 - \sum_{j=1}^{k} u_{ij} = 0 \tag{18-24}$$

由式 (18-23) 可以得出

$$u_{ij} = \left(\frac{\lambda_i}{2m\left(1 - K\left(\boldsymbol{x}_i, \boldsymbol{c}_j\right)\right)}\right)^{\frac{1}{m-1}} \tag{18-25}$$

将式 (18-25) 带入到约束条件 (18-24) 中，得到

$$u_{ij} = \left(\frac{\sum\limits_{z=1}^{k}\left(1 - K\left(\boldsymbol{x}_i, \boldsymbol{c}_z\right)\right)}{1 - K\left(\boldsymbol{x}_i, \boldsymbol{c}_j\right)}\right)^{\frac{1}{m-1}} \tag{18-26}$$

然后，令 L 关于聚类中心 $\boldsymbol{c}_j$ 的偏导数等于零，即

$$\frac{\partial L}{\partial \boldsymbol{c}_j} = -\sum_{i=1}^{N} 2u_{ij}^m K\left(\boldsymbol{x}_i, \boldsymbol{c}_j\right) \cdot 2\left(\boldsymbol{x}_i - \boldsymbol{c}_j\right) = 0 \tag{18-27}$$

由式 (18-27) 可以得出

$$\sum_{i=1}^{N} 4u_{ij}^m K\left(\boldsymbol{x}_i, \boldsymbol{c}_j\right) \cdot \boldsymbol{x}_i = \sum_{i=1}^{N} 4u_{ij}^m K\left(\boldsymbol{x}_i, \boldsymbol{c}_j\right) \cdot \boldsymbol{c}_j \tag{18-28}$$

$$\boldsymbol{c}_j = \frac{\sum\limits_{j=1}^{k} u_{ij}^m K\left(\boldsymbol{x}_i, \boldsymbol{c}_j\right) \cdot \boldsymbol{x}_i}{\sum\limits_{j=1}^{k} u_{ij}^m K\left(\boldsymbol{x}_i, \boldsymbol{c}_j\right)} \tag{18-29}$$

在聚类的过程中，首先对隶属度设置初值，然后根据公式 (18-29) 和公式 (18-26) 依次迭代更新 c_j 和 u_{ij}，当满足收敛条件时停止迭代。

KFCM 算法的具体步骤如下。

步骤 1：设定数据类别数 $k\,(k \geqslant 2)$、模糊指数 $m\,(1 \leqslant m < \infty)$ 和径向基函数的参数 σ；

步骤 2：随机初识化隶属度矩阵 $\boldsymbol{U}^{(0)}$ 并满足约束条件，设定收敛精度 $\varepsilon\,(\varepsilon > 0)$ 的值，令迭代次数 $l = 0$；

步骤 3：利用式 (18-29) 计算聚类中心 $\boldsymbol{C}^{(0)}$；

步骤 4：利用式 (18-18) 计算目标函数值，如果满足条件 $\max\left\{J^{(l+1)} - J^{(l)}\right\} < \varepsilon$ 停止计算，否则令 $l = l + 1$，进入步骤 5；

步骤 5：利用式 (18-26) 更新隶属度矩阵 $\boldsymbol{U}^{(l+1)}$，利用式 (18-29) 更新聚类中心 $\boldsymbol{C}^{(l+1)}$，重复步骤 4，直至满足条件 $\max\left\{J^{(l+1)} - J^{(l)}\right\} < \varepsilon$，循环终止。

步骤 6：计算出了隶属度矩阵 $\boldsymbol{U} = \{u_{ij}\}$ 后，依据隶属度的最大值，完成聚类。

类似于 KPCA 和 KLDA，KFCM 算法十分简单，就是先将样本进行 kernel 变换，再进行 FCM 聚类。kernel 变换概括而言就是通过核函数形成一种映射关系，将原始空间中的点转换到特征空间进行计算与分析，最后得到原始空间的最优划分。原数据空间中的非线性算法在映射到特征空间之后，可以应用线性算法，提取并放大有用特征，从而改善算法的聚类能力。

18.2.2　KFCM 算法的实现

KFCM 算法的 MATLAB 程序如下。[1][2]

```
1    function [label , U, c, J] =KFCM(data,k,center)
2    eps=1e-5;      %定义迭代终止条件的eps
3    m=2;       %模糊加权指数，[1,+无穷]
4    T=100;       %最大迭代次数
5    sigma_1=150;      %高斯核函数的参数
6    [num,col]=size(data);
7    J=zeros(num,1);
8    U=zeros(num,k);
9    R_up=zeros(num,k);
10   for t=1:T
11   distant=(sum(data.* data,2))*ones(1,k)+ones(num,1)*(sum(center.*center,2))'-2*
        data *center';
12   kernel_fun=exp((-distant)./(2*sigma_1*sigma_1));
13   for i=1: num
14   for j=1:k
```

---

[1] 该程序的编写参考了互联网资源 https://blog.csdn.net/weixin_35028513/article/details/116152132。

[2] 互联网资源 https://blog.csdn.net/weixin_42663919/article/details/89525967。

```
15  if kernel_fun(i,j)==1
16  U(i,j)=0;
17  else
18  R_up(i,j)=(1-kernel_fun(i,j)).^(-1/(m-1)); %隶属度矩阵分子部分
19  U(i,j)= R_up(i,j)./sum( R_up(i,:),2);
20  end
21  end
22  end
23  J(t)=2*sum(sum((ones(num,k)-kernel_fun).*(u.^(m))));
24  %% 更新聚类中心k*col
25  miu_up=(kernel_fun.*(U.^(m)))'* data;
26  c=miu_up./(sum(kernel_fun.*(U.^(m)))'*ones(1,col));
27  if t>1
28  if abs(J(t)-J(t-1))<eps
29  break;
30  end
31  end
32  end
33  iter=t; %实际迭代次数
34  [~,label]=max(U,[],2);
35  J =J(iter);
36  end
```

18.3　SSFCM 聚类算法

　　我们知道监督学习主要是基于有标签的样本数据实现分类和回归处理；无监督学习主要是基于无标签的样本数据实现聚类处理。如果样本数据中含有少量有标签数据，可以采用这些有标签的样本数据去指导聚类处理，从而提升聚类的准确度 [6]。半监督模糊 C 均值聚类算法 [7-9]（semi-supervised fuzzy c-means clustering algorithm, SSFCM）就是将少量的有标签的样本数据的类别标记当作监督信息，加入到 FCM 算法的目标函数中，对聚类的初始中心进行指导并改善初始隶属度矩阵，从而在整个聚类的迭代优化进程中起到一定的监督作用。

18.3.1　SSFCM 聚类算法原理

　　SSFCM 算法与 FCM 算法不同的是数据集中存在少量具有标签的数据，利用这些数据可使隶属度计算公式具有半监督性质，使用该隶属度便可构造具有监督特征的模糊 C 均值

聚类算法。

SSFCM 算法的目标函数包括有监督部分和无监督部分，其表达式如下：

$$J_{\mathrm{SSFCM}}\left(\boldsymbol{U}, \boldsymbol{C}\right) = \sum_{i=1}^{N} \sum_{j=1}^{k} u_{ij}^{m} \left\|\boldsymbol{x}_i - \boldsymbol{c}_j\right\|^2 + \alpha \sum_{j=1}^{k} \sum_{i=1}^{N} \left(u_{ij} - f_{ij}\boldsymbol{d}_i\right)^{m} \left\|\boldsymbol{x}_i - \boldsymbol{c}_j\right\|^2 \tag{18-30}$$

隶属度矩阵同样满足以下约束

$$\sum_{j=1}^{k} u_{ij} = 1, \sum_{i=1}^{N} u_{ij} > 0, 1 \leqslant i \leqslant N, 1 \leqslant j \leqslant k$$
$$u_{ij} \in [0, 1], 1 \leqslant i \leqslant N, 1 \leqslant j \leqslant k \tag{18-31}$$

式中，m 为加权指数，在 SSFCM 算法中通常取作 2；$\alpha(\alpha \geqslant 0)$ 表示平衡因子，用于调节无监督信息和有监督信息之间的权重，α 的值与总数据点数目和标记数据点数目的比值成正比；f_{ij} 是标签数据的隶属度矩阵，其意义与 u_{ij} 相同；$\boldsymbol{d}_i$ 是一个布尔型的二值向量，以此来表示 $\boldsymbol{x}_i$ 是否属于标记数据点，$\boldsymbol{d}_i$ 需要满足如下条件

$$\boldsymbol{d}_i = \begin{cases} 0, & \boldsymbol{x}_i\text{无标签} \\ 1, & \boldsymbol{x}_i\text{有标签} \end{cases} \tag{18-32}$$

利用拉格朗日乘数法，将有约束的优化问题转化为无约束的优化问题，得到拉格朗日函数为

$$L\left(u_{ij}, \boldsymbol{c}_j, \lambda_i\right) = \sum_{i=1}^{N} \sum_{j=1}^{k} u_{ij}^{m} \left\|\boldsymbol{x}_i - \boldsymbol{c}_j\right\|^2 + \alpha \sum_{i=1}^{N} \sum_{j=1}^{k} \left(u_{ij} - f_{ij}\boldsymbol{d}_i\right)^{m} \left\|\boldsymbol{x}_i - \boldsymbol{c}_j\right\|^2$$
$$+ \lambda_i \left(1 - \sum_{j=1}^{k} u_{ij}\right) \tag{18-33}$$

其中，λ_i 为约束条件 $\sum_{j=1}^{k} u_{ij} = 1$ 的拉格朗日乘子。

计算 L 关于隶属度 u_{ij} 和聚类中心 $\boldsymbol{c}_j$ 的偏导数，并令其等于零，便可获得 $J_{\mathrm{SSFCM}}\left(\boldsymbol{U}, \boldsymbol{C}\right)$ 最小化过程中 u_{ij} 和 $\boldsymbol{c}_j$ 的循环公式，具体的求解过程如下。

首先，令 L 关于隶属度 u_{ij} 和 λ_i 的偏导数等于零，即

$$\frac{\partial L}{\partial u_{ij}} = m u_{ij}^{m-1} \left\|\boldsymbol{x}_i - \boldsymbol{c}_j\right\|^2 + \alpha m \left(u_{ij} - f_{ij}\boldsymbol{d}_i\right)^{m-1} \left\|\boldsymbol{x}_i - \boldsymbol{c}_j\right\|^2 - \lambda_i = 0 \tag{18-34}$$

$$1 - \sum_{j=1}^{k} u_{ij} = 0 \tag{18-35}$$

由式 (18-34) 化简可以得到

$$u_{ij}^{m-1} + \alpha \left(u_{ij} - f_{ij}\boldsymbol{d}_i\right)^{m-1} = \frac{\lambda_i}{m \left\|\boldsymbol{x}_i - \boldsymbol{c}_j\right\|^2} \tag{18-36}$$

进而得到 u_{ij} 的表达式：

$$u_{ij} = \frac{\alpha^{\frac{1}{m-1}} f_{ij} \boldsymbol{d}_i + \left(\dfrac{\lambda_i}{m \left\| \boldsymbol{x}_i - \boldsymbol{c}_j \right\|^2} \right)^{\frac{1}{m-1}}}{1 + \alpha^{\frac{1}{m-1}}} \tag{18-37}$$

当 $m = 2$ 时，式 (18-37) 化简可以得到

$$u_{ij} = \frac{1}{1 + \alpha} \left[\left(\frac{\lambda_i}{2 \left\| \boldsymbol{x}_i - \boldsymbol{c}_j \right\|^2} \right) + \alpha f_{ij} \boldsymbol{d}_i \right] \tag{18-38}$$

将式 (18-38) 带入到约束条件 (18-36) 中，得

$$u_{ij} = \frac{1}{1 + \alpha} \left[\frac{1 + \alpha \left(1 - \boldsymbol{d}_i \displaystyle\sum_{j=1}^{k} f_{ij} \right)}{\displaystyle\sum_{z=1}^{k} \dfrac{\left\| \boldsymbol{x}_i - \boldsymbol{c}_j \right\|^2}{\left\| \boldsymbol{x}_i - \boldsymbol{c}_z \right\|^2}} + \alpha f_{ij} \boldsymbol{d}_i \right] \tag{18-39}$$

然后，令 L 关于聚类中心 $\boldsymbol{c}_j$ 的偏导数等于零，即

$$L\left(u_{ij}, \boldsymbol{c}_i, \lambda_i\right) = \sum_{i=1}^{N} \sum_{j=1}^{k} u_{ij}^m \left\| \boldsymbol{x}_i - \boldsymbol{c}_j \right\|^2 + \alpha \sum_{i=1}^{N} \sum_{j=1}^{k} \left(u_{ij} - f_{ij} \boldsymbol{d}_i\right)^m \left\| \boldsymbol{x}_i - \boldsymbol{c}_j \right\|^2 +$$
$$\lambda_i \left(1 - \sum_{j=1}^{k} u_{ij} \right) \tag{18-40}$$

$$\frac{\partial L}{\partial \boldsymbol{c}_j} = -\sum_{i=1}^{N} 2 u_{ij}^m \left(\boldsymbol{x}_i - \boldsymbol{c}_j\right) - \sum_{i=1}^{N} 2\alpha \left(u_{ij} - f_{ij} \boldsymbol{d}_i\right)^m \left(\boldsymbol{x}_i - \boldsymbol{c}_j\right) = 0 \tag{18-41}$$

由式 (18-41) 可以得出

$$\sum_{i=1}^{N} u_{ij}^m \boldsymbol{x}_i + \sum_{i=1}^{N} \left(u_{ij} - f_{ij} \boldsymbol{d}_i\right)^m \boldsymbol{x}_i = \sum_{i=1}^{N} u_{ij}^m \boldsymbol{c}_j + \sum_{i=1}^{N} \left(u_{ij} - f_{ij} \boldsymbol{d}_i\right)^m \boldsymbol{c}_j \tag{18-42}$$

即

$$\boldsymbol{c}_j = \frac{\displaystyle\sum_{i=1}^{N} u_{ij}^2 \boldsymbol{x}_i + \sum_{i=1}^{N} \left(u_{ij} - f_{ij} \boldsymbol{d}_i\right)^2 \boldsymbol{x}_i}{\displaystyle\sum_{i=1}^{N} u_{ij}^2 + \sum_{i=1}^{N} \left(u_{ij} - f_{ij} \boldsymbol{d}_i\right)^2} \tag{18-43}$$

SSFCM 算法利用标签数据确定标签的隶属度矩阵 $\boldsymbol{F}$ 和初始的聚类中心 $\boldsymbol{C}^{(0)}$，并利用两者更新隶属度矩阵 $\boldsymbol{U}$。在更新聚类中心时，式 (18-43) 可简化为式 (18-44)[9]。

$$c_j = \frac{\sum\limits_{i=1}^{N} u_{ij}^2 \boldsymbol{x}_i}{\sum\limits_{i=1}^{N} u_{ij}^2} \tag{18-44}$$

SSFCM 算法的具体步骤如下。

步骤 1：根据标签样本，确定标签数据的隶属度矩阵 $\boldsymbol{F} = \{f_{ij}\}$，以及聚类过程中的数据类别数 $k(k \geqslant 2)$、初始的聚类中心 $\boldsymbol{C}^{(0)}$ 以及向量 $\boldsymbol{d}_i$。

步骤 2：利用公式 (18-39) 获得初始的隶属度矩阵 $\boldsymbol{U}^{(0)}$，并满足约束条件，设定收敛精度 $\varepsilon(\varepsilon > 0)$ 的值，令迭代次数 $l = 0$。

步骤 3：利用式 (18-30) 计算目标函数值，当满足条件 $\max\{J^{(l+1)} - J^{(l)}\} < \varepsilon$ 停止计算，否则令 $l = l + 1$，进入步骤 4。

步骤 4：利用式 (18-39) 更新隶属度矩阵 $\boldsymbol{U}^{(l+1)}$，利用式 (18-44) 更新聚类中心 $\boldsymbol{C}^{(l+1)}$，重复步骤 3，直至满足条件 $\max\{J^{(l+1)} - J^{(l)}\} < \varepsilon$，循环终止。

步骤 5：计算出了隶属度矩阵 $\boldsymbol{U} = \{u_{ij}\}$ 后，依据隶属度的最大值，完成聚类。

18.3.2　SSFCM 算法的实现

SSFCM 算法的 MATLAB 程序如下。

```
1    function [U, c, J] = SSFCM (data, k, data_label)
2    num = size(data, 1);
3    col = size(data, 2);
4    %% 默认操作参数
5    options = [2;        %隶属度矩阵U的指数
6       10;        %最大迭代次数
7       1e-5;         %隶属度最小变化量,迭代终止条件
8       1];        %每次迭代是否输出信息标志
9    %% 将options 中的分量分别赋值给四个变量;
10   m = options(1);
11   max_iter = options(2);
12   min_impro = options(3);
13   display = options(4);
14   J = zeros(max_iter, 1);
15   %% 初始化c,F
16   [c0,F] = initcenter(data_label, data, k);
17   a=5;
18   U = initfcm(k, data,c0,F,a,m);
19   for i = 1:max_iter,
```

```
20    if i==1
21    dist = distfcm(c0, data);
22    mf = U.^m;
23    J(1)=sum(sum((dist.^2).*mf))+a*sum(sum((dist.^2).*((U-F).^m)));
24    else
25    [U, c, J] = stepfcm(data, U, k, m, a, F);
26    end
27    if display,
28    fprintf('SFCM:Iteration count = %d, J = %f\n', i, J(i));
29    end
30    %% 终止条件判别
31    if i>1
32    if abs(J(i) - J(i-1)) < min_impro
33    break;
34    end
35    end
36    end
37    iter_n = i; %实际迭代次数
38    %J(iter_n+1:max_iter) = [];
39    end
40
41    %% 子函数initcenter
42    function [c,F] = initcenter(data_label, data, k)
43    c=zeros(k,size(data, 2));
44    F=zeros(k,size(data, 1));
45    for k=1:k
46    for i=1:size(data_label,1)
47    if data_label(i,1)==k
48    F(k,i)=1;
49    for j=2:size(data_label,2)-1
50    c(k,j)=(data_label(i,j)+c(k,j))/i;
51    end
52    end
53    end
54    end
55
56    %% 子函数initfcm
57    function U = initfcm(k,data,c0,F,a,m)
```

```
58    dist = distfcm(c0, data);
59    tmp = dist.^(-2/(m-1));
60    U_fcm= tmp./(ones(k, 1)*sum(tmp));
61    U_3 =(a/(1+a))* U_fcm.*(ones(k,1)*sum(F));
62    U=U_fcm+(a/(1+a))*F-U_3;
63    end
64
65    %% 子函数stepfcm
66    function [U_new, c, J] = stepfcm(data, U, k, m, a, F)
67    mf = U.^m; %隶属度矩阵进行指数运算结果
68    c = mf*data./((ones(size(data, 2), 1)*sum(mf'))');
69
70    %% 计算距离矩阵
71    dist = distfcm(c, data);
72    tmp = dist.^(-2/(m-1));
73    U_fcm= tmp./(ones(k, 1)*sum(tmp));
74    U_3 =(a/(1+a))* U_fcm.*((ones(k,1)*sum(F)));
75    U_new=U_fcm+(a/(1+a))*F-U_3;
76    %% 计算目标函数值
77    J=sum(sum((dist.^2).*mf))+a*sum(sum((dist.^2).*((U-F).^m)));
78    end
79
80    %% 子函数distfcm
81    function out = distfcm(c, data)
82    out = zeros(size(c, 1), size(data, 1));
83    for k = 1:size(c, 1)
84    out(k, :) = sqrt(sum(((data-ones(size(data,1),1)*c(k,:)).^2)',1));
85    end
86    end
```

18.4 聚类算法的量化评估和图像分割的比较

18.4.1 评价指标

在数据标签已知的情况下,可采用准确率这一指标对聚类结果进行量化评估;在数据标签未知的情况下,往往采用 SC 系数、DB 系数和 CH 指标来对聚类结果进行量化评估。下面分别讲授这 3 个量化指标的计算方法及含义。

（1）SC 系数

SC 系数（轮廓系数，silhouette coefficient，SC）是一种评价聚类效果好坏的定量指标 [10]，其本质是使用距离检测方法来实现数据聚类程度的量化。其定义如下：假设样本点的总数为 N，针对样本空间中某一特定的样本 x_i，计算它与所在聚类内其他样本点的平均距离 a（一般使用欧几里得距离），以及该样本在与距离最近的另一个聚类中所有样本点的平均距离 b，则该样本点轮廓系数可以表示为

$$S_i = \frac{b_i - a_i}{\max(a_i, b_i)} \tag{18-45}$$

设 $d(x_i, x_j)$ 表示第 i 个样本 x_i 与第 j 个样本 x_j 之间的一种距离度量（一般采用欧氏距离），这里用 N_i 表示 x_i 所在类的样本个数，N_i' 表示样本点 x_i 所在类的相邻最近类所对应的样本点个数。此时，a_i 和 b_i 的计算公式为

$$a_i = \frac{1}{N_i - 1} \sum_{j=i}^{N_i - 1} d(x_i, x_j), \; j \neq i \tag{18-46}$$

$$b_i = \frac{1}{N_i'} \sum_{j=1}^{N_i'} d(x_i, x_j) \tag{18-47}$$

由式 (18-45) 可知，在求得所有样本点的轮廓系数后将得到一个 N 行 1 列的矩阵，则对 N 个轮廓系数求取平均值即可得到最终的轮廓系数。轮廓系数的取值区间为 $[-1,1]$。当聚类效果较好时，b_i 的值较 a_i 相比应该远远大于 a_i 的值，故当轮廓系数趋近于 1 时聚类效果较好 [11]。轮廓系数趋近于 0 代表聚类中心可能发生重叠；轮廓系数趋近于 -1 时聚类效果较差。

（2）DB 系数

DB 系数（Davies-Bouldin index）是用来描述聚类之间平均 "相似度" 的量化指标，其本质是一种将聚类之间的距离与聚类本身的大小进行比较的度量 [12]。与 SC 系数等其他度量相比，该系数计算简单且仅需要计算数据集固有的数量和特征即可。DB 系数越低，表示的聚类效果越好 [13]，DB 系数通常以式 (18-48) 的形式表示。

$$\mathrm{DB} = \frac{1}{k} \sum_{j=1}^{k} \max \left(\frac{\bar{c}_i + \bar{c}_j}{d(c_i, c_j)} \right) \tag{18-48}$$

其中，k 表示聚类的个数，$\bar{c}_i$ 表示在第 i 个类中每个样本点到其聚类中心点的平均距离，其表达式为

$$\bar{c}_i = \frac{1}{N_i} \sum_{j=1}^{N_i} d(x_j, c_i) \tag{18-49}$$

在式 (18-48) 中 $d(x_j, c_i)$ 表示第 i 个类中第 j 个样本 x_j 与其聚类中心点 c_i 之间的一种距离度量（一般为欧氏距离）。$d(c_i, c_j)$ 表示第 i 个类和第 j 个类聚类中心的距离。

（3）CH 指标

CH 指标（Calinski-Harabasz index）通过计算类中各点与类中心的距离平方和来度量类内的紧密度，通过计算各类中心点与整个样本数据集中心点距离的平方和来度量数据集的分离度，CH 指标通常由分离度与紧密度的比值得到，CH 值越大，聚类效果越好[14]。CH 指标的计算速度较快，而且对于类密集的数据集可以很好的估计聚类的质量。其定义式如下：

$$\text{CH} = \frac{B/(k-1)}{W/(N-k)} \tag{18-50}$$

其中

$$B = \sum_{j=1}^{k} \|c_j - c\|^2 \tag{18-51}$$

$$W = \sum_{j=1}^{k} \sum_{i=1}^{N_j} \left\| x_i^{(j)} - c_j \right\|^2 \tag{18-52}$$

在公式 (18-52) 中，$x_i^{(j)}$ 表示属于第 j 个类的第 i 个样本，N_j 表示第 j 个类的样本点数目，c 表示整个样本数据的均值。B 和 W 是标量，根据一个标量的迹等于这个标量本身，所以有

$$\text{tr}(B) = B \tag{18-53}$$

$$\text{tr}(W) = W \tag{18-54}$$

其中，$\text{tr}(B)$ 表示类间距离差矩阵的迹，$\text{tr}(W)$ 表示类内距离差矩阵的迹。所以公式 (18-50) 可表达为

$$\text{CH}(k) = \frac{\text{tr}(B)/(k-1)}{\text{tr}(W)/(N-k)} \tag{18-55}$$

18.4.2　各种聚类算法的量化评估结果

这里我们将 k-means 算法、FCM 算法和 3 种改进的 FCM 算法应用到 4 种不同数据集，通过使用 SC 系数、DB 系数和 CH 指标来对不同方法的聚类效果进行定量评估。所有算法的迭代次数都设置为 20，类别数设置为 3，模糊指数均取 2，径向基函数的参数取 150。

4 种不同数据集包括：随机分布数据集、包含离群值的数据集、高斯分布数据集和小间隔数据集（学生学习成绩），具体的样本分布如图 18-1 所示。其中，图 18-1(a) 为随机分布数据集，该数据集使用 MATLAB 的 rand 指令随机生成，共计 300 个数据点。图 18-1(b) 为包含离群值的数据集，该数据集同样使用 MATLAB 的 rand 指令随机生成三类相对集中的类

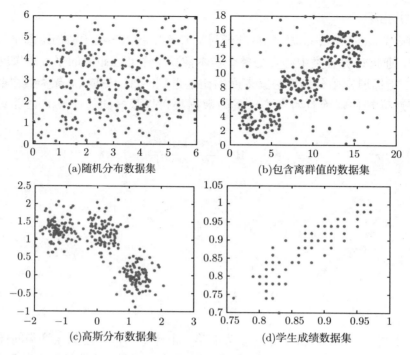

图 18-1　测试数据集

并加入了离散点，共计 300 个数据点。图 18-1(c) 为高斯分布数据集，该数据集使用 MATLAB 的 mvnrnd 指令生成，共计 300 个数据点。图 18-1(d) 为根据我们自己的学生成绩构造的数据集，其中包含 90 个数据样本，每个数据包含 4 个属性（即基础理论成绩、项目报告成绩、实验报告成绩、课堂表现成绩），样本分为 3 类等级（即合格、良好、优秀），每类等级各 30 个数据（由于数据集的维度超过 2，这里仅以二维坐标展示）。

表 18-1 显示了随机分布数据集的测试结果，表 18-2 显示了包含离群值的数据集的测试结果，表 18-3 显示了高斯分布数据集的测试结果，表 18-4 显示了学生成绩数据集的测试结果。由于初始值是随机选取的，会出现同一数据集使用同一种聚类方法聚类但每次得到的评估结果都不一样的情况。故这里给出的结果是经多次测试后取平均的结果。

表 18-1　随机分布数据集的聚类评估结果

聚类方法	轮廓系数	DB 系数	CH 指标
k-means	0.3480	0.2994	237.0789
FCM	0.3484	0.2723	291.0600
PFCM	0.3239	**0.2389**	**387.5488**
KFCM	**0.3613**	0.2754	359.3571
SSFCM	0.3580	0.2654	377.7500

表 18-2　包含离群值的数据集的聚类评估结果

聚类方法	轮廓系数	DB 系数	CH 指标
k-means	0.5111	0.9504	8.6087
FCM	0.5171	0.9496	10.1387
PFCM	**0.5499**	0.8567	**12.7286**
KFCM	0.5241	0.8904	10.1119
SSFCM	0.5053	**0.8500**	10.6835

表 18-3　高斯分布数据集的聚类评估结果

聚类方法	轮廓系数	DB 系数	CH 指标
k-means	0.5997	0.0197	6680
FCM	0.6115	0.0144	6877
PFCM	**0.6339**	0.0104	**7647**
KFCM	0.6213	0.0150	7276
SSFCM	0.6169	**0.0100**	7425

从上面表我们可以得到以下结论。

（1）在所有的 4 个数据集中，FCM 的 3 个量化指标好于 k-means 的 3 个量化指标，尤其对学生成绩数据集，FCM 的 3 个量化指标明显好于 k-means 的 3 个量化指标。

（2）在所有的 4 个数据集中，3 种改进的 FCM 的 3 个量化指标要好于 k-means 和 FCM 的 3 个量化指标。

（3）对包含离群值的数据集和高斯分布数据集，PFCM 在 3 种改进的 FCM 中效果总的来讲最好。

（4）对于学生成绩数据集，KFCM 在 3 种改进的 FCM 中效果最好。

表 18-4　学生成绩数据集的聚类评估结果

聚类方法	轮廓系数	DB 系数	CH 指标
k-means	0.3820	4.2171	22.3048
FCM	0.4500	3.2643	24.7801
PFCM	0.4081	2.5051	26.2866
KFCM	**0.4606**	**2.3059**	**33.7097**
SSFCM	0.4545	3.4578	24.7903

18.4.3　各种聚类算法在图像分割中的比较

聚类常常应用于图像分割中，接下来，我们进一步比较上述五种聚类方法在图像分割中的效果。图 18-2(a) 是一幅标准图像，图 18-2(b) 和 (c) 分别是噪声水平为 0.01 和 0.3 的含噪声图像。对含噪声图像进行聚类的参数设置为：所有算法的迭代次数均设置为 20，类别数设置为 2，模糊指数均取 2，径向基函数的参数取 150。

(a) 无噪声图像   (b) 噪声水平为0.01的图像   (c) 噪声水平为0.3的图像

图 18-2   无噪声图像和有噪声图像

图 18-2(b) 的聚类分割效果如 18-3 所示，其中，图 (a)(b)(c)(d)(e) 分别是使用 k-means 算法、FCM 算法、PFCM 算法、KFCM 算法、SSFCM 算法对图像进行聚类分割的结果。

图 18-2(c) 的聚类分割效果如 18-4 所示，其中，图 (a)(b)(c)(d)(e) 分别是使用 k-means 算法、FCM 算法、PFCM 算法、KFCM 算法、SSFCM 算法对图像进行聚类分割的结果。

由图 18-3 和图 18-4 可见，PFCM 和 SSFCM 算法可以更好地消除噪声对聚类结果的影响。

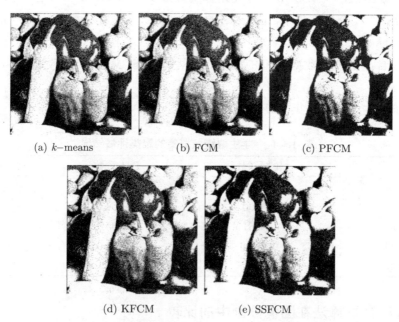

(a) k-means   (b) FCM   (c) PFCM

(d) KFCM   (e) SSFCM

图 18-3   使用 5 种聚类方法对图 18-2(b) 进行聚类分割的效果

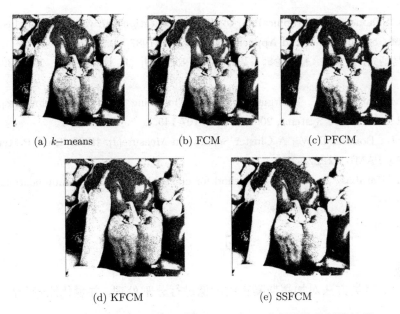

(a) k−means　　　(b) FCM　　　(c) PFCM

(d) KFCM　　　(e) SSFCM

图 18-4　使用 5 种聚类方法对图 18-2(c) 进行聚类分割的效果

参 考 文 献

[1] Krishnapuram R, Keller J M. A possibilistic approach to clustering[J]. IEEE Transactions on Fuzzy Systems, 1993, 1(2): 98-110.

[2] Pal N R, Pal K, Keller J M, Bezdek J C. A possibilistic fuzzy c-means clustering algorithm[J]. IEEE Transactions on Fuzzy Systems, 2005, 13(4):517-530.

[3] Bezdek J C. Pattern Recognition with Fuzzy Objective Function Algorithrns[M]. New York: Plenum Press, 1981: 95-107.

[4] Wu Z D, Xie W X. Fuzzy c-means clustering algorithm based on kernel methodz[C]. The 5th International Conference on Computational Intelligence and Multimedia Applications, 2003: 1–6.

[5] Zhang H, Lu J. Semi-supervised fuzzy clustering: A kernel-based approach[J]. Knowledge Based Systems, 2009, 22(6):477-481.

[6] Blum A, Mitchell T. Combining Labeled and Unlabeled Data with Co-training[C]. Eleventh Conference on Computational Learning Theory, 2000:92-100.

[7] Blum A, Mitchell T. Combining Labeled and Unlabeled Data with Co-training[C]. Eleventh Conference on Computational Learning Theory,2000:92-100.

[8] K. Bennett, Á. Demiriz. Semi-supervised support vector machines. Conference on Advances in Neural Information Processing Systems II, 1999:368-374.

[9] 白福均, 高建瓴, 宋文慧, 贺思云. 半监督模糊聚类算法的研究与改进 [J]. 通信技术, 2018, 51(05): 1061-1065.

[10] Peter R J. Silhouettes: A graphical aid to the interpretation and validation of cluster analysis[J]. J ournal of Computational and Applied Mathematics, 1987, 20:53-65.

[11] 朱连江，马炳先，赵学泉. 基于轮廓系数的聚类有效性分析 [J]. 计算机应用, 2010, 30(S2): 139-141, 198.

[12] [Halkidi M, Batistakis Y, Vazirgiannis M. On Clustering Validation Techniques[J]. Journal of Intelligent Information Systems, 2001, 17(2-3):107-145.

[13] Davies D L , Bouldin D W . A Cluster Separation Measure[J]. IEEE Trans Pattern Anal Mach Intell, 1979, PAMI-1(2):224-227.

[14] Calinski T, Harabasz J. A dendrite method for cluster analysis[J]. Communications in Statistics, 1974, 3(1):1-27.

习　　题

请用不同的聚类方法对加高斯噪声的图像进行分割处理，并量化比较分割效果。

第五部分
应　　用

第19章
机器学习算法的综合应用

本章结合三个经典案例介绍机器学习算法的综合应用，共包括三部分内容：鸢尾属植物的分类与聚类、基于 PCA 和 KPCA 预处理的乳腺细胞分类与聚类、基于 LDA 和 KLAD 预处理的酒的分类与聚类。

19.1　鸢尾属植物的分类与聚类

鸢尾属植物的分类和聚类是机器学习的经典案例之一，本节采用前面讲授的不同分类算法（如逻辑回归算法、SVM 算法）和聚类算法（如 FCM 算法）对鸢尾属植物数据进行分类与聚类处理，展示了不同方法的处理结果，同时给出实现的 MATLAB 代码。通过本小节的介绍，可以进一步了解不同机器学习算法的综合应用。

19.1.1　数据描述

本小节使用的数据集是 Iris 数据集（https://archive.ics.uci.edu/ml/datasets/Iris），该数据集是关于三类鸢尾属植物（刚毛鸢尾、花斑鸢尾、弗吉尼亚鸢尾）的数据集。在该数据集中，每行数据代表一个样本；每列数据代表一个特征或者一个标签。整个数据集共有 150 个数据样本，每类鸢尾属植物各包含 50 个数据样本；每个样本均具有 4 个特征和 1 个标签，分别代表了 4 个植物特点和所属类别。

在数据集中，第 1~4 列是鸢尾属植物的 4 个特点，包括花萼长度、花萼宽度、花瓣长度和花瓣宽度，取值均为实数。最后 1 列是为数据标签，分别为 Iris-Setosa、Iris-Versicolour、Iris-Virginica，可对其赋值为 1、2、3。

在实验中，我们在每类数据中选择 80% 用于训练、20% 用于测试。表 19-1 给出了三种鸢尾属植物 4 个特征的名称和相应数值，其中每个类别分别给出了 4 个样本。

由表 19-1 可见，不同种类的鸢尾属植物具有不同的植物特征，根据这些数据特征我们可以实现三种鸢尾属植物的准确区分。而且，Iris 数据集中的数据特征共有 4 个，直接对原始数据进行分类处理或聚类处理便可以达到预定的目标。

表 19-1　Iris 数据集中的数据特征及其相应数值

类别	花萼长度	花萼宽度	花瓣长度	花瓣宽度
	5.1	3.8	1.5	0.3
1（Iris-Setosa）	5.4	3.4	1.7	0.2
	5.1	3.7	1.5	0.4
	5	3.2	1.2	0.2
	5.6	2.5	3.9	1.1
2（Iris-Versicolour）	5.9	3.2	4.8	1.8
	6.1	2.8	4.0	1.3
	6.7	3.0	5.0	1.7
	6.8	3.2	5.9	2.3
3（Iris-Virginica）	6.7	3.3	5.7	2.5
	6.7	3.0	5.2	2.3
	6.9	3.1	5.4	2.1

19.1.2　分类、聚类结果

采用逻辑回归算法、SVM 算法、FCM 算法对原始数据进行分类处理或聚类处理的结果分别如图 19-1、图 19-2、图 19-3 所示。在采用逻辑回归算法进行数据分类时，我们采用逐次判断的方法实现 Iris 数据集的三分类问题。

为了进一步定量评价所用方法的分类性能或聚类性能，我们对结果准确度 P 进行了简单定义，如式 19-1 所示。

$$P = \frac{N_{\hat{y}=y}}{N_y} \tag{19-1}$$

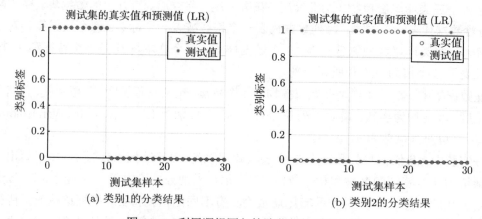

(a) 类别1的分类结果　　　　　　　　(b) 类别2的分类结果

图 19-1　利用逻辑回归算法获得的分类结果

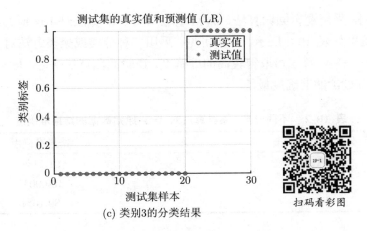

(c) 类别3的分类结果

图 19-1　利用逻辑回归算法获得的分类结果（续）

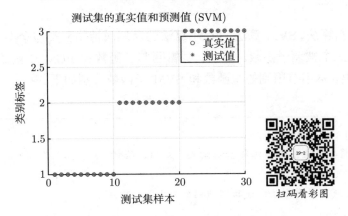

图 19-2　利用 SVM 算法获得的分类结果

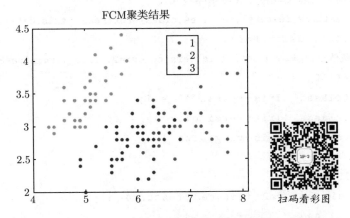

图 19-3　利用 FCM 算法获得的聚类结果（特征 1 和特征 2）

其中，$N_{\hat{y}=y}$ 指的是分类或聚类正确的样本数，N_y 指的是待分类或聚类的样本总数。对于该评价参数，其值越高，则结果的准确度越高，也就意味着分类性能或聚类性能越好。

对于该案例，采用逻辑回归算法、SVM 算法和 FCM 算法对 Iris 原始数据进行分类或聚类的结果准确度如表 19-2 所示。从中可见，采用三种分类或聚类方法对 Iris 数据集的原始数据进行处理，SVM 算法可取得较高的准确度，逻辑回归算法次之。与 SVM 算法和逻辑回归算法相比，FCM 的准确度最低。

表 19-2　不同分类、聚类算法对 Iris 原始数据的结果准确度

分类、聚类算法	结果准确度
逻辑回归	91.11%
SVM	100.00%
FCM	89.16%

19.1.3　程序实现

基于逻辑回归算法、SVM 算法、FCM 算法的鸢尾属植物分类与聚类应用的程序实现主要包括主函数和三个被调子函数。其中，逻辑回归子函数和 FCM 子函数已经分别在第 10 章和第 17 章给出。本小节用到的主函数和 SVM 子函数分别如下。[①]

主函数

```
40   clc;clear;close all;
41   %选择是否将数据集分为训练集和测试集：是=1；否=0
42   if_test=1;
43   %%选择分类或者聚类方法：逻辑回归=1；SVM=2；FCM=3；
44   mod=1;
45   %读入数据,将元胞转化成易处理的矩阵格式
46   [feature1,feature2,feature3,feature4,class]=textread('iris.data.txt',
     '%f%f%f%f%s','delimiter',',');
47   %数据标签赋值:Iris-Setosa=1、Iris-Versicolour=2、Iris-Virginica=3
48   a = zeros(150, 1);
49   a(strcmp(class, 'Iris-setosa')) = 1;
50   a(strcmp(class, 'Iris-versicolor')) = 2;
51   a(strcmp(class, 'Iris-virginica')) = 3;
52   %导入数据,将元胞变成矩阵
53   A=zeros(150,5);
54   A=[feature1,feature2,feature3,feature4,a];
55   X=A(1:150,1:4);
56   %%确定划分测试集和分类集
```

①该程序的编写参考了互联网资源 https://www.csdn.net/tags/Mtjacg5sMjg4ODUtYmxvZwO0O0OOO0O0O.html.

```
57    switch if_test
58         case 1
59              num_test=[41:50,91:100,141:150];
60              X_test=X(num_test,:);
61              X(num_test,:)=[];
62    end
63    %分类与聚类模块
64    switch mod
65         case 1
66              [precision]= SELF_LR(X,X_test);
67         case 2
68              [precision]= SELF_SVM(X,X_test);
69         case 3
70              [class_1,class_2,class_3]= SELF_FCM(X);
71    end
```

SVM 子函数

```
1     function [outputArg1] = SELF_SVM(inputArg1,inputArg2)
2     %利用SVM算法实现三分类
3     class=3;
4     num_Y=size(inputArg1,1)/class;
5     num_Y_test=size(inputArg2,1)/class;
6     y(1:num_Y,1)=1;
7     y(num_Y+1:num_Y*2,1)=2;
8     y(num_Y*2+1:num_Y*3,1)=3;
9     y_test(1:num_Y_test,1)=1;
10    y_test(num_Y_test+1:num_Y_test*2,1)=2;
11    y_test(num_Y_test*2+1:num_Y_test*3,1)=3;
12    X=inputArg1;
13    X_test=inputArg2;
14    %% 创建/训练SVM模型
15    model = svmtrain(y,X);
16    %% SVM测试
17    [predict_test_label] = svmpredict(y_test,X_test,model);
18    %% 准确率
19    compare_test = (y_test == predict_test_label);
20    accuracy_test = sum(compare_test)/size(y_test,1)*100;
21    %% 绘图
```

```
22   figure;
23   hold on;
24   plot(y_test,'o');
25   plot(predict_test_label,'r*');
26   xlabel ('测试集样本','FontSize',12);
27   ylabel ('类别标签','FontSize',12);
28   legend('真实值','测试值');
29   title('测试集的真实值和预测值 (SVM) ','FontSize',12);
30   grid on;
31   print(gcf,'-dpng','SVM分类结果.png');
32   outputArg1 = accuracy_test;
33   end
```

19.2   基于 PCA 和 KPCA 预处理的乳腺细胞分类与聚类

上一节通过鸢尾属植物的分类和聚类这一经典案例，介绍了逻辑回归算法、SVM 算法和 FCM 算法的综合应用。鸢尾属植物数据集每个样本的特征数是 4 个，在实际中我们往往会遇到多特征数据的分类与聚类问题。在解决这一类问题时，直接对原始数据进行分类或聚类处理，有时会遇到一些困难，如算法复杂程度较高、算法运行效率较低等。针对这一问题，我们可先采用预处理算法对原始数据进行降维、然后对降维后的数据进行分类或聚类。样本数据的预处理已经广泛地应用在分类与聚类中。

本节以乳腺细胞分类与聚类问题为例，介绍了基于 PCA 和 KPCA 预处理的数据分类与数据聚类的实现过程，展示了不同分类方法和聚类方法的所得结果，同时也评价了不同分类方法和聚类方法的性能。

19.2.1   数据描述

本小节使用的数据集是 Breast Tissue 数据集（https://archive.ics.uci.edu/ml/datasets/Breast+ Tissue），该数据集是对 6 类不同的乳腺组织进行生物电阻抗谱检测的结果。在该数据集中，每行数据代表一个样本，每列数据代表一个特征或者一个标签。整个数据集共有 106 个数据样本；每个样本均具有 1 个序号、1 个标签和 9 个特征，分别代表了样本顺序、所属的类别和 9 种数据特征。

其中，第 1 列是序号，在实验中可以将其忽略；第 2 列是数据标签，取值为 Car、Fad、Mas、Gla、Con 和 Adi，分别代表癌、纤维腺瘤、乳腺病、腺体细胞、结蹄组织和脂肪组织；第 3-11 列是 9 个数据特征，取值均为连续的实数，用以表示对检测细胞进行电阻抗谱检测而获得的数据特征。这 9 种特征分别是零频率下的阻抗（I0）、500 千赫下的相位角（PA500）、相位角的高频斜率（HFS）、频谱两端之间的阻抗距离（DA）、频谱面积（AREA）、DA 归一化面积（A/DA）、频谱最大值（MAX IP）、I0 与最大频率点实部之间的距离（DR）、谱线长度（P）。

在这一数据集中，六类乳腺细胞 Car、Fad、Mas、Gla、Con 和 Adi 的样本数分别是 21、15、18、16、14 和 22。由于有些类的样本数据太少，所以我们利用第 1~20 个数据（Car）、第 37~54 个数据（Mas）、第 85~104 个数据（Adi）重新构建了一个仅包含 3 类（即 Car、Mas、Adi 三类组织）、每类 20 个样本的数据集。同时，在每类数据中选择 75%用于训练、25%用于测试。表 19-3 给出了三类乳腺细胞 9 个特征的名称和相应数值，其中每个类别分别给出了 4 个样本。

根据表 19-3 我们发现：对不同乳腺细胞进行电阻抗谱检测所获得的结果具有明显的特征，利用这些特征可以实现数据的分类和聚类。对于该案例，本小节在分类或聚类前需对原始数据进行 PCA 和 KPCA 预处理。

表 19-3　Breast Tissue 数据集中的数据特征及其相应数值

类别	I0	PA500	HFS	DA	Area	A/DA	Max IP	DR	P
	524.79	0.19	0.03	228.80	6843.60	29.91	60.20	220.74	556.83
1 (Car)	330.00	0.23	0.27	121.15	3163.24	26.11	69.72	99.08	400.23
	551.88	0.23	0.06	264.80	11888.39	44.89	77.79	253.79	656.77
	380.00	0.24	0.29	137.64	5402.17	39.25	88.76	105.20	493.70
	178.00	0.17	0.21	41.54	489.44	11.78	35.75	21.16	215.91
2 (Mas)	195.00	0.14	0.21	37.46	328.38	8.77	35.02	13.29	232.59
	435.09	0.08	0.16	123.60	1342.28	10.86	37.38	117.81	433.20
	250.00	0.05	0.01	70.91	224.15	3.16	9.10	70.32	232.28
	2100.00	0.06	−0.05	390.48	16640.72	42.62	125.90	380.64	2073.03
3 (Adi)	1800.00	0.03	0.04	301.06	4406.15	14.64	67.63	293.37	1742.38
	2100.00	0.12	0.38	450.55	35671.61	79.17	436.10	113.20	2461.45
	1666.15	0.01	0.06	72.93	1402.23	19.23	51.85	58.60	1746.58

19.2.2　分类、聚类结果

Breast Tissue 数据集中的每一数据都具有 9 个特征，采用 PCA 和 KPCA 两种数据预处理算法对该数据集进行处理的结果如图 19-4 所示。

采用逻辑回归算法、SVM 算法、FCM 算法对经 PCA 降维所得的二维特征进行分类聚类的结果分别如图 19-5、图 19-6、图 19-7 所示。

采用逻辑回归算法、SVM 算法、FCM 算法对经 KPCA 降维所得的二维特征进行分类聚类的结果分别如图 19-8、图 19-9、图 19-10 所示。

逻辑回归算法、SVM 算法、FCM 算法对 PCA 二维特征和 KPCA 二维特征的结果准确度如表 19-4 所示。从中可见，逻辑回归算法可取得较高的准确度，SVM 算法次之，之后是

FCM 算法。而且，对于 SVM 算法和 FCM 算法，采用 PCA 二维特征和 KPCA 二维特征的结果准确度是一样的，这主要是由样本点较少导致的结果。

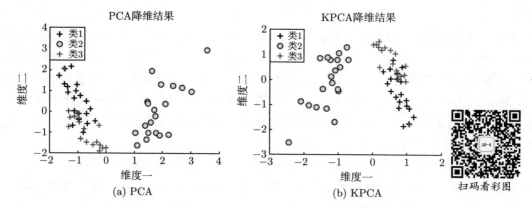

(a) PCA   (b) KPCA

图 19-4　采用 PCA 算法和 KPCA 算法获得的降维结果

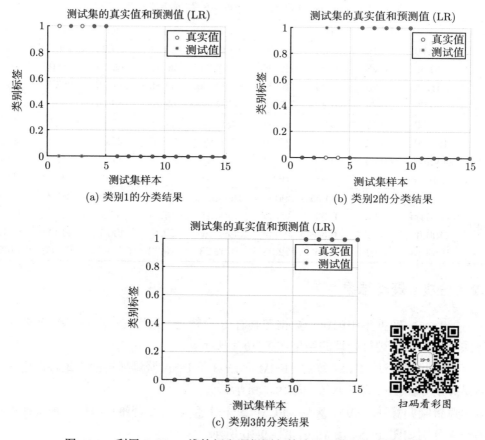

图 19-5　利用 PCA 二维特征和逻辑回归算法进行数据分类的结果

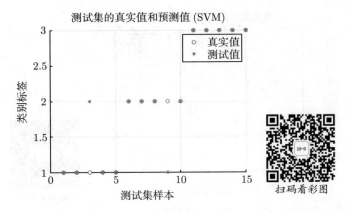

图 19-6　利用 PCA 二维特征和 SVM 算法进行数据分类的结果

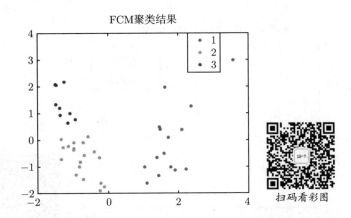

图 19-7　利用 PCA 二维特征和 FCM 算法进行数据聚类的结果

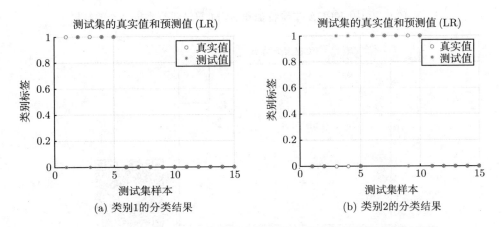

图 19-8　利用 KPCA 二维特征和逻辑回归算法进行数据分类的结果

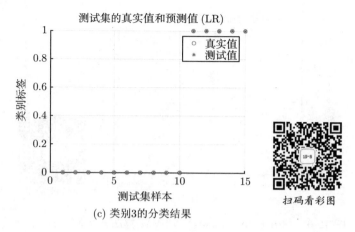

(c) 类别3的分类结果

图 19-8 利用 KPCA 二维特征和逻辑回归算法进行数据分类的结果（续）

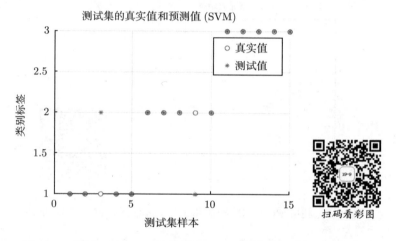

图 19-9 利用 KPCA 二维特征和 SVM 算法进行数据分类的结果

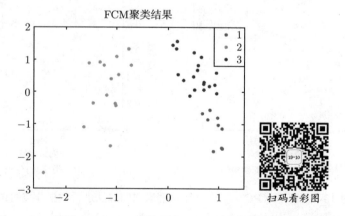

图 19-10 利用 KPCA 二维特征和 FCM 算法进行数据聚类的结果

表 19-4　不同分类、聚类算法对 PCA 和 KPCA 二维特征的结果准确度

数据预处理算法	数据分类、聚类算法	结果准确度
PCA	逻辑回归	91.11%
	SVM	86.67%
	FCM	80.00%
KPCA	逻辑回归	88.89%
	SVM	86.67%
	FCM	80.00%

19.2.3　程序实现

基于 PCA 和 KPCA 预处理的乳腺细胞分类与聚类的程序主要包括主函数和五个被调子函数。其中，逻辑回归子函数、SVM 子函数和 FCM 子函数与上一节所用的子函数相同。主函数、PCA 子函数和 KPCA 子函数分别如下。[①]

主函数

```
59  clc;clear;close all
1   %选择是否将数据集分为训练集和测试集: 是=1; 否=0
60  if_test=1;
2   %%选择预处理方式: PCA=1; KPCA=2
61  pre_mod=1;
3   %%选择分类或者聚类方法: 逻辑回归=1; SVM=2; FCM=3
62  mod=3;
4   %读入数据,将元胞转化成易处理的矩阵格式
63  A=xlsread('BreastTissue.xls','Data');
64  BT1=A(1:20,:);
65  BT2=A([37:54,53,54],:);
66  BT3=A(85:104,:);
67  BT=[BT1;BT2;BT3];
68  class=[ones(20,1); 2.*ones(20,1); 3.*ones(20,1) ];
69  feature1=BT(:,3);
70  feature2=BT(:,4);
71  feature3=BT(:,5);
72  feature4=BT(:,6);
73  feature5=BT(:,7);
74  feature6=BT(:,8);
75  feature7=BT(:,9);
```

---

① 该程序的编写参考了互联网资源 https://www.freesion.com/article/15481146500/。

```
76   feature8=BT(:,10);
77   feature9=BT(:,11);
78   a = zeros(60, 1);
79   a(class==1) = 1;
80   a(class==2) = 2;
81   a(class==3) = 3;
5    %导入数据,将元胞变成矩阵
82   A=zeros(60,9);
83   A=[feature1,feature2,feature3,feature4,feature5,feature6,feature7,feature8,
        feature9,a];
84   X=A(1:60,1:10);
6    %%预处理模块
85   switch pre_mod
86       case 1
87             X=SELF_PCA(X,a);
88       case 2
89             X=SELF_KPCA(X,a);
90   end
7    %%确定划分测试集和分类集
91   switch if_test
92       case 1
93             num_test=[15:19,32:36,53:57];
94             X_test=X(num_test,:);
95             X(num_test,:)=[];
96   end
8    %分类与聚类模块
97   switch mod
98       case 1
99             [precision]=SELF_LR(X,X_test);
100      case 2
101            [precision]=SELF_SVM(X,X_test);
102      case 3
103            [class_1,class_2,class_3]=SELF_FCM(X);
104 End
```

PCA 子函数

```
1    function [outputArg1] = SELF_PCA(inputArg1,inputArg2)
2    %利用PCA算法进行降维
```

```
3    X=inputArg1;
4    label=inputArg2;
5    %归一化数据
6    X=zscore(X(:,1:4));
7    %% 采用pca函数实现
8    %COFFE是特征矩阵；Score是原数据的投影；latent是特征值；explained是贡献率；
     co_explained是累计贡献率
9    [COEFF,SCORE,latent,tsquared,explained]=pca(X);
10   co_explained=cumsum(explained);
11   %调用matlab画图，pareto函数仅仅绘制前95%，图中的线表示的累积变量解释程度
12   figure
13   pareto(explained);
14   xlabel('主成分');
15   ylabel('贡献率');
16   title('PCA贡献率直方图以及累积贡献率曲线');
17   print(gcf,'-dpng','PCA贡献率直方图.png')
18   %降两维之后绘图
19   L1 = (SCORE(label==1, :));
20   L2 = (SCORE(label==2, :));
21   L3 = (SCORE(label==3, :));
22   figure; hold on;
23   plot(L1(:,1), L1(:,2), 'k+')
24   plot(L2(:,1), L2(:,2), 'bo', 'MarkerFaceColor', 'y')
25   plot(L3(:,1), L3(:,2), 'r+')
26   xlabel('维度一')
27   ylabel('维度二')
28   legend('类1', '类2', '类3')
29   hold off;
30   title('PCA降维结果');
31   print(gcf,'-dpng','PCA降维结果.png')
32   outputArg1 = SCORE(:,1:2);
33   end
```

KPCA 子函数

```
1    function [outputArg1] = SELF_KPCA(inputArg1,inputArg2)
2    %利用KPCA算法实现降维
3    X=inputArg1;
4    label=inputArg2;
```

```
5    [Xrow , Xcol] = size(X);       % Xrow: 样本个数Xcol: 样本属性个数
6    %数据预处理
7    X0=zscore(X(:,1:4));
8    c = 1000;
9    %求核矩阵
10   for i = 1 : Xrow
11         for j = 1 : Xrow
12             K(i,j) = exp(-(norm(X0(i,:)  - X0(j,:)))^2/c);%求核矩阵,采用径向基核
                      函数, 参数c
13         end
14   end
15   %中心化矩阵
16   unit = (1/Xrow) * ones(Xrow, Xrow);
17   Kp = K - unit*K - K*unit + unit*K*unit; %  中心化矩阵
18   %特征值分解
19   [eigenvector, eigenvalue] = eig(Kp); %  求协方差矩阵的特征向量 (eigenvector)
     和特征值 (eigenvalue)
20   %%单位化特征向量
21   for m =1 : Xrow
22       for n =1 : Xrow
23             Normvector(n,m) = eigenvector(n,m)/sum(eigenvector(:,m));
24       end
25   end
26   eigenvalue_vec = real(diag(eigenvalue)); %将特征值矩阵转换为向量
27   [eigenvalue_sort, index]=sort(eigenvalue_vec, 'descend'); % 特征值按降序排列,
      eigenvalue_sort是排列后的数组, index是序号
28   pcIndex = [];
29   pcn = 2;
30   for k = 1 : pcn
31         pcIndex(k) = index(k);
32   end
33   for i = 1 : pcn
34       pc_vector(i) = eigenvalue_vec(pcIndex(i)); % 主元向量
35       P(:, i)=Normvector(:, pcIndex(i)); % 主元所对应的特征向量 (负荷向量)
36   end
37   project_invectors = k*P;
38   pc_vector2 = diag(pc_vector); % 构建主元对角阵
39   project_invectors=zscore(project_invectors);
```

```
40   %%绘制三维散点图
41   L1 = (project_invectors(label==1, :));
42   L2 = (project_invectors(label==2, :));
43   L3 = (project_invectors(label==3, :));
44   figure; hold on;
45   plot(L1(:,1), L1(:,2), 'k+')
46   plot(L2(:,1), L2(:,2), 'bo', 'MarkerFaceColor', 'y')
47   plot(L3(:,1), L3(:,2), 'r+')
48   xlabel('维度一')
49   ylabel('维度二')
50   title('KPCA降维结果')
51   legend('类1', '类2', '类3')
52   hold off;
53   print(gcf,'-dpng','KPCA降维结果.png')
54   outputArg1 =project_invectors(:,1:2);
55   end
```

19.3　基于 LDA 和 KLDA 预处理的酒的分类与聚类

上一节通过乳腺细胞分类与聚类这一经典案例，介绍了基于 PCA 和 KPCA 预处理的数据分类与数据聚类的实现过程。在上一节的基础上，本小节继续介绍基于 LDA 和 KLDA 预处理的数据分类和数据分类的实现过程。这里我们采用的实例是酒的分类与聚类这一经典案例。

快速实现酒质量的准确检测和分类，对企业生产具有积极的意义。目前，常用的检测方法主要包括气相色谱法和化学成分分析方法。通常，这些方法是耗时的、费力的、低效的因此，研究一种高效的酒分类方法具有一定的实用价值，对企业高效生产具有实际意义。随着传感器技术和人工智能的发展，快速实现酒质量的准确检测和分类逐渐成为可能。

本节基于 LDA 算法和 KLDA 算法以及逻辑回归算法、SVM 算法、FCM 算法，实现了对酒的分类，同时也展示了不同分类方法和聚类方法的所得结果以及不同分类方法和聚类方法的性能，最后给出算法的实现。

19.3.1　数据描述

本小节使用的数据集是 Wine 数据集（https://archive.ics.uci.edu/ml/datasets/Wine），该数据集是对意大利同一地区的三个不同品种葡萄酒进行化学分析的结果。在该数据集中，每行数据代表一个样本，每列数据代表一个特征或者一个标签。该数据集共有 178 个数据样本；每个样本均具有 1 个标签和 13 个特征，分别代表了所属的品种和 13 种成分的含量。

其中，第 1 列是为数据标签，取值分别为 1、2、3，用以表示三类葡萄酒；第 2-14 列是 13 个数据特征，取值均为连续的实数，用以表示葡萄酒十三种物化成分的含量。这里的十三种物化成分分别是酒精度、苹果酸、灰、灰的碱度、镁、总酚类化合物、类黄酮、新黄酮类聚合物、花青素、颜色强度、色调、稀释后的 OD280/OD315 值、脯氨酸。

此外，该数据集的第 1 类数据有 59 个、第 2 类数据有 71 个、第 3 类数据有 48 个。在实验中，本小节利用第 1-50 个数据、第 61-110 个数据、第 131-178 个数据重新构建了一个包含三类、每类 50 个样本的数据集。我们在每类数据中选择 80% 用于训练、20% 用于测试。表 19-5 给出了三类酒 13 个特征的名称和相应数值，每个类别给出 2 个例子。

从表 19-5 可知：不同种类的酒，其物化成分含量具有不同的特征，如总酚类化合物、新黄酮类聚合物、花青素、脯氨酸等物化成分。这些不同的数据特征为实现酒的准确区分提供了可能性。

表 19-5　Wine 数据集中的数据特征及其相应数值

	1	1	2	2	3	3
Alcohol（酒精度）	14.23	13.20	12.33	12.64	12.86	12.88
Malic acid（苹果酸）	1.71	1.78	1.10	1.36	1.35	2.99
Ash（灰）	2.43	2.14	2.28	2.02	2.32	2.40
Alcalinity of ash（灰的碱度）	15.60	11.20	16.00	16.80	18.00	20.00
Magnesium（镁）	127	100	101	100	122	104
Total phenols（总酚类化合物）	2.80	2.65	2.05	2.02	1.51	1.30
Flavanoids（类黄酮）	3.06	2.76	1.09	1.41	1.25	1.22
Nonflavanoid phenols（新黄酮类聚合物）	0.28	0.26	0.63	0.53	0.21	0.24
Proanthocyanins（花青素）	2.29	1.28	0.41	0.62	0.94	0.83
Color intensity（颜色强度）	5.64	4.38	3.27	5.75	4.10	5.40
Hue（色调）	1.04	1.05	1.25	0.98	0.76	0.74
OD280/OD315 of diluted wines（稀释后的 OD280/OD315 值）	3.92	3.40	1.67	1.59	1.29	1.42
Proline（脯氨酸）	1065	1050	680	450	630	530

19.3.2　分类、聚类结果

Wine 数据集中的每一数据都具有 13 个特征，我们先采用 LDA 算法和 KLDA 算法对该数据集进行数据降维，获得的降至二维的数据特征如图 19-11 所示。从中可见，采用 LDA 算法和 KLDA 算法所得到的二维特征均具有明显的线性可分的特点。利用所得特征，可以获得较好的分类聚类结果。

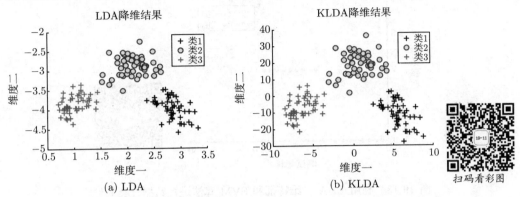

图 19-11　采用 LDA 算法和 KLDA 算法获得的降维结果

采用逻辑回归算法、SVM 算法、FCM 算法对经 LDA 降维所得的二维特征进行分类聚类的结果分别如图 19-12、图 19-13、图 19-14 所示。

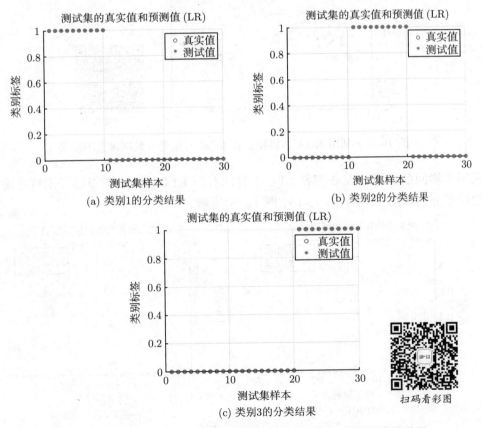

图 19-12　利用 LDA 二维特征和逻辑回归算法进行数据分类的结果

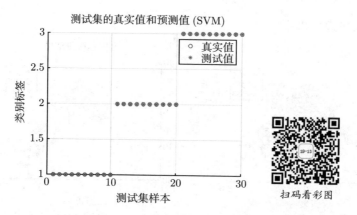

图 19-13 利用 LDA 二维特征和 SVM 算法进行数据分类的结果

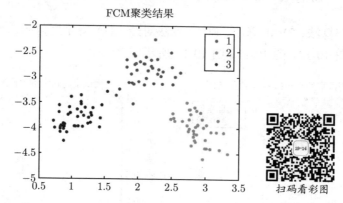

图 19-14 利用 LDA 二维特征和 FCM 算法进行数据聚类的结果

采用逻辑回归算法、SVM 算法、FCM 算法对经 KLDA 降维所得的二维特征进行分类聚类的结果分别如图 19-15、图 19-16、图 19-17 所示。

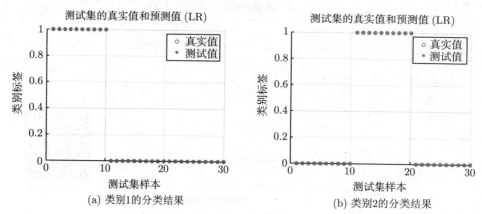

(a) 类别1的分类结果

(b) 类别2的分类结果

图 19-15 利用 KLDA 二维特征和逻辑回归算法进行数据分类的结果

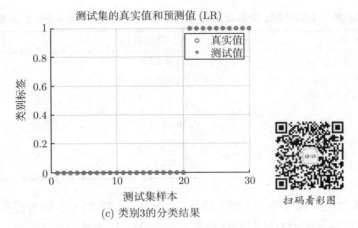

(c) 类别3的分类结果

图 19-15　利用 KLDA 二维特征和逻辑回归算法进行数据分类的结果（续）

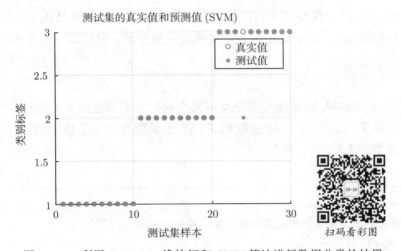

图 19-16　利用 KLDA 二维特征和 SVM 算法进行数据分类的结果

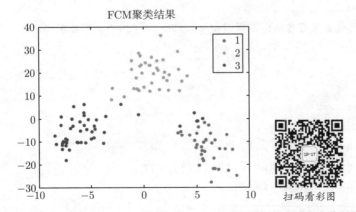

图 19-17　利用 KLDA 二维特征和 FCM 算法进行数据聚类的结果

表 19-6 不同分类、聚类算法对 LDA 和 KLDA 二维特征的结果准确度

预处理算法	数据分类、聚类算法	结果准确度
LDA	逻辑回归	100%
	SVM	100%
	FCM	99.17%
KLDA	逻辑回归	100%
	SVM	96.67%
	FCM	94.17%

逻辑回归算法、SVM 算法、FCM 算法对 PCA 和 KLDA 二维特征的结果准确度如图 19-6 所示。从中可见，三种方法都能获得较好的结果，结果准确度均高于 90%。而且，对于三种算法，与 KLDA 相比，采用 LDA 二维特征可以获得更加准确的特征。这主要是因为 LDA 二维特征更加具有线性可分的特性。与前两个实例相比特别是第二个实例，本实例可以获得更加准确的结果，这主要是因为本实例使用更多的、更加线性可分的数据样本。

19.3.3 程序实现

基于 LDA 和 KLDA 预处理的酒分类与聚类的程序主要包括主函数和五个被调子函数。其中，逻辑回归子函数、SVM 子函数和 FCM 子函数与上一节所用的子函数相同。主函数、LDA 子函数和 KLDA 子函数分别如下。[①]

主函数

```
1    clc; clear; close all
2    %选择是否将数据集分为训练集和测试集: 是=1; 否=0
3    if_test=1;
4    %%选择预处理方式: LDA=1; KLDA=2;不处理=0
5    pre_mod=1;
6    %%选择分类或者聚类方法: 逻辑回归=1; SVM=2; FCM=3; 不处理=0
7    mod=1;
8
9    %读入数据
10   load wine.txt
11   wine1=wine(1:1+49,:);
12   wine2=wine(61:61+49,:);
13   wine3=wine([131:178,177,178],:);
14   wine=[wine1;wine2;wine3];
```

---

① 该程序的编写参考了互联网资源 https://www.jb51.net/article/175962.htm 和 https://www.bbsmax.com/A/xl56p021zr。

```
15  class=wine(:,1);
16  feature1=wine(:,2);
17  feature2=wine(:,3);
18  feature3=wine(:,4);
19  feature4=wine(:,5);
20  feature5=wine(:,6);
21  feature6=wine(:,7);
22  feature7=wine(:,8);
23  feature8=wine(:,9);
24  feature9=wine(:,10);
25  feature10=wine(:,11);
26  feature11=wine(:,12);
27  feature12=wine(:,13);
28  feature13=wine(:,14);
29  a = zeros(150, 1);
30  a(class==1) = 1;
31  a(class==2) = 2;
32  a(class==3) = 3;
33  %导入数据
34  A=zeros(150,5);
35  A=[feature1,feature2,feature3,feature4,feature5,feature6,feature7,feature8,
       feature9,feature10,feature11,feature12,feature13,a];
36  X=A(1:150,1:13);
37  %%预处理模块
38  switch pre_mod
39      case 1
40          X=SELF_LDA(X,a);
41      case 2
42          X=SELF_KLDA(X,a);
43  end
44  %%确定划分测试集和分类集
45  switch if_test
46      case 1
47          num_test=[41:50,91:100,141:150];
48          X_test=X(num_test,:);
49          X(num_test,:)=[];
50  end
51  %分类与聚类模块
```

```
52  switch mod
53      case 1
54          [precision]=SELF_LR(X,X_test);
55      case 2
56          [precision]=SELF_SVM(X,X_test);
57      case 3
58          [class_1,class_2,class_3]=SELF_FCM(X);
59  End
```

LDA 子函数

```
1   function [outputArg1] = SELF_LDA(inputArg1,inputArg2)
2   % 利用LDA算法实现降维
3   class=3;
4   X=inputArg1;
5   label=inputArg2;
6   [xrow,xcol]=size(X);
7   row=xrow/class;
8   cls1_data=X(1:row,:);      %第一个类
9   cls2_data=X(row+1:2*row,:);   %第二个类
10  cls3_data=X(2*row+1:3*row,:);%第三个类
11  %求期望
12  E_cls1=mean(cls1_data);%第一类数据的期望矩阵
13  E_cls2=mean(cls2_data);%第二类数据的期望矩阵
14  E_cls3=mean(cls3_data);%第三类数据的期望矩阵
15  E_all=mean([cls1_data;cls2_data;cls3_data]);%所有训练集的期望矩阵
16  %计算类间离散度矩阵:
17  x1=E_all-E_cls1;
18  x2=E_all-E_cls2;
19  x3=E_all-E_cls3;
20  Sb=(x1'*x1+x2'*x2+x3'*x3)/3;%都乘了1/m
21  %计算类内离散度矩阵
22  y1=0;
23  y2=0;
24  y3=0;
25  for i=1:row
26      y1=y1+(cls1_data(i,:)-E_cls1)'*(cls1_data(i,:)-E_cls1);
27  end;
28  for i=1:row
```

```
29      y2=y2+(cls2_data(i,:)-E_cls2)'*(cls2_data(i,:)-E_cls2);
30   end;
31   for i=1:row
32      y3=y3+(cls3_data(i,:)-E_cls3)'*(cls3_data(i,:)-E_cls3);
33   end;
34   Sw=(y1+y2+y3)/3;
35   %求最大特征值和特征向量
36   [V,L]=eig(inv(Sw)*Sb);%L是特征值组成的特征矩阵，V是特征向量
37   %%将特征值排序，b代表位置从小到大的位置
38   L1=sort(L);
39   [~,b]=sort(L1(13,:));
40   newspace_1=V(:,b(13));%最大特征值所对应的特征向量
41   newspace_2=V(:,b(12));%第二大特征值所对应的特征向量
42   %在Z1方向的投影
43   Z1_1=cls1_data*newspace_1;
44   Z1_2=cls2_data*newspace_1;
45   Z1_3=cls3_data*newspace_1;
46   %在Z2方向的投影
47   Z2_1=cls1_data*newspace_2;
48   Z2_2=cls2_data*newspace_2;
49   Z2_3=cls3_data*newspace_2;
50   Z1=[Z1_1;Z1_2;Z1_3];
51   Z2=[Z2_1;Z2_2;Z2_3];
52   Z=[Z1,Z2];
53   %%绘图
54   figure; hold on;
55   plot(Z1_1, Z2_1, 'k+')
56   plot(Z1_2, Z2_2, 'bo', 'MarkerFaceColor', 'y')
57   plot(Z1_3, Z2_3, 'r+')
58   xlabel('维度一')
59   ylabel('维度二')
60   title('LDA降维结果')
61   legend('类1', '类2', '类3')
62   hold off;
63   print(gcf,'-dpng','LDA降维结果.png')
64   outputArg1 = [Z1,Z2];
65   end
```

KLDA 子函数

```
1    function [outputArg1] = SELF_KLDA(inputArg1,inputArg2)
2    %此函数实现KLDA降维
3    class=3;
4    X=inputArg1;
5    label=inputArg2;
6    [xrow,xcol]=size(X);
7    row=xrow/class;
8    cls1_data=X(1:row,:);      %第一个类
9    cls2_data=X(row+1:2*row,:);   %第二个类
10   cls3_data=X(2*row+1:3*row,:);%第三个类
11   %% 数据标准化
12   cls1_data = zscore(cls1_data);
13   cls2_data = zscore(cls2_data);
14   cls3_data = zscore(cls3_data);
15   cls_data = zscore(X);
16   E_cls1 = mean(cls1_data);
17   E_cls2 = mean(cls2_data);
18   E_cls3 = mean(cls3_data);
19   E_cls = mean(cls_data);
20   % patterns = cls_data;
21   cov_size = xrow;
22   N1=row;
23   N2=row;
24   N3=row;
25   B1 = 1/N1*ones(N1,N1);
26   B2 = 1/N2*ones(N2,N2);
27   B3 = 1/N3*ones(N3,N3);
28   B = blkdiag(B1,B2,B3);
29   K = cls_data*cls_data';
30   A = pinv(K)*pinv(K)*K*B*K;
31   %% 特征值分解
32   [V,D] = eig(A);
33   V = real(V);
34   D = real(D);
35   eigValue = diag(D);
36   [Yt, index] = sort(eigValue, 'descend');
37   eigVector = V(:,index);
```

```
38    eigValue = eigValue(index);
39    D = eigValue;
40    rat1 = D./sum(D);
41    rat2 = cumsum(D)./sum(D);
42    %% 特征值, 贡献率, 累计贡献率
43    result1(1,:)={'特征值','贡献率','累计贡献率'};
44    result1(2:1+size(X,1),1)=num2cell(D);
45    result1(2:1+size(X,1),2)=num2cell(rat1);
46    result1(2:1+size(X,1),3)=num2cell(rat2);
47    %% 主成分
48    threshold = 0.95;
49    index = find(rat2 > threshold);
50    norm_eigVector = sqrt(sum(eigVector.^2));
51    eigVector = eigVector./repmat(norm_eigVector,size(eigVector,1),1);
52    %% 降维
53    V = eigVector;
54    data_klda = K * V(:,1:index(1));
55    %%绘图
56    figure; hold on;
57    plot(data_klda(1:row,1),data_klda(1:row,2) , 'k+')
58    plot(data_klda(1+row:2*row,1),data_klda(1+row:2.*row,2), 'bo',
      'MarkerFaceColor', 'y')
59    plot(data_klda(1+2.*row:3.*row,1),data_klda(1+2.*row:3.*row,2), 'r+')
60    xlabel('维度一')
61    ylabel('维度二')
62    title('KLDA降维结果')
63    legend('类1', '类2', '类3')
64    hold off;
65    print(gcf,'-dpng','KLDA降维结果.png')
66    outputArg1 = data_klda(:,1:2);
67    end
```

第 20 章
机器学习和深度学习的工程应用

第 19 章结合三个经典案例介绍了机器学习算法的综合应用问题，本章将进一步介绍机器学习算法和深度学习在科研及工程实际中的应用，共分为七个内容：基于 SVM 的天气雷达回波干扰图像的分类、基于 FCM 的变密度光条纹图像的滤波、基于 FCM 的光条纹图像的二值化、基于 ANN 的全场相位的插值、基于全卷积神经网络的多尺度视网膜图像血管分割、基于卷积神经网络 ESPI 条纹图滤波、基于 M-Net 分割网络的光条纹骨架线提取。

20.1　基于 SVM 的天气雷达回波干扰图像的分类

回波干扰是多普勒气象雷达的固有现象，常常作为干扰信号出现在雷达回波图像中。对于不同类别的回波干扰，往往需要选用不同的滤波方法才能获得较好的结果。为了更加有针对性地实现不同类别回波干扰的滤波，需要先对不同类别回波干扰进行分类识别处理。本小节主要介绍如何通过 SVM 算法实现不同类别回波干扰的分类和识别。

对多普勒气象雷达而言，回波干扰主要分为径向干扰和麻点状干扰。图 20-1 和图 20-2

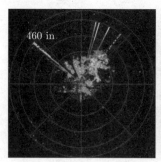
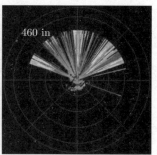

扫码看彩图

图 20-1　径向回波干扰图像

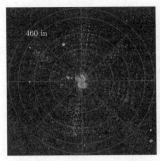

扫码看彩图

图 20-2　麻点状回波干扰图像

展示了这两类回波干扰的具体图像。从中可见，气象雷达不同回波干扰图像在回波强度、能量密度、分布形状、图像边缘等方面存在着显著的不同，可将其总结为：（1）径向回波干扰图像的噪声点分布表现为扇形区域，回波强度与其他回波干扰明显不同，径向回波干扰又分为了大面积径向回波干扰和窄带径向回波干扰；（2）麻点状回波干扰图像的噪声点分布表现为随机的、不均匀的、不连续的点状区域。

20.1.1　基于 SVM 的天气雷达回波干扰图像分类的基本原理

这里介绍基于 SVM 算法实现天气雷达回波干扰图像的四种分类，这四种类别分别是窄带径向回波干扰、大面积径向回波干扰、麻点状回波干扰和无回波干扰四类。主要步骤如下。

（1）图像特征提取。在对天气雷达回波干扰图像进行分类前，需进行特征提取，主要包括对训练样本的特征提取和对待测图像的特征提取。在本案例中，我们使用 surf 算法 [1] 完成这一步骤。

（2）对所得特征进行聚类。经步骤（1），可得到天气雷达回波干扰图像的 surf 特征；然后使用 k-means 聚类算法对所得 surf 特征进行聚类处理。在本案例中，所得 surf 特征需被聚类成 4 类。

（3）构造 bag of words（BOW）模型。完成步骤（2）后，统计训练样本中每类特征的出现频率，并对所有训练样本构造 BOW 模型。

（4）训练分类器。完成步骤（3）后，将所得训练样本的 BOW 作为特征向量，将训练样本的类别作为标签，训练多类分类器。分类器使用 SVM 分类器，因为基本的 SVM 分类器是二分类，所以这里用经典的 1 vs all 的方法来实现多类分类，即对每一个类别都训练一个二元分类器。

（5）未知图片分类。经步骤（4），可得到训练好的 SVM 分类器，使用该分类器可直接实现未知图片的分类处理。只要将测试图片的 BOW 作为特征向量输入到分类器中，分类器就会对各个类别进行判定，最终选出可能性最高的类别作为测试图片的类别。

整个过程的实现如图 20-3 所示。

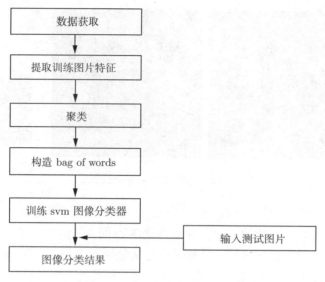

图 20-3　SVM 分类算法流程图

20.1.2　天气雷达回波干扰图像分类结果

本小节使用的数据集是 EIWR（echo interference of weather radar）数据集，该数据集来源于中国气象科学研究院提供的多普勒天气雷达图像数据，然后自行分类标注组合成数据集。每类图像各取 120 张作为训练样本，40 张作为测试样本。将共计有 480 张测试样本，160 张训练样本的数据集作为实验数据。四类样本图片如图 20-4 所示，其中图 20-4(a) 是窄带径向回波干扰图像，图 20-4(b) 的大面积径向回波干扰图像，图 20-4(c) 是麻点状回波干扰图像，图 20-4(d) 是无回波干扰图像。

使用 SVM 算法对天气雷达回波干扰进行图像分类实验，所得结果如表 2-1 所示。从中可见，使用 SVM 可以实现天气雷达回波干扰图像的分类，但其准确率相对较低。

为了进一步提高天气雷达干扰回波的各类回波的分类准确率，我们采用卷积神经网络对各类回波进行分类处理，接下来介绍这一工作。

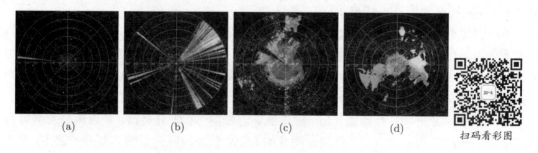

(a)　　　　　　(b)　　　　　　(c)　　　　　　(d)

扫码看彩图

图 20-4　样本图片

表 20-1　SVM 天气雷达干扰回波图像分类结果

回波类型	SVM 算法	
	正确个数/测试总数	准确率
窄径向回波干扰	16/40	40%
大面积径向回波干扰	32/40	80%
麻点状回波干扰	36/40	90%
无回波干扰	20/40	50%
合计	104/160	65%

20.1.3　基于卷积神经网络的天气雷达回波干扰图像分类的基本原理

本节实验所采用的网络模型是 GoogLeNet[2]，该模型是 2014 年 Christian Szegedy 提出的一种全新的深度学习结构，该网络使用了 Network in Network 方法，在网络中嵌套网络以增强网络的表达能力。在本章实验中使用的是改进的 GoogLeNet 网络结构，即 GoogLeNet-V4。这个网络是由 GoogLeNet 的原作者在 GoogLeNet-V2 和 GoogLeNet-V3 的基础上提出的。

GoogLeNet-V4 的总体网络结构如图 20-5 所示。网络由输入模块、主模块和输出模块组成。其中输入模块包括输入和 stem 模块。主模块由多个重用的 inception 模块和相对应的降维模块组成。最后，在输出模块中使用了常用的平均池化、dropout 和 SoftMax 等方法。

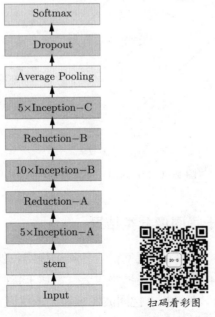

扫码看彩图

图 20-5　GoogLeNet-V4 总体网络结构

Inception 模块是网络中最重要的部分。图 20-6 展示了几个 inception 模块的具体结构。图 20-6(a) 是一个基本的 V2/V3 模块，它使用两个 3×3 卷积来代替 5×5 卷积，并使用了平均池化，该模块主要处理 35×35 的特征图。图 20-6(b) 使用了 1×N 和 N×1 卷积代替了 N×N 卷积，同样使用了平均池化，该模块主要处理 17×17 大小的特征图。在图 20-6(c) 中，原始的 8×8 处理模块上将 3×3 卷积用 1×3 卷积和 3×1 卷积来代替。总体来说，Inception-V4 中基本的 inception 模块遵循了 inception- V2/V3 的结构，但是结构看起来更加简洁统一，并且使用了更多的 inception 模块，所以实验效果更好。

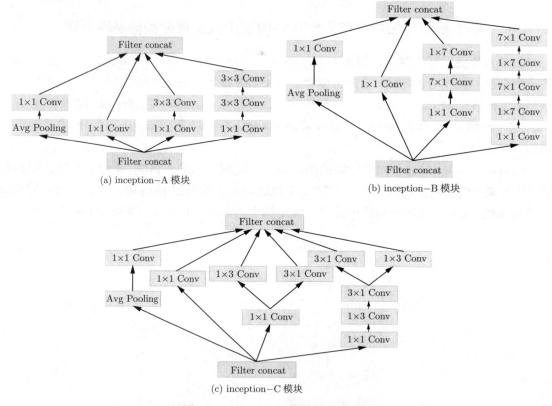

图 20-6　Inception 模块的具体结构

20.1.4　天气雷达回波干扰图像分类结果

表 20-2 展示了 GoogLeNet-V4 对天气雷达各类干扰回波的具体分类准确率。从表中可以看出，使用 GoogLeNet-V4 的卷积神经网络对天气雷达干扰回波图像进行分类的算法可以较好的对径向干扰回波图像、麻点状干扰回波图像和无干扰回波图像进行分类。与 SVM 方法相比，该方法对大部分干扰回波都能进一步提高分类准确率。

表 20-2　GoogLeNet-V4 天气雷达干扰回波图像分类结果

回波类型	正确个数/测试总数	准确率
窄径向回波干扰	36/40	90%
大面积径向回波干扰	37/40	92.5%
麻点状回波干扰	37/40	92.5%
无回波干扰	38/40	95%
合计	148/160	92.5%

20.2　基于 FCM 的变密度光条纹图像的滤波

电子散斑干涉（electronic speckle pattern interferometry，ESPI）技术是一种现代光学检测技术，具有无损、全场、高灵敏度、非接触和实时等优点，可以用于位移场、应变场、缺陷的检测，已被广泛地应用于精密加工、航空航天、兵器工业及生物医学等诸多领域。

ESPI 技术的测量结果为光条纹图或包裹相位图，被测物理量与光条纹图或包裹相位图的相位分布直接相关。所以，如何从测量所得的光条纹图或包裹相位图中准确提取相位分布信息，是该技术得以成功应用的关键。基于条纹图的相位提取方法比较简单，仅用一幅条纹图就能提取出相位分布信息，可应用于动态测量。实验获得的 ESPI 条纹图像存在大量的固有散斑噪声，实现 ESPI 光条纹图像滤波是十分重要的。在 ESPI 技术应用的过程中，往往会出现密度变化的条纹图。图 20-7 展示了 2 幅计算机模拟的变密度光条纹图和 1 幅实验获得的变密度条纹图（来自文献[3]）。对于变密度光条纹图，使用常用滤波方法往往很难获得令人满意的滤波结果：如果低密度条纹部分足够平滑，高密度条纹部分的完整性会有所损失；如果高密度条纹部分的完整性得以保持，低密度条纹部分的滤波则不够平滑。可见，变密度条纹图的滤波是具有挑战性的。

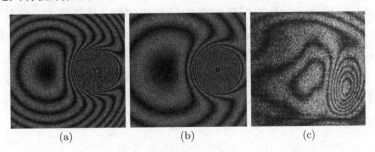

(a) 和 (b) 为计算机模拟条纹图，(c) 为实验图

图 20-7　变密度条纹图

20.2.1　基于 FCM 的变密度光条纹图像滤波的基本原理

为了解决变密度条纹图的滤波问题，我们提出基于 FCM 的变密度光条纹图像的滤波方

法[4]。该方法首先利用灰度共生矩阵（Gray level co-occurrence matrix，GLCM）提取条纹图的纹理特征，再利用 FCM 算法，将条纹图按照其纹理特征分为粗条纹部分和细条纹部分。然后，再选择适合粗条纹滤波的方法对粗条纹部分进行滤波，选择适合细条纹滤波的方法对细条纹部分进行滤波，最后将滤波后的粗条纹部分和细条纹部分组合在一起得到最终的滤波结果。图 20-8 展示了这一方法的流程图，显而易见基于 FCM 算法实现粗细条纹的分离是关键。

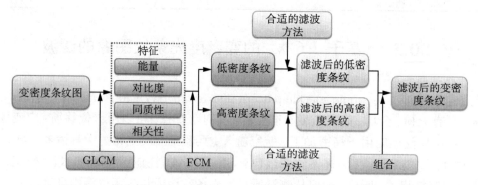

图 20-8　基于纹理特征与 FCM 的变密度条纹图滤波方法的流程图

这里，共生灰度矩阵是一种通过研究灰度空间相关特性来分析图像纹理特征的常用方法，它是图像灰度的二阶统计度量，它反映图像的灰度在方向、相邻间隔、变化幅度上的综合信息，从而有效地描述纹理。利用灰度共生矩阵，我们可以定义一些纹理特征，包括：能量（energy）、对比度（contrast）、同质性（homogeneity）、相关性（correlation）。

其中，能量可以反映图像灰度分布均匀程度和纹理的粗细程度：其值越小，则纹理越细；其值越大，则纹理越粗。对比度可以反映图像的清晰度和纹理的沟纹深浅程度：其值越小，图像纹理的沟纹就越浅，视觉效果就越模糊；反之，其值越大，图像纹理的沟纹就越深，视觉效果就越清晰。同质性可以反映图像纹理的局部均匀性：其值越大，则图像的灰度值分布越均匀；反之，其值越小，则图像的灰度值分布越不均匀。相关性可以反映图像中灰度值之间的线性关系：其值越大，则像素值的独立性越弱；其值越小，则像素的独立性越大。在本案例中，能量、同质性和相关性在低密度条纹区域的特征值要高于在高密度条纹区域的特征值，而对比度在低密度条纹区域的特征值要低于在高密度条纹区域的特征值。基于此，最终的纹理特征由公式 (20-1) 给出。

$$W = \frac{W_{\text{Ene}} + W_{\text{Cor}} + W_{\text{Hom}} + (1 - W_{\text{Con}})}{4} \tag{20-1}$$

其中，W_{Ene}、W_{Cor}、W_{Hom}、W_{Con} 分别是能量、相关性、同质性和对比度的数值。

然后，利用 FCM 算法对得到的纹理特征 W 进行聚类，便能获得变密度条纹图的高密度条纹部分和低密度条纹部分。最后，对不同密度区域的条纹图采用合适的方法进行滤波处理便能获得高质量的滤波结果。

20.2.2　变密度条纹图的分解结果和滤波结果

采用上述方法，对图 20-7 中的变密度条纹图进行图像分解得结果如图 20-9 所示，从中可见：基于纹理特征和 FCM 算法的变密度条纹图分解方法，可有效地将变密度条纹图分解为密度相对均匀的低密度条纹区域和高密度条纹区域。

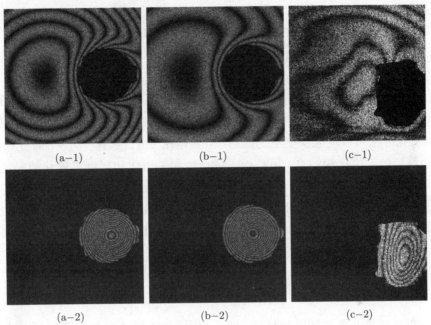

(a-1)　　　　　　　(b-1)　　　　　　　(c-1)

(a-2)　　　　　　　(b-2)　　　　　　　(c-2)

(a-1)、(b-1) 和 (c-1) 为低密度条纹；(a-2)、(b-2) 和 (c-2) 为高密度条纹

图 20-9　图 20-7 的分解结果

最终获得的滤波结果如图 20-10 所示，从中可见：采用基于纹理特征和 FCM 的变密度条纹图滤波方法可以获得令人满意的滤波结果。

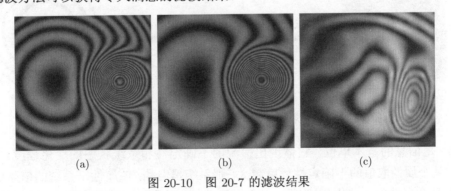

(a)　　　　　　　　(b)　　　　　　　　(c)

图 20-10　图 20-7 的滤波结果

该方法之所以可以获得令人满意的滤波结果，主要是因为该方法中的高、低密度条纹可以分开处理，将已有的滤波方法与所提出的分解方法相结合后，提高了滤波质量。

20.3 基于 FCM 的光条纹图像的二值化

上一节介绍了基于 FCM 的变密度光条纹图像的滤波方法。在电子散斑干涉条纹分析技术中，除了对条纹图像进行滤波，往往还需要对条纹图像进行二值化处理。本节主要针对光条纹图像的二值化问题，介绍 FCM 聚类算法在其中的具体应用。

目前，光条纹图二值化所使用的方法主要是阈值法，其二值化结果主要取决于灰度阈值的选取。用于条纹图二值化的阈值法主要包含两类：一类是全局二值化法，另一类是局域二值化法。其中，全局二值化方法简单并且效率高，条纹图中所有像素点的分类均取决于单一的阈值，但该方法对灰度不均的条纹图无法得到理想的二值化结果。和全局二值化方法相比，局域二值化方法可以克服灰度不均问题，但其存在"窗口选择"问题，而且对噪声非常敏感。将全局与局域二值化相结合，可获得了优于全局二值化和局域二值化的二值化效果[5]，但该方法依然存在"窗口选择"问题，并且同样对噪声敏感。可见，对于含有噪声的光条纹图，采用目前已有的条纹图二值化方法很难获得理想的二值化结果，尤其在高噪声等级的情况下。为了解决含噪光条纹图像的二值化问题，我们提出了基于 FCM 的光条纹图像二值化方法[6]。

20.3.1 基于 FCM 的光条纹图像二值化的基本原理

该方法首先计算光条纹图的局域熵，然后利用 FCM 算法对条纹图的局域熵信息进行聚类，最后根据聚类的结果将光条纹图的像素点分为两类（白条纹像素点和黑条纹像素点），即实现对光条纹图的二值化。图 20-11 展示了这一方法的流程图。

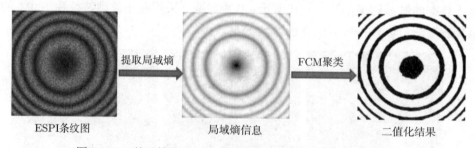

ESPI条纹图   局域熵信息   二值化结果

图 20-11 基于熵和 FCM 算法的光条纹图二值化方法流程图

"熵"是信息的基本单位，它体现出信源的不确定性和系统状态的变化程度。在一个系统中，若某个属性取值的不确定性程度越大，则系统越混乱，该属性下系统的信息熵就越大；相反，若某个属性的不确定程度越小，则系统越有序，系统在该属性下的信息熵就越小。在图像处理领域，熵可以反映图像中某种特征的统计特性，被广泛应用在图像分割、图像修复、边缘检测、图像匹配等方向。

对于一个离散随机分布 $P(g)$，熵的定义 [7] 为

$$E = -\sum_{g=1}^{L} P(g) \log_2 P(g) \qquad (20\text{-}2)$$

对于一幅图像 I 来说，可以将熵定义为图像灰度分布统计特征所包含的信息量。在式 (20-2) 中，$P(g)$ 是该图像灰度级的概率分布，L 是该图像灰度级的最大值。

熵值的大小可以在一定程度上反映出一幅图像灰度分布的统计特征。例如，如果一幅图像中所有像素点的灰度值都相同，则该图像的熵值最小；反之，若图像中每个像素点的灰度值都不同，则该图像的熵值最大。

局域熵则是反映在局部区域内灰度值的分布情况。若计算图像的局域熵，例如，计算像素点 j 的熵 $E(j)$，式 (20-2) 中 $P(g)$ 则表示灰度级 g 在以像素点 j 为中心的邻域窗口 W 内的概率，将 W 的熵值作为 j 点的熵值。通过从左到右，从上到下逐点移动窗口并计算窗口内的熵值即可得到每个像素点的熵值，从而得到该幅图像的局域熵。

将光条纹图像的局域熵作为聚类特征，利用 FCM 方法对其进行聚类处理，便可直接获得含噪光条纹图像的二值化结果。

20.3.2　基于 FCM 的光条纹图二值化的结果展示

图 20-12 展示了 6 幅实验所得光条纹图；采用上述方法，对其进行二值化处理的结果如图 20-13 所示。从中可见：采用基于熵与 FCM 算法的光条纹图二值化方法，在没有滤波预处理的情况下，仍然可以获得令人满意的二值化结果。

该方法之所以在高噪声等级下仍能获得令人满意的结果，是因为光条纹中的噪声对该方法而言是有用的信息。因为噪声存在，导致光条纹图中亮、暗条纹的灰度值分布不同，进而导致亮、暗条纹区域的局域熵值不同，然后通过 FCM 聚类方法对所得局域熵进行聚类处理便能实现光条纹图的二值化。

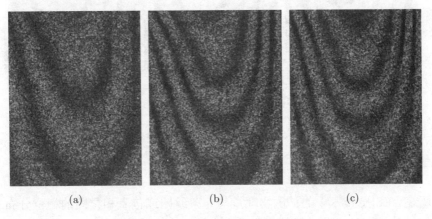

(a)　　　　　　　(b)　　　　　　　(c)

图 20-12　实验所得光条纹图

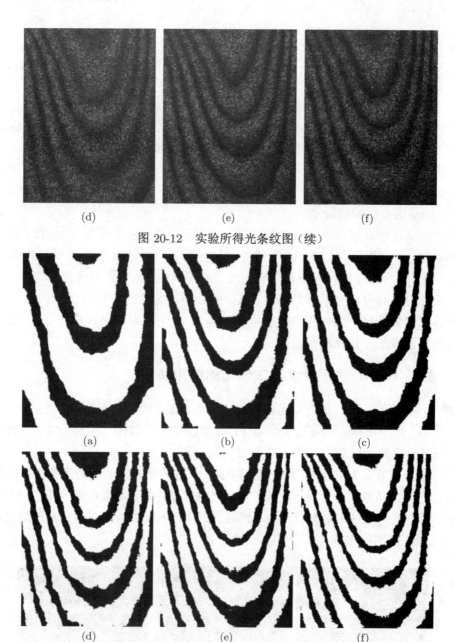

(d)   (e)   (f)

图 20-12　实验所得光条纹图（续）

(a)   (b)   (c)

(d)   (e)   (f)

图 20-13　实验所得光条纹图的二值化结果

20.4　基于 ANN 的全场相位的插值

如前所述，ESPI 技术中的被测物理量与光条纹图或包裹相位图的相位分布有关。条纹图骨架插值线法是一种目前常用的相位提取方法，其主要步骤包括：滤波、二值化、骨架线提取、骨架线标识、插值等。图 20-14 展示了该方法的流程图，从中可见：对条纹标识的骨架线进行插值处理是条纹图骨架线插值法的关键步骤，插值效果的好坏往往决定了最终检测结果的准确性。

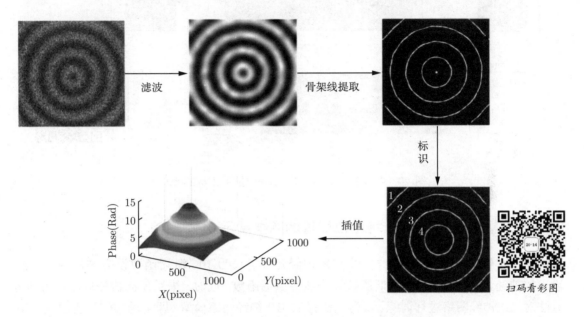

图 20-14　条纹骨架线插值法提取相位的流程图

目前已有的插值算法包括：双线形插值法、最邻近插值法、C 样条插值法。这些插值算法往往对骨架线的质量要求比较高，对低密度的条纹插值结果不够准确，获得的相位常常需要使用平滑算法对其进行平滑处理。为了解决上述问题，我们提出了基于 ANN 的全场相位插值方法[8]。

20.4.1　基于 ANN 的全场相位插值的基本原理

该方法的基本思想是通过对人工神经网络模型的训练，给出骨架线的坐标值和对应的相位值之间的函数关系，其数学实质是对三维曲面的拟合过程。

这里我们采用 BP 神经网络模型作为全场相位插值的网络模型，其网络结构请参考本书第 15 章。图 20-15 展示了基于 ANN 的全场相位插值方法的流程图。用骨架线位置的坐标值和标识后骨架线位置的相位值作为训练样本训练 BP 神经网络；在网络训练结束后，进入模型测试阶段，即把图像全部位置的坐标值输入训练好的网络模型中，获得插值后的结果，即全场的相位值。

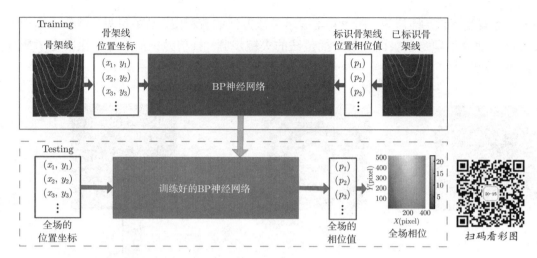

图 20-15 基于 ANN 的全场相位插值方法的流程图

20.4.2 基于 ANN 的全场相位插值的结果展示

在本案例中，BP 神经网络的隐藏层神经元数量设为 10、激活函数设为 Sigmoid 函数，输出层神经元数量设为 1、激活函数设为线性激活函数。同时，采用反向传播算法作为训练算法对 BP 神经网络进行训练，获得训练好的 BP 神经网络模型（即全场相位插值模型）。然后，将图像全部位置的坐标值输入到训练好的网络模型中，获得全场的相位值。

图 20-16 展示了 6 幅条纹骨架线，对其使用基于 ANN 的全场相位插值方法获得的全场

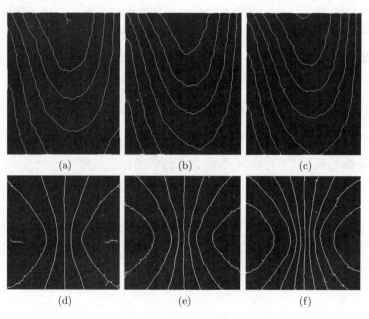

图 20-16 条纹骨架线

相位如图 20-17 所示。同时对其使用传统插值方法（MATLAB 程序中自带的网格数据插值函数 method=cubic）获得的全场相位如图 20-18 所示。从中可见，传统插值方法所得相位的光滑性一般；而 BP 神经网络插值方法获得的相位结果光滑性较好。这主要是因为传统插值方法容易受到非骨架线数值的干扰，而 BP 神经网络插值方法可以在一定程度上避免非骨架线数值的干扰。

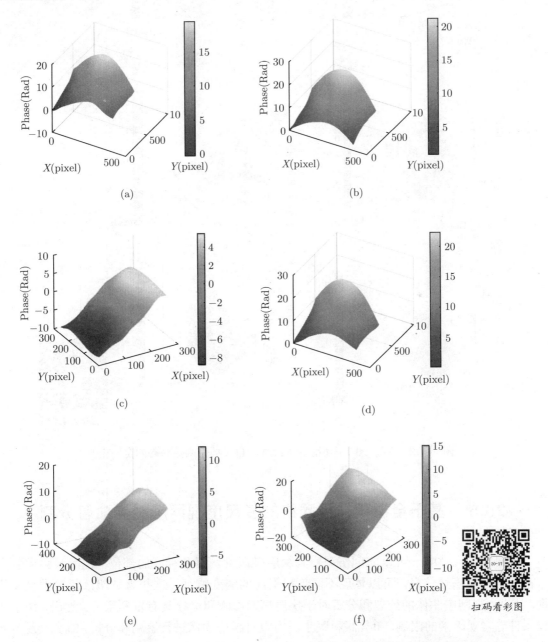

图 20-17　对图 20-16 使用基于 ANN 的全场相位插值方法获得的全场相位

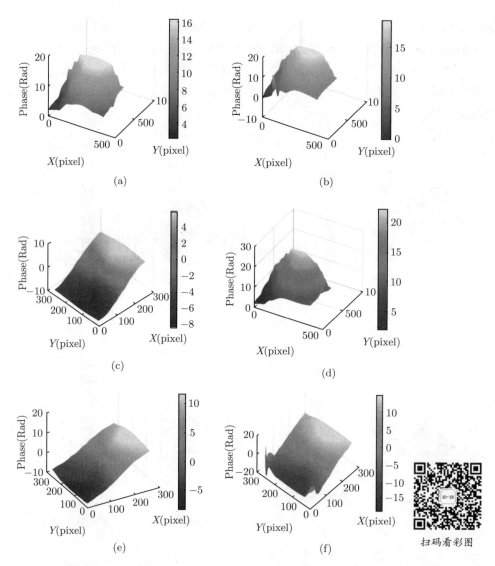

图 20-18　对图 20-16 使用 MATLAB 自带插值函数获得的全场相位

20.5　基于全卷积神经网络的多尺度视网膜图像血管分割

　　视网膜是人体唯一可以非创伤观察到深层微血管网络和神经的部位，视网膜图像包含丰富的结构和病灶信息，可以体现不同疾病引起的病变特征，这些为早期诊断提供重要依据。因此，视网膜图像的处理和分析对于疾病早期诊断和治疗具有重要意义。然而，由于成像条件等客观因素的限制，单凭眼科医生用肉眼对眼底图像进行鉴别和分析，难免会受主观经验的影响，无法得出客观准确的诊断结论。目前，视网膜图像血管等结构的分割均需要专业眼科医生手工标注，既耗时又繁琐，无法满足大规模眼底图像分析的需要。另外，一些偏远地区的医疗条件相对落后，许多患者往往不能得到及时有效的诊疗，从而错过最佳治疗时机。因此，实现视网膜图像血管的自动分割对于疾病早期筛查具有重要的应用价值。

视网膜血管分割方法的难点主要来源于视网膜图像的多样性和复杂性，主要包括以下几个方面：(1) 在不同区域，血管的大小、形状和亮度有较大差异；(2) 视网膜边界、视盘、中央凹等区域的变化会对血管分割造成一定的干扰；(3) 图像采集时光照不均匀、图像数据缺乏等问题会进一步增加血管分割的难度。为了解决上述问题，我们提出了基于全卷积神经网络的多尺度视网膜图像的血管分割方法 [9]。

20.5.1　基于全卷积神经网络的多尺度视网膜图像血管分割的基本原理

该方法在全卷积神经网络模型（具体架构请参考本书第 5 章 U-net）的基础上，通过结合残差学习、空洞空间金字塔池化模块、Softmax 分类器，对来自不同感受野的多尺度血管特征进行端到端地学习，最终在减少学习参数的同时实现了对细小血管的准确分割。

图 20-19 展示了该方法的流程图。在训练过程中，该方法首先对原始的视网膜图像进行图像预处理，以减少背景干扰、光照不均匀等因素的影响；然后将预处理所得结果（即训练数据）输入多尺度分割网络进行血管分割处理；当分割处理完成后，便可获得血管分割概率图（即血管分割结果图）；之后利用得到的分割结果和标准图，计算类别均衡损失函数，同时利用小批量梯度下降优化算法，优化网络参数，直至类别均衡损失函数满足模型收敛条件；当模型收敛后，保存网络参数，以供使用。

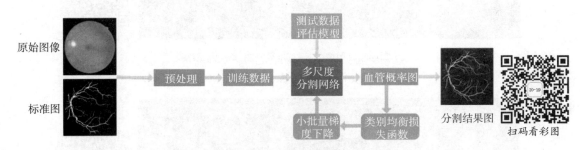

图 20-19　视网膜血管分割算法流程图

本案例选用 DRIVE[10] 和 STARE[11] 两个公开的眼底图像数据集进行训练和测试。其中，DRIVE（digital retinal images for vessel extraction）数据集图像来自 400 多名不同年龄段糖尿病患者的眼底图像，共有 40 幅彩色眼底图像，包括训练集和测试集各 20 幅，其中 7 幅图像含有糖尿病视网膜病变引起的渗透和血斑等病状。STARE （structured analysis of the retina）数据集包含 20 幅彩色眼底图像，其中 10 幅眼底图像含有病变，包含了多种典型的病变特征。两个数据集中的图像都具有标准标签，可用于网络训练或者结果对比。

20.5.2 基于全卷积神经网络的多尺度视网膜图像血管分割的结果展示

实验的硬件环境：一台装有 INTEL E5-2685 CPU 和 NVIDIA Titan XP GPU 的戴尔服务器；实验的软件环境：Ubuntu 16.04 操作系统、基于 Tensorflow 和 Keras 的深度学习框架。

模型的参数设定：网络参数采用正态分布随机初始化，训练过程使用小批量的随机梯度下降法（SGD）优化，动量因子设为 0.3，学习率设为 0.01。卷积层中 Dropout 率设为 0.2，模型训练迭代次数为 150 次，训练 batch 的大小设为 32。实验中，选用 1 幅图像作为测试集，剩余 19 幅图像作为训练集，训练集中 10% 的图像块作为验证集，来进行网络训练和测试验证。在此实验配置下，整个分割网络模型的训练过程需要 4 个小时。

图 20-20 和图 20-21 分别展示了 DRIVE 和 STARE 数据集中视网膜图像的血管分割结果，以及对应的专家手工标注。从中可见，基于全卷积神经网路的多尺度视网膜图像血管分割方法所得结果与专家手工标注是一致的，甚至在一些细小的血管分支上其分割效果更好。

图 20-22 展示了一些局部血管区域对比图，包括交叉点上的粗血管和低对比度下的细小血管。

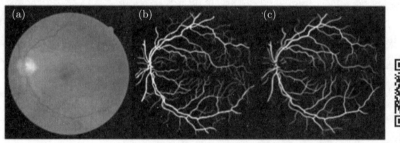

扫码看彩图

(a) 原始眼底图像，(b) 标准分割图，(c) 测试结果

图 20-20　DRIVE 数据集的测试结果

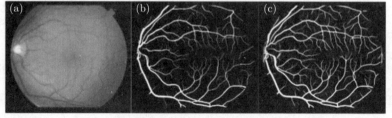

扫码看彩图

(a) 原始眼底图像，(b) 标准分割图，(c) 测试结果

图 20-21　STARE 数据集的测试结果

可以看出，基于全卷积神经网路的多尺度视网膜图像血管分割方法不受低对比度和血管形状多变等因素的影响，仍然表现出良好的分割性能，算法具有较好的鲁棒性和稳定性。同时，视觉分割效果也体现出所提出算法在多尺度血管中的分割优势，与专家标准图相比，

无论在粗血管还是细小血管上都具有更好的分割效果。这主要是因为该方法通过使用残差块结构，充分学习了视网膜血管的边缘和纹理信息；同时，构建多尺度空洞空间金字塔池化模块提取多尺度血管特征，提高了对细小血管的分割能力；构建端到端的网络，整合了特征提取和像素分类过程，减少训练步骤和参数，大大降低了模型复杂度，进一步提高了分割性能。

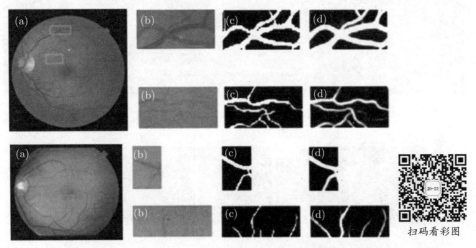

(a) 原始眼底图像, (b) 局部眼底图像, (c) 标准分割图, (d) 测试结果

图 20-22　局部区域的测试结果

20.6　基于卷积神经网络 ESPI 条纹图滤波

在 20.2 节我们提到 ESP 条纹图存在大量的固有散斑噪声，它的存在会使图像的对比度下降、严重地影响了图像的质量，甚至导致无法直接从这些图像中获取正确的信息。因此，研究 ESPI 条纹图的滤波是一项十分有意义的工作。目前，ESPI 条纹图的滤波方法基本分为两类，即频率域的方法和空间域的方法。无论是频率域的方法还是空间域的方法，都只能一帧一帧地处理条纹图，而且对于不同图像还需要反复调整参数才能获取最佳的滤波效果。显然，这是耗时的、不方便的。为了解决上述问题，我们利用 FFDNet 滤波网络提出了基于卷积神经网络的 ESPI 条纹图滤波方法[12]。

20.6.1　基于卷积神经网络的光条纹图滤波的基本原理

该方法的主要思想是利用 FFDNet 滤波网络学习原始图像中的噪声，然后用原始图像减去学习到的噪声得到滤波结果。其流程图如图 20-23 所示，在训练过程中，该方法首先将原始有噪声的光条纹图像输入 FFDNet 滤波网络进行处理；处理完成后，获得相应的噪声图像；然后用原始图像减去噪声图像，获得滤波图像；之后利用得到的滤波图像和无噪声的标签图像，计算 MSE 损失函数，同时利用 Adam 优化算法，优化网络参数，直至损失函数满足模型收敛条件；当模型收敛后，保存网络参数，以供使用。

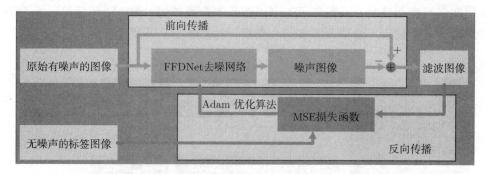

图 20-23 基于卷积神经网络的光条纹图滤波方法的流程图

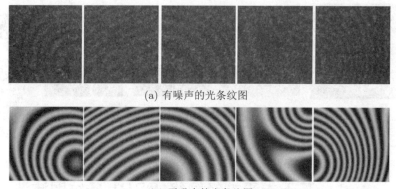

(a) 有噪声的光条纹图

(b) 无噪声的光条纹图

图 20-24 训练数据集中部分光条纹图像对

为了提高网络的泛化能力以获得较好的滤波效果，本案例在网络训练前，通过计算机模拟方法创建了训练数据集，其中共包括 400 幅有噪声的和无噪声的光条纹图像对，而且每幅图像的大小均为 180 像素 ×180 像素。图 20-23 展示了所建数据集中的部分计算机模拟光条纹图像对。

20.6.2 基于卷积神经网络的光条纹图滤波的结果展示

实验的硬件环境：一台配有 6 核 Intel(R) Core(TM) i7-4790K CPU @ 4GHz，16GBRAM 和一张 NVIDIA GTX1080Ti GPU 的服务器。实验的软件环境：Ubuntu 16.04 操作系统、基于 Python 3.6 环境和 Pytorch 的深度学习框架。

模型的参数设定：将 FFDNet 网络深度设为 20，mini-batch 的大小设置为 128，训练过程中使用 Adam 算法最小化损失函数，并将其超参数设置为默认值。为了使网络收敛的更快更稳定，采用学习率衰减的方式，设置初始学习率为 10-3，每隔 30 个 epoch 学习率降低 0.1

倍，网络训练总共 80 个 epoch。此外，还采用了翻转、旋转变换等方法对数据进行扩展，以避免过拟合；同时利用分块操作，将 patch 的大小设置为 40 像素 ×40 像素，裁剪了 69600 个 patch 来训练网络。

　　而且，我们采用 6 幅计算机模拟的光条纹图和 6 幅实验获得的光条纹图进行实验，具体的图像分别在图 20-25 和图 20-26 中展示，相应的结果分别在图 20-27 和图 20-28 中展示。从中可见，无论是计算机模拟的光条纹图还是实验所得的光条纹图，采用基于卷积神经网络的光条纹图滤波方法，均能取得很好的滤波效果，而且在变密度、图像质量较低的条纹上滤波效果也是令人满意的。此外，与现有的方法相比，基于卷积神经网络的光条纹图滤波方法还具有批量处理的能力。构造的 FFDNet 网络一旦训练成功，便可实现多幅光条纹图的批量去噪，而且在滤波过程中还不需要复杂的参数调整。

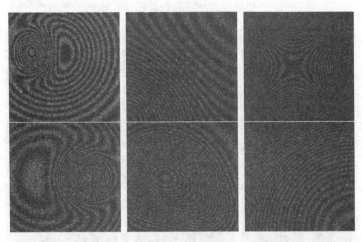

图 20-25　测试用的计算机模拟光条纹图

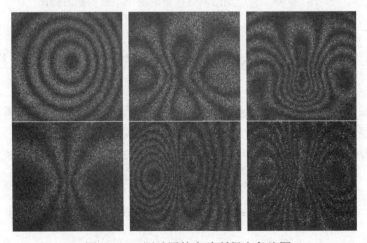

图 20-26　测试用的实验所得光条纹图

图 20-27　利用滤波网络获得的图 20-24 的滤波结果

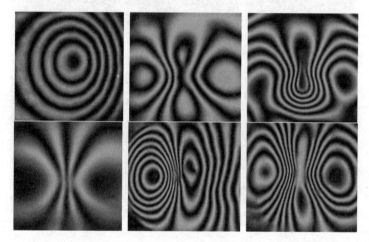

图 20-28　利用滤波网络获得的图 20-25 的滤波结果

20.7　基于 M-Net 分割网络的光条纹骨架线提取

在光条纹图像分析中，常常需要提取条纹的骨架线。极值追踪法和阈值二值细化算法是广泛应用的经典方法。这两种方法原理简单且容易实现，但易受到噪声影响，需要前期进行滤波处理。为了解决这一问题，我们提出了基于 M-Net 分割网络的光条纹骨架线提取方法[13]。

20.7.1　基于 M-Net 分割网络的光条纹骨架线提取的基本原理

该方法具体的网络结构图如图 20-29 所示，从中可见该方法在 U-net 结构的基础上，通过增加左右两条路径，获得了更加丰富的图像特征，利用这些特征最终获得了更加准确的条纹骨架线结果。其流程图如图 20-30 所示，在训练阶段，该方法首先将原始的光条纹图输入 M-Net 分割网络，获得用于条纹骨架提取的图像特征；然后，通过利用 Softmax 分类器获得条纹骨架结果图；之后，利用得到的条纹骨架线和标签图像，计算 Focal loss 损失函数，同时利用 SGD 优化算法，优化网络参数，直至损失函数满足模型收敛条件；当模型收敛后，保存网络参数，以供使用。

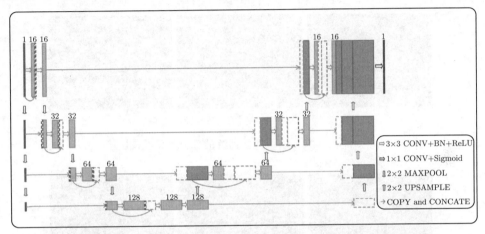

图 20-29　基于 M-Net 分割网络的光条纹骨架线提取方法的网络结构图

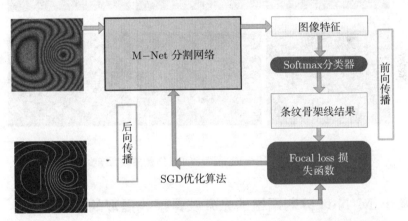

图 20-30　基于 M-Net 分割网络的光条纹骨架线提取方法的流程图

在模型训练前，我们构建了训练数据集，其包含 91 张大小为 764 像素 ×577 像素的光条纹图。其中，64 幅是计算机模拟的光条纹图，而且每张模拟图随机分布程度不一的 10 处断裂；18 幅是增加了断裂的实验图；9 幅是原始实验图。图 20-31 展示了部分用于模型训练的光条纹图。

此外，我们使用 VID-GVF 条纹骨架提取方法 [14] 对训练数据集中的光条纹图进行了骨架线提取，获得了用于模型训练的条纹骨架图。图 20-32 展示了部分用于模型训练的条纹骨架线图。

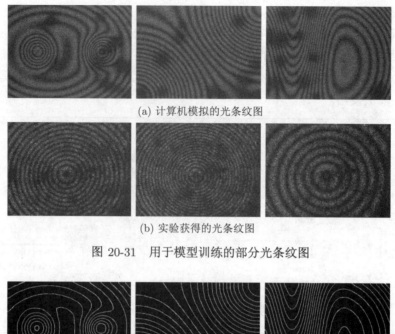

(a) 计算机模拟的光条纹图

(b) 实验获得的光条纹图

图 20-31　用于模型训练的部分光条纹图

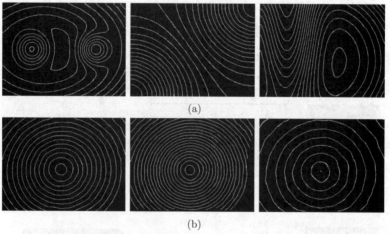

(a)

(b)

图 20-32　用于模型训练的部分光条纹骨架线图

20.7.2　基于 M-Net 分割网络的光条纹骨架线提取的结果展示

实验的硬件环境：一台装有 Xeon E5-1650 双 CPU、16GB RAM 和 NVIDIA Quadro k2200 GPU 的 DELL 服务器。实验的软件环境：Ubuntu 16.04 操作系统，M-Net 网络模型利用 Python 3.6 进行编程并以 TensorFlow 为深度学习框架。

模型的参数设计：设置该网络最大训练数为 150 个 epoch，同时设置连续 5 个 epoch 验证数据集的损失函数没有下降，则提前停止训练过程。训练过程使用随机梯度下降优化算法（SGD）优化网络参数，批大小设置为 32；学习率设为 0.1，动量因子设为 0.75；50 个 epoch 后，学习率降低到 0.01；动量因子增至 0.95。此外，还利用分块操作，将 patch 的大小设置为 160 像素 ×160 像素，每幅光条纹图都被裁剪了 120 个 patch，同时还通过随机翻转、剪切、缩放、和旋转来增强训练数据。

　　在网络训练成功后，我们选用 50 张实验所得光条纹图进行了实验，图 20-33 展示部分用于测试的光条纹图，图 20-34 展示了相应的所得条纹骨架线图。从中可见，对于含有不同程度的断裂、形状各异、密度变化的实验光条纹图，基于 M-Net 分割网络的光条纹骨架线提取方法都能获得准确的、完整的条纹骨架线。

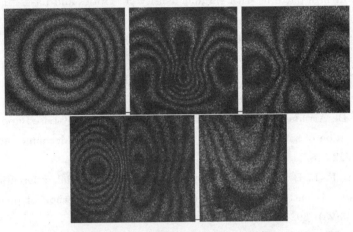

图 20-33　实验获得的光条纹图

图 20-34　对图 20-33 采用基于 M-Net 的光条纹骨架像提取方法获得的条纹骨架线结果

参 考 文 献

[1]　Bay H, Tuytelaars T, Gool L V. SURF: Speeded up robust features[C]. Proceedings of the 9th European Conference on Computer Vision, 2006.

[2]　Szegedy C, Ioffe S, Vanhoucke V, et al. Inception-v4, Inception-ResNet and the Impact of Resid-

ual Connections on Learning[C]. Proceedings of the Thirty-First AAAI Conference on Artificial Intelligence, 2017:4278-4284.

[3] Paoletti D, Spagnolo G S, Zanetta P, Facchini M, et al. Manipulation of speckle fringes for non-destructive testing of defects in composites[J]. Optics and Laser Technology, 1994, 26(2):991-1004.

[4] Chen M M, Tang C, Xu M, et al. A clustering framework based on FCM and texture features for denoising ESPI fringe patterns with variable density [J]. Optics and Lasers in Engineering, 2019, 119: 77-86.

[5] Wang L, Leedham G, Cho S Y. Minutiae feature analysis for infrared hand vein pattern biometrics[J]. Pattern Recognition, 2008, 41(3): 920-929.

[6] Chen M M, Tang C, Xu M, et al. Binarization of ESPI fringe patterns based on local entropy[J], Optics Express, 2019, 27(22):32378-32391.

[7] Barbieri A L, De Arruda G F, Rodrigues F A, et al. An entropy-based approach to automatic image segmentation of satellite images[J]. Physica A: Statistical Mechanics and its Applications, 2011, 390(3): 512-518.

[8] Tang C, Zhang F, Li B, et al. Performance evaluation of partial differential equation models in electronic speckle pattern interferometry and mollification method of phase map[J]. Applied Optics, 2006, 45(28):7392-7400.

[9] 郑婷月, 唐晨, 雷振坤. 基于全卷积神经网络的多尺度视网膜血管分割 [J]. 光学学报, 2019, 39(02):119-126.

[10] Staal J, Abràmoff M D, Niemeijer M, et al. Ridge-based vessel segmentation in color images of the retina[J]. IEEE Transactions on Medical Imaging, 2004, 23(4): 501-509.

[11] Hoover A D, Kouznetsova V, Goldbaum M. Locating blood vessels in retinal images by piecewise threshold probing of a matched filter response[J]. IEEE Transactions on Medical Imaging, 2002, 19(3): 203-210.

[12] Fugui Hao, Chen Tang, Min Xu, et al. Batch denoising of ESPI fringe patterns based on convolutional neural network[J]. Applied Optics, 2019, 58(13): 3338-3346.

[13] Liu C X, Tang C, Xu M, et al. Skeleton extraction and inpainting from poor broken ESPI fringe with M-net convolutional neural network[J]. Applied Optics, 2020, 59(17): 5300-5308.

[14] Chen X, Tang C, Li B, and Su Y. Gradient vector fields based onvariational image decomposition for skeletonization of electronicspeckle pattern interferometry fringe patterns with variable densityand their applications. Applied Optics, 2016, 55(25):6893–6902.

专业术语中英文对照表

机器学习	machine learning
监督学习	supervised learning
无监督学习	unsupervised learning
强化学习	reinforcement learning
半监督学习	semi-supervised learning
标量	scalar
向量	vector
矩阵	matrix
对角矩阵	diagonal-matrix
内积	inner-product
范数	norm
特征值	eigenvalue
特征向量	eigenvector
奇异值分解	singular value decomposition
声明	statement
频率统计	frequency statistics
置信度	degree of belief
贝叶斯统计	Bayesian statistics
随机变量	random variable
概率质量函数	probability mass function
联合概率分布	joint probability distribution
概率密度函数	probability density function
边缘概率分布	marginal probability distribution
求和法则	sum rule
概率的乘法公式	multiplication formula of probability
条件独立	conditionally independent
期望	expectation
期望值	expected value
方差	variance
标准差	standard deviation

协方差	covariance
相关系数	correlation
协方差矩阵	covariance matrix
Bernoulli 分布	Bernoulli distribution
Multinoulli 分布	Multinoulli distribution
范畴分布	categorical distribution
多项式分布	multinomial distribution
正态分布	normal distribution
高斯分布	Gaussian distribution
指示函数	indicator function
Laplace 分布	Laplace distribution
Dirac Delta 函数	Dirac Delta function
广义函数	generalized function
经验分布	empirical distribution
经验频率	empirical frequency
混合分布	mixture distribution
贝叶斯规则	Bayes' rule
信息论	information theory
自信息	self information
香农熵	Shannon entropy
KL 散度	KL divergence
交叉熵	cross entropy
标函数	objective function
可行域	feasible region
可行解	feasible solution
拉格朗日乘子法	Lagrange multiplier
KKT 条件	Karush-Kuhn-Tucker condition
费马引理	Fermat's theorem
等式约束	equality constraint
不等式约束	inequality constraint
原始可行性	primal feasibility
内部解	interior solution
边界解	boundary Solution
对偶可行性	dual feasibility
互补松弛性	complementary slackness

拉格朗日对偶性	Lagrange duality
梯度下降法	gradient descent method
共轭梯度法	conjugate gradient method
批量梯度下降	batch gradient descent
随机梯度下降	stochastic gradient descent
牛顿法	Newton's method
一维搜索	one-dimensional search
拟牛顿法	quasi-Newton methods
坐标下降法	coordinate descent method
遗传算法	genetic algorithm
粒子群算法	particle swarm optimization
张量	tensor
秩一张量	rank-one tensor
平行因子分析	canonical or parallel factor analysis
高阶奇异值分解	higer-order singular value decomposition
张量奇异值分解	tensor singular value decomposition
核函数	kernel function
线性可分	linearly separable
超平面	hyperplane
输入空间	input space
特征空间	feature space
非线性转换	nonlinear conversion
核技巧	kernel trick
正定核函数	positive definite kernel function
主成分分析	principal component analysis
核主成分分析	kernel principal component analysis
线性判别分析	linear discriminant analysis
核线性判别分析	kernel linear discriminant analysis
散列值	scatter
散列矩阵	scatter matrices
类内离散度矩阵	within-class scatter matrix
类间离散度矩阵	between-class scatter matrix
线性回归	linear regression
逻辑回归	logistic regression
二元逻辑回归	binary logistic regression

多元逻辑回归	multinomial logistic regression
线性逻辑回归	linear logistic regression
先验概率	prior probability
后验概率	posterior probability
属性条件独立性假设	attribute conditional independence assumption
朴素贝叶斯分类器	naive Bayes classifier
极大似然估计	maximum likelihood estimate
迭代二叉树 3 代	iterative dichotomiser 3
信息增益	information gain
分支标准	branching criteria
信息熵	information entropy
信息增益比	gain ratio
固有值	intrinstic value
基尼系数	GINI
基尼分割信息	Gini split info
基尼增益	Gini gain
预剪枝	pre-pruning
后剪枝	post-pruning
混淆矩阵	confusion matrix,
袋外错误率	out-of-bag error
袋外数据	out of bag
支持向量机	support vector machine
二次型优化问题	quadratic problem
神经网络	neural networks
神经元	neuron
感知机	perceptron
卷积神经网络	convolutional neural network
特征图	feature map
最大池化	max pooling
分类	classification
聚类	clustering
模糊 C 均值聚类	fuzzy C-means clustering
分区和层次聚类	partitioning and hierarchical clustering
可能性 C 均值聚类算法	possibilistic C-means algorithm

教师服务

感谢您选用清华大学出版社的教材！为了更好地服务教学，我们为授课教师提供本书的教学辅助资源，以及本学科重点教材信息。请您扫码获取。

》 教辅获取

本书教辅资源，授课教师扫码获取

》 样书赠送

管理科学与工程类 重点教材，教师扫码获取样书

 清华大学出版社

E-mail: tupfuwu@163.com
电话：010-83470332 / 83470142
地址：北京市海淀区双清路学研大厦B座509

网址：http://www.tup.com.cn/
传真：8610-83470107
邮编：100084